中央高校基本科研业务费：国家安全学一级学科框架下网络空间安全学科建设研究（项目编号3262018T02）。

2022年北京高等教育"本科教学改革创新项目"："新工科+课程思政"协同育人体系下的数据科学与大数据技术专业建设。

社交网络分析理论与应用

杨良斌 著

九州出版社
JIUZHOUPRESS

图书在版编目（CIP）数据

社交网络分析理论与应用／杨良斌著 . -- 北京：
九州出版社，2023.7
ISBN 978 - 7 - 5225 - 1914 - 2

Ⅰ.①社… Ⅱ.①杨… Ⅲ.①互联网络—网络分析—
教材 Ⅳ.①TP393.4

中国国家版本馆 CIP 数据核字（2023）第 106087 号

社交网络分析理论与应用

作　　者	杨良斌　著
责任编辑	肖润楷
出版发行	九州出版社
地　　址	北京市西城区阜外大街甲 35 号（100037）
发行电话	（010）68992190/3/5/6
网　　址	www.jiuzhoupress.com
印　　刷	唐山才智印刷有限公司
开　　本	710 毫米×1000 毫米　16 开
印　　张	19
字　　数	312 千字
版　　次	2023 年 7 月第 1 版
印　　次	2023 年 7 月第 1 次印刷
书　　号	ISBN 978 - 7 - 5225 - 1914 - 2
定　　价	98.00 元

序 言

社交网络分析（Social Network Analysis）是指基于信息学、数学、社会学、管理学、心理学等多学科的融合理论和方法，为理解人类各种社交关系的形成、行为特点分析以及信息传播的规律提供的一种可计算的分析方法。

社交网络分析最早是由英国著名人类学家拉德克利夫－布朗（Radcliffe－Brown）在对社会结构的分析关注中提出的，他呼吁开展社交网络的系统研究分析。随着社会学家、人类学家、物理学家、数学家，特别是图论、统计学家对社交网络分析的日益深入，社交网络分析中形成的理论、方法和技术已经成为一种重要的社会结构研究范式。由于在线社交网络具有的规模庞大、动态性、匿名性、内容与数据丰富等特性，近年来以社交网站、BBS、博客、微博、微信等为研究对象的新兴在线社交网络分析研究得到了蓬勃发展，在社会结构研究中具有举足轻重的地位。

本书是笔者自 2014 年以来从事教授"社交网络分析"的一次内容总结。本书主要包括基础知识篇（第一至三章）、结构特性与演化机理篇（第四至八章）、社交网络群体行为形成与互动规律篇（第九至十二章）、社交网络信息传播与演化机理篇（第十三至十六章）、应用实证篇（第十七章）五方面，另有社交网络分析在四个方面（用户画像、舆情分析、社交推荐、谣言检测）的应用，因时间所限，未能编入。各篇章内容之间的关系较为紧密，读者按照篇章顺序进行阅读和学习。

特别感谢国际关系学院中央高校基本科研业务费专项资金提供的出版资金。在本书的撰写过程中，得到了孙昊天、角浩钺、于腊梅、杨立明、张铎耀、景嘉欣等研究生的协助，在此表示衷心的感谢。特别感谢多位专家对本书提出的一系列宝贵意见与建议。特别感谢国际关系学院科研处和网络空间安全学院领导及同事对本书的出版提供了大量的帮助和支持。在本书的撰写过程中，参考了许多优秀作者的论著以及网络上的文章，在此一并表示特别的感谢。

因笔者学术能力和学术成果十分有限，不能为读者贡献足够多的社交网络分析相关知识和成果，笔者深感愧疚和遗憾，只能期待今后的学术科研生涯中能有更多更好的科研成果回报读者。由于笔者水平和时间有限，错误疏漏之处在所难免，恳请各位专家读者批评指正。

杨良斌

于国际关系学院教学楼

2022 年 1 月 25 日

目　录
CONTENTS

第一篇　基础知识篇

第一章　社交网络分析概论

1.1　社交网络分析概论

社交网络分析最早是由英国著名人类学家拉德克利夫-布朗在对社会结构的分析关注中提出的，他呼吁开展社交网络的系统研究分析。随着社会学家、人类学家、物理学家、数学家，特别是图论、统计学家对社交网络分析的日益深入，社交网络分析中形成的理论、方法和技术已经成为一种重要的社会结构研究范式。由于在线社交网络具有的规模庞大、动态性、匿名性、内容与数据丰富等特性，近年来以社交网站、BBS、博客、微博、微信等为研究对象的新兴在线社交网络分析研究得到了蓬勃发展，在社会结构研究中具有举足轻重的地位。社交网络分析从一开始就是一种跨学科的研究方法，与其他源于单一学科的研究方法如多维度测量法不同，网络分析的起源至少能追溯到三种学科——心理学、人类学和社会学。本部分将从社交网络分析的背景、社交网络分析的含义和特征、社交网络分析的基本概念、在线社交网络和社交网络分析的意义等方面做介绍。

1.1.1　社交网络分析的背景[①]

近年来，伴随着在线社交网站、微博、博客、论坛、维基等社交网络应用的出现和迅猛发展，使人类使用互联网的方式产生了深刻变革——由简单信息

---

① 方滨兴，贾焰，韩毅. 社交网络分析核心科学问题、研究现状及未来展望［J］. 中国科学院院刊，2015，30（02）：187-199.

3

搜索和网页浏览转向网上社会关系的构建与维护以及基于社会关系的信息创造、交流和共享，社交网络进入了我们社会经济生活的各个方面。

根据欧盟关于社会计算的研究报告 *Key areas in the public sector impact of social computing*，在线社交网络可分为 4 类：①即时消息类应用，即一种提供在线实时通信的平台，如 MSN、QQ、飞信、微信等；②在线社交类应用，即一种提供在线社交关系的平台，如 Facebook、Google+、人人网等；③微博类应用，即一种提供双向发布短信息的平台，如 Twitter、新浪微博、腾讯微博等；④共享空间等其他类应用，即其他可以相互沟通但结合不紧密的 Web 2.0 应用，如论坛、博客、视频分享、社会书签、在线购物等。社交网络图如图 1-1 所示。

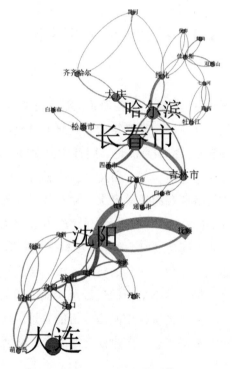

图 1-1　社交网络图①

基于互联网的社交网络已经成为人类社会中社会关系维系和信息传播的重要渠道和载体，对国家安全和社会发展产生着深远的影响，主要体现在以下三个方面：①社会个体通过各种连接关系在社交网络上构成"关系结构"，包括以各种复杂关系关联而成的虚拟社区；②基于社交网络的关系结构，大量网络个

_____

① 此图为作者自己制作.

体围绕着某个事件而聚合，并相互影响、作用、依赖，从而形成具有共同行为特征的"网络群体"；③基于社交网络关系结构和网络群体，各类"网络信息"得以快速发布并传播扩散形成社会化媒体，进而反馈到现实社会，从而使得社交网络与现实社会间形成互动，并对现实世界产生影响。虚拟的社交网络和真实社会的交融互动对社会的直接影响巨大，所形成的谣言、暴力、欺诈、色情等不良舆论会直接影响国家安全与社会发展。

无线通信技术的进步和移动智能设备的普及也为社交网络的发展注入了一股强劲的推动力。当前，社交网络应用正处在蓬勃发展期。据 Adobe 公司调查显示，截至 2014 年 1 月，在全球十大社交网络中，成立满 10 周年的社交网络 Facebook 领衔排行榜，注册用户约达 14 亿，是世界第三大"人口国"，其中美国用户最多，约为 1.6 亿；巴西、印度、印度尼西亚、墨西哥、土耳其和英国排在其后。目前 Facebook 月度活跃移动用户数为 10 亿。Youtube 位居第2，拥有 10 亿多用户。中国的 QQ 空间和新浪微博分别以 6.23 亿和 5.56 亿用户排名第 3、第 4 位。紧随其后的是 Twitter、Google +、LinkedIn，而俄罗斯社交网络 VKontakte 排名第 8，中国人人网、微信则分别居第 9、第 10 位。

与传统的 Web 应用及信息媒体应用相比，社交网络信息的发布和接收异常简便、迅速。用户可以通过手机等各类移动终端随时随地发布和接收信息，人人都有了网络话语权，各类涉及国计民生的话题和观点可以随时发布，信息一旦发布，就能通过"核裂变"的方式传播扩散，经过意见领袖的放大作用，促使具有相同观念和诉求的虚拟社区快速形成，并在线下快速组织并发动群众参与到社会活动中，有可能构成社会动员力。在线社交网络给人们生活带来便利的同时，虚拟的社交网络和真实社会的交融互动对社会的直接影响也越来越大，甚至在一定程度上影响着国家安全与社会稳定，事关各国的国家战略安全。在政治方面，一些不法分子蓄意制造和传播有损国家和社会利益的谣言，影响社会稳定。

当今中国正处于经济快速发展、社会结构调整、思想文化多样、社会矛盾复杂多变的关键转型期，开展社交网络分析研究将有助于解决国家安全、社会发展等多方面存在的问题。如何有效掌控社交网络这一新型的战略资源，维护国家安全与社会稳定？如何了解民意，推广先进文化、引导网络舆论等？在社会发展层面，如何适应社交网络给人类生活带来的变化，并把握社交网络的发展方向？这些都是国家安全与社会发展所面临的巨大挑战，亟待开展社交网络分析的基础研究。

1.1.2　社交网络分析的含义和特征

1.1.2.1　社交网络分析的含义①

社交网络分析方法是由社会学家根据数学方法、图论等发展起来的定量分析方法，近年来，该方法在职业流动、城市化对个体幸福的影响、世界政治和经济体系、国际贸易等领域广泛应用，并发挥了重要作用。社交网络分析是社会学领域比较成熟的分析方法，社会学家利用它可以比较得心应手地来解释一些社会学问题。许多学科的专家如经济学、管理学等领域的学者在新经济时代——知识经济时代面临许多挑战时，开始考虑借鉴其他学科的研究方法，社交网络分析就是其中的一种。

网络指的是各种关联，而社交网络（Social Network）即可简单地称为社会关系所构成的结构。故从这一方面来说，社交网络代表着一种结构关系，它可反映行动者之间的社会关系。构成社交网络的主要要素如下所示。

（1）行动者（actor）：这里的行动者不仅指具体的个人，还可指一个群体、公司或其他集体性的社会单位。每个行动者在网络中的位置被称为"结点（node）"。

（2）关系纽带（relational tie）：行动者之间相互的关联即称关系纽带。人们之间的关系形式是多种多样的，如亲属关系、合作关系、交换关系、对抗关系等，这些都构成了不同的关系纽带。

（3）二人组（dyad）：由两个行动者所构成的关系。这是社交网络的最简单或最基本的形式，是我们分析各种关系纽带的基础。

（4）三人组（triad）：由三个行动者所构成的关系。

（5）子群（subgroup）：指行动者之间的任何形式关系的子集。

（6）群体（group）：其关系得到测量的所有行动者的集合。

社交网络分析是对社交网络的关系结构及其属性加以分析的一套规范和方法。它又被称结构分析法（structural analysis），因为它主要分析的是不同社会单位（个体、群体或社会）所构成的社会关系的结构及其属性。

---

① 普拉迪克·库马尔·米什拉，迪希·伯希纳尼，阿迪尔·拉希德. 社交网络分析［EB/OL］.［2021-10-20］https：//wiki. mbalib. com/zh-tw.

从这个意义上说，社交网络分析不仅是对关系或结构加以分析的一套技术，还是一种理论方法——结构分析思想。因为在社交网络分析学者看来，社会学所研究的对象就是社会结构，而这种结构即表现为行动者之间的关系模式。社交网络分析家 B. 韦尔曼（Barry Wellman）指出："网络分析探究的是深层结构——隐藏在复杂的社会系统表面之下的一定的网络模式。"例如，网络分析者特别关注特定网络中的关联模式如何通过提供不同的机会或限制，从而影响到人们的行动。

社交网络分析（Social Network Analysis，SNA）问题起源于物理学中的适应性网络，通过研究网络关系，有助于把个体间关系、"微观"网络与大规模的社会系统的"巨集观"结构结合起来，通过数学方法、图论等定量分析方法，是20世纪70年代以来在社会学、心理学、人类学、数学、通信科学等领域逐步发展起来的一个的研究分支。

从社交网络的角度出发，人在社会环境中的相互作用可以表达为基于关系的一种模式或规则，而基于这种关系的有规律模式反映了社会结构，这种结构的量化分析是社交网络分析的出发点。社交网络分析不仅仅是一种工具，更是一种关系论的思维方式，可以利用它来解释一些社会学、经济学、管理学等领域的问题。近年来，该方法在职业流动、城市化对个体幸福的影响、世界政治和经济体系、国际贸易等领域广泛应用，并发挥了重要作用。

1.1.2.2 社交网络分析的特征

社交网络分析是社会结构研究的一种独特方法，B. 韦尔曼总结出了其五个方面的方法论特征，如下所示。

（1）它是根据结构对行动的制约来解释人们的行为，而不是通过其内在因素（如对规范的社会化）进行解释，后者把行为者看作以自愿的、有时是目的论的形式去追求所期望的目标。

（2）它关注于对不同单位之间的关系分析，而不是根据这些单位的内在属性（或本质）对其进行归类。

（3）它集中考虑的问题是由多维因素构成的关系形式如何共同影响网络成员的行为，故它并不假定网络成员间只有二维关系。

（4）它把结构看作网络间的网络，这些网络可以归属于具体的群体，也可不属于具体群体。它并不假定有严格界限的群体一定是形成结构的阻碍。

（5）其分析方法直接涉及的是一定的社会结构的关系性质，目的在于补充有时甚至是取代主流的统计方法，这类方法要求的是独立的分析单位。

所以，按照社交网络分析的思想，行动者的任何行动都不是孤立的，而是相互关联的。他们之间所形成的关系纽带是信息和资源传递的渠道，网络关系结构也决定着他们的行动机会及其结果。

1.2　社交网络分析的基本概念

社交网络是由一个或多个行动者和他们之间的一种或多种关系组成。而在线社交网络是指人和人之间通过朋友、血缘、兴趣、爱好等关系建立起来的社交网络平台，包括 Facebook、Twitter、Myspace、微信、QQ、探探等。根据哈佛大学心理学教授 Milgram 在 1967 年创立的六度分隔理论，即"你和任何一个陌生人之间所间隔的人不会超过六个"，也就是说，最多通过六个人你就能够认识任何一个陌生人。按照六度分隔理论，以认识朋友的朋友为基础，可以不断地扩大自己的交际圈，最终整个社会形成一个巨大的网络。这种基于社交网络关系思想的网站就是在线社交网络。这种网络平台致力于其用户关系的建立和维护。在网络中，用户可将个人信息展示在"个人主页"上，内容包括文字、图片以及视频等，其他用户可浏览该用户的信息，同时该用户可以浏览其他用户的信息，用户之间还可以通过评论、提及、转发等功能实现交流互动以及信息共享。与其他大多数网站不同，在线社交网络的内容都是用户自己生成的。众多的在线社交网站只是为用户提供服务的一个平台。①

对社交网络进行分析，要用图语言来描述问题和建模，下面对相关概念进行介绍。

（1）节点（node）：节点是指要分析的物体，每一个物体就是一个节点，如团体中的个人、企业的部门、城市服务机构或世界体系中的民族、国家，每个社会实体都可以被刻画成一个节点。

（2）边（edge）：图中两个节点间的连线用于表示两个节点的关系。如在

---

① 郭强，刘建国. 在线社交网络的用户行为建模与分析［D］. 石家庄：科学出版社，2017.

Social Network 中两个人的关注关系，微博传播中转发关系。

（3）图（graph）：图是用来表示一组物体之间的关系的方式。从有无方向角度来分，图可以分为有向图（Directed Graph）和无向图（Undirected Graph），有向图为边代表的关系具有方向的图。如微博的关注关系、电话拨入呼出、银行转账收账都是有方向的。无向图为边代表的关系没有方向的图，如地图。

（4）度（degree）：节点的度是指与其相连的边数，通讯录的名单长度就是所拥有的联络人度数。度分为输入度（in-degree）和输出度（out-degree），输入度是有向图中一个节点收到的边，输出度是有向图中一个节点发出的边。

（5）路径（route）：两个节点之间经过的边和节点序列，路径有长度，通常衡量两个点之间的距离。

此外，还有一些用来刻画、描述社交网络分析的更深层次的概念。

（1）密度（density）：用于刻画网络中节点间相互连边的密集程度，定义为网络中实际存在的边数与可容纳的边数上限的比值。在线社交网络中常用来测量社交关系的密集程度以及演化趋势。一个具有 N 个节点和 L 条实际连边的网络，其网络密度的计算公式为

$$d(G) = \frac{2L}{N(N-1)} \qquad \text{（式 1-1）}$$

（2）度中心性（degree centrality）：我们在每个节点上都标注上其度的值大小，如图 1-2 所示。

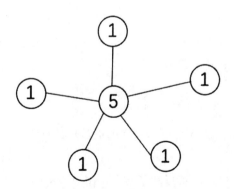

图 1-2　度中心性示例图①

———————————

① 此图为作者自己制作.

我接下来做标准化处理，用度除以最大连接可能（$N-1$），则得到图1-3。

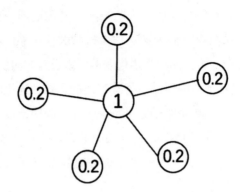

图 1-3　度中心性示例图

形象地讲，中心性值越大，表示与该个体有联系的人越多，或者说，该个体的社交人物影响力就大，这是一个社交网站分析用户行为时一个常用的指标。

（3）紧密中心性（closeness centrality）：某个节点到达其他节点的难易程度，也就是到其他所有结点距离的平均值的倒数。其公式为

$$C_V = \frac{|V| - 1}{\sum_{i \neq v} d_{vi}} \qquad （式 1-2）$$

（4）介数中心性（betweenness centrality）：基于最短路径针对网络图中心性的衡量标准之一。针对全连接网络图，其中任意两个节点均至少存在一个最短路径，无权重网络图中该最短路径是路径包含边的数量求和，加权网络图中该最短路径则是路径包含边的权重求和。每个节点的介数中心性即为这些最短路径穿过该节点的次数。其公式为

$$C_V = \sum_{s \neq v \neq t \in V} \frac{\sigma_{st}(v)}{\sigma_{st}} \qquad （式 1-3）$$

其中 $\sigma_{st}(v)$ 表示经过节点 v 的 $s \rightarrow t$ 的最短路径条数，σ_{st} 表示 $s \rightarrow t$ 的最短路径条数。

直观上来说，介数中心性反映了节点 v 作为"桥梁"的重要程度。

1.3　在线社交网络

随着互联网技术的飞速发展，人们将早期社会性网络的概念引入互联网，创立了面向社会性网络服务的在线社交网络（Social Networking Services，SNS，翻译为社会性网络服务或社会化网络服务）。在线社交网络的含义中包括硬件、软件、服务及应用四个方面，随着互联网日益深入人们的日常生活，也由于四字构成的词组更符合中国人的用词习惯，因此译成中文时，人们习惯上用社交网络来代指在线社交网络。

根据欧盟关于社会计算的研究报告，在线社交网络可分为以下四类：

（1）即时信息类应用，是一种提供在线实时通信的平台，如微信、QQ、MSN 等，其具有双向认证与实时推送的特点。

（2）在线社交类应用，是一种提供在线社交关系的平台，如微信朋友圈、Facebook、Google、人人网等，其具有双向认证与非实时获取的特点。

（3）微博类应用，是一种提供双向发布短信息的平台，如 Twitter、新浪微博、腾讯微博、网易微博、搜狐微博等，其具有单向认证与实时推送的特点。

（4）共享空间等其他类应用，是其他可以相互沟通但结合不紧密的 Web 2.0 应用，如论坛、博客、BBS、视频分享、在线购物等，其具有单向认真与非实时获取的特点。

在线社交网络是一种在信息网络上由社会个体集合及个体之间的连接关系构成的社会性结构。这种社会结构主要包含关系结构、网络群体与网络信息三个要素。其中，社交网络的关系结构是社会个体成员之间通过社会关系结成的网络系统。个体也称为节点，可以是组织、个人、网络 ID 等不同含义的实体或虚拟个体；而个体间的相互关系可以是亲友、动作行为、收发消息等多种关系。基于这些关系，社交网络中的个体自发组织成各种各样的虚拟社区，虚拟社区是社交网络的一个子集，具有虚拟社区内节点之间关联密切、不同虚拟社区的节点间关系稀疏等特点。在上述关系的基础上，社交网络中个体与个体之间、个体与群体之间、群体与群体之间传递着各种各样的信息，这种信息传递的不断更迭便是社交网络中的信息传播。受网络结构和信息传递的影响，个体就某个事件在某个虚拟空间聚合或集中，相互影响、作用、依赖，有目的性地以类似方式进行行动，这便形成了社交网络的群体行为。

社交网络是 Web 2.0 时代的典型应用，也是 Web 2.0 时代社会性、主动性特征的典型代表。Web 2.0 时代的互联网正在进行着巨大的改变——从一系列网站到一个成熟的为最终用户提供网络应用的服务平台。这些平台中的内容因为每位用户的参与而产生，参与所产生的个人化内容借由人与人的分享，形成了现在 Web 2.0 的世界，Facebook 和 Twitter 等社交网站就是 Web 2.0 时代用户主动参与思想的杰出产物。Facebook 上线不足 8 年，已经拥有超过 14 亿用户，Twitter 用户数已超过 5 亿。根据各自官方网站的报告，截至 2019 年 3 月底，新浪微博仅月活跃用户达 4.65 亿。

伴随着 Web 2.0 应用鼎盛时期的到来，Web 3.0 也开始崭露头角。互联网之父蒂姆·伯纳斯-李（Tim Berners-Lee）指出，当互联网发展成为一整张语义网络涵盖着大量数据，人们可以访问这难以置信的数据资源，即为 Web 3.0。2010年 11 月 16 日的网络高峰会上玛丽·米克（Mary Meeker）指出，Web 3.0 由"社交网络、移动设备和搜索（Social Networking，Mobile and Search）"所组成。综合来看，Web 3.0 的特点包括将互联网转化为数据库，赋予搜索引擎以智能，实现语义网络与面向服务的架构（SOA），将互联网转化为一系列三维空间（如人、时间、信息）等。可以这样说，谁能够引领 Web 3.0，谁就是网络的下一个主角。

随着移动互联网的发展，在线社交网络①在人们社交活动中扮演的角色也发生了质的变化，即由一开始作为离线社交网络的补充逐渐演变为与离线社交并重。越来越多离线社交的活动内容被在线社交替代，用户体验的提升使人们通过网络交流与互动越来越得心应手，在线社交逐渐可以给人们带来与离线社交完全相同的情感体验。一方面，离线社交的时间成本、经济成本等一直居高不下；另一方面，在线社交的门槛越来越低，互动形式多样化，趣味性与实效性大大增加。可以预见，未来，在线社交将在很大程度上从内容上、形式上超越离线社交，在社交活动的很多方面占据主导地位，只是当在线社交无法完全满

---

① 周涛，汪秉宏，韩筱璞，等. 社交网络分析及其在舆情和疫情防控中的应用 [J]. 电子科技大学学报，2011，25（6）：742-754.

足用户需求的时候，人们才进行少量的、必要的离线社交行为。①

　　在线社交网络的兴起也引起学术界的关注，催生了一系列重要的研究成果。2003 年，ADAMIC. L 等人在 *A social network caught in the web* 一文中分析了斯坦福大学早期的在线社交网络，印证了在线社交网络上同样会表现出小世界现象②和显著的局部聚类现象；LIBEN－NOWELL. D 等人在 *Geographic routing in social networks* 指出朋友关系和地理位置之间有着非常强的关联。③ PALCHYKOV. V 等人在 *Sex differences in intimate relationships* 中更细致地分析了随着用户年龄的增长以及地理位置的变化，亲密朋友关系变化的规律。KUMAR. R 等人在 *Structure and evolution of online social networks* 中指出稍具规模的社交网络都含有一个包含大多数用户的强联通片。④ GIRVAN. M 等人在 *Community structure in social and biological networks* 中指出在线社交网络往往会倾向于形成紧密的社团。⑤ BACK-STROM. L 等人在 *Group formation in large social networks*：*membership*，*growth*，*and evolution* 中发现详细分析了用户和用户之间的关系是如何一步步形成社团的，发现一个人加入某个社团不仅仅取决于他有多少个朋友在这个社团中，还取决于这些朋友的连接方式如何。⑥ YOU Zhi－qiang 等人在 *Empirical studies on the network of social groups*：*the case of Tencent QQ* 中统计分析了中国最大的在线社交网络腾讯 QQ 中的群结构。VISWANATH. B 等人在 *On the evolution of user interaction in facebook* 中指出在含时网络中，社交网络中只有大约 30% 的链接在以月为单位的情况下持续互动，并且虽然两个朋友之间的互动情况随时间变化非常大，但

① HRISTOVA D，MUSOLESI M，MASCOLO C. Keep your friends close and your facebook friends closer：a multiplex network approach to the analysis of offline and online social ties ［C］//Proceedings Of the Eighth International Conference on Weblogs and Social Media. California：AAAI Press，2014：206-215.

② POOL S，KOCHEN M. Contacts and influence ［J］. *Social Networks*，1979，1（1）：5-51.

③ LIBEN－NOWELL D，NOVAK J，KUMAR R，et al. Geographic routing in social networks ［J］. *Proc Natl Acad Sci USA*，2005，102（33）：11623-11628.

④ KUMAR R，NOVAK J，TOMKINS A. Structure and evolution of online social networks ［C］//Link mining：Models，algorithms，and applications. New York：Springer，2010：337-357.

⑤ GIRVAN M，NEWMAN M E J. Community structure in social and biological networks ［J］. *Proc Natl Acad Sci USA*，2002，99（12）：7821-7826.

⑥ BACKSTROM L，HUTTENLOCHER D，KLEINBERG J，et al. Group formation in large social networks：membership，growth，and evolution ［C］//Proceedings of the 12th ACM SIGKDD International Conference on Knowledge Discovery and Data Mining. New York：ACM，2006，44-54.

是整个网络的基本性质不易改变。① CHIERICHETTI F 等人在 *Rumor spreading in social networks* 中研究了社交网络中的谣言传播问题。② LIBEN. D 等人在 *The link-prediction problem for social networks* 和 *Potential theory for directed networks* 中分别讨论了无向和有向社交网络中的链路预测问题。③ 任晓龙等人在"网络重要节点排序方法综述"、*Effectively identifying the influential spreader in largescale social networks*、*Leaders in social networks, the delicious case* 和 *Finding topic-sensitive influential twitterers* 中对社交网络上的用户影响力问题进行了深入的探讨。这些研究成果吸引了包括社会学、网络科学、统计学及图论等领域的学者的广泛关注。特别地,网络科学在社交网络分析中的应用进一步促进了该领域的快速发展。

1.4　社交网络分析的意义

社会科学研究的对象应是社会结构,而不是个体。通过研究网络关系,有助于把个体间关系、"微观"网络与大规模的社会系统的"巨集观"结构结合起来。故英国学者 J. 斯科特指出:"社交网络分析已经为一种关于社会结构的新理论的出现奠定了基础。"

传统上对社会现象的研究存在着个体主义方法论与整体主义方法论的对立。前者强调个体行动及其意义,认为对社会的研究可以转换为对个体行动的研究。如韦伯明确指出,社会学的研究对象就是独立的个体的行动。但整体主义方法论强调只有结构是真实的,认为个体行动只是结构的派生物。

尽管整体主义方法论者重视对社会结构的研究,但他们对结构概念的使用也有很大的分歧。其实,在社会学中,社会结构是在各不相同的层次上使用的。它既可用以说明微观的社会互动关系模式,也可说明巨集观的社会关系模式。

① VISWANATH B, MISLOVE A, CHA M, et al. On the evolution of user interaction in facebook [C] // Proceedings of the 2nd ACM workshop on Online social networks. New York: ACM, 2009: 37-42.

② CHIERICHETTI F, LATTANZI S, PANCONESI A. Rumor spreading in social networks [C] //Automata, Languages and Programming. New York: Springer, 2009: 375-386.

③ LIBEN D, KELEINBERG J. The link-prediction problem for social networks [J]. *Journal of the American Society for Information Science and Technology*, 2007, 58: 1019-1031.

也就是说，从社会角色到整个社会都存在着结构关系。

通常，社会学家是在如下几个层次上使用社会结构概念的。

第一，社会角色层次的结构（微观结构）：即最基本的社会关系是角色关系。角色常常不是单一的、孤立的，而是以角色丛的形式存在着。它所体现的是人们的社会地位或身份关系，如教师—学生。

第二，组织或群体层次的结构（中观结构）：指社会构成要素之间的关系，这种结构关系不是体现在个体活动之间。如职业结构，它所反映的是人们之间在社会职业地位及拥有资源等方面的关系。

第三，社会制度层次的结构（巨集观结构）：指社会作为一个整体的巨集观结构。如阶级结构，它所体现的是社会中主要利益集团之间的关系或者是社会的制度特征。

因此，社会结构有多重含义。但从新的结构分析观来说，社会结构是社会存在的一般形式，而非具体内容。所以，许多结构分析的社会学家都主张社会学的研究对象应是社会关系，而非具体的社会个体。因为作为个体的人是千差万别、变化多端的，而唯有其关系是相对稳定的。故有人主张，社会学首先研究的是社会形式，而不是研究这些形式的具体内容。网络分析研究的就是这些关系形式，它类似于几何学。例如，运用社交网络分析，我们可以研究人们社会交往的形式、特征，也可以分析不同群体或组织之间的关系结构。这有助于我们认识不同群体的关系属性及其对人们的行为的影响。

英国著名人类学家拉德克利夫-布朗呼吁开展社交网络的系统研究分析。随着社会学家、人类学家、物理学家、数学家，特别是图论、统计学家对社交网络分析的日益深入，社交网络分析中形成的理论、方法和技术已经成为一种重要的社会结构研究范式。由于在线社交网络具有的规模庞大、动态性、匿名性、内容与数据丰富等特性，近年来以社交网站、博客、微博等为研究对象的新兴在线社交网络分析研究得到了蓬勃的发展，在社会结构研究中具有举足轻重的地位。

社交网络分析能够在很多方面发挥作用，小到日常生活的市场营销、广告投放，大到政治选举、抓捕罪犯等活动。

"2008年奥巴马竞选总统胜选"是社交网络分析在政治选举中发挥作用的典型案例。在2008年9月，为了赢得大选，奥巴马竞选团队打造了一个社交网络分析团队。该团队建立了捐资者数据库、民意调查数据库、网络数据库，对待中间立场的选民根据其人种、职业等特征进行分类，并针对不同类型的人群通过电子邮件发表不同的施政主张，例如，向黑人发布反对种族歧视的主张，向医生发布提高其待遇的主张，向建筑工人发布保障工人权益的主张等。这些工作使奥巴马的支持者激增。在 2008 年 11 月，盖洛普民意测验中心公布的数据显示，奥巴马的支持率超出麦凯恩 11 个百分点，最终赢得了总统竞选。假如说 2008 年奥巴马是小试牛刀的话，那 2012 年的竞选中，奥巴马就是庖丁解牛了，因此也有人称呼奥巴马为第一位"社交网络总统"①。

　　"亚马逊的推荐系统"是市场营销的典型案例。亚马逊是美国的一家电子商务公司，类似于我国的淘宝、京东、当当网，人们可以在亚马逊上进行购物，书籍是亚马逊销售的一种主要产品。早期的亚马逊推荐系统采用人工推荐方式。而现在，亚马逊采用了一种自动化的推荐系统。该系统首先收集人们在亚马逊网站上的各种信息，包括个人信息和购物信息，如顾客的购买历史、浏览行为、商品评价、收藏夹内容等；然后根据顾客的各种信息，对顾客进行分类，具有相似信息的顾客被分到同一类；最后基于同类用户的购买偏好向其他用户推荐产品。该系统的应用使亚马逊的销售额提高了 35%。

　　美国为执法机构提供社交媒体战略咨询的 LAWS 信息公司透漏："罪犯在他们所到之处都留下足迹——在他们的手机上，在他们的 Twitter 账户上，在 Facebook 上。"这些为基层警局和政府高层机构的执法官员在 Facebook、Myspace、Twitter、Youtube 等社交媒体网站上追寻罪犯提供了重要线索。例如，纽约警署设 Facebook 别动队用于从社交媒体发掘罪案线索。

---

① 刘宏. 社交传播对大众传播的影响 [J]. 青年记者，2013（34）：31-33.

第二章　社交网络研究历史、现状与趋势

2.1　社交网络研究的历史

2.1.1　社交网络的起源

纵观人类历史，人类自从诞生以来，就始终过着群居的生活，人类一起狩猎、耕种、劳作，从而形成了社会。随着社会的不断发展，人类交流的不断深入，人们不可避免地和其他人产生着关系，社会关系也从简单的血缘关系、亲属关系逐渐发展为朋友关系、生产关系、劳作关系、社会交往关系等。社会成员之间由于在工作、学习、生活、娱乐等活动中的相互作用而逐渐形成了某种稳定的关系，逐渐构成了社交网络。

在维基百科中，社交网络（Social Network）被定义为"由许多节点构成的一种社会结构。节点通常是指个人或组织，而社交网络代表着各种社会关系。在社交网络中，成员之间因为互动而形成相对稳定的关系体系，这种关系体系可以是朋友关系、同学关系，也可以是生意伙伴关系或种族信仰关系。通过这些关系，社交网络把从偶然相识的泛泛之交到紧密结合的家庭关系，再到社会活动中的各种人们组织串联起来"。由于社交网络中存在着各种社会关系，因此社会组织和个人之间的社交图形结构往往是非常复杂的，复杂的社交网络结构又反作用于社会成员之间的社交联系与互动，进而影响着人们的社会行为。

社交网络是互联网飞速发展的奠基石，随着工业化、城市化的进行和新兴通信技术的兴起，社会呈现出越来越网络化的趋势。

2.1.2　从社会学角度看社交网络的发展历程

1842 年，法国社会学家和实证主义哲学家奥古斯特·孔德（Auguste Comte，1798—1857 年）提出了"社会学"这一术语，明确了社会学领域研究的两个主要方面——社会静力学和动力学。他首次提出根据社会行动者之间的相互联系来考察社会。在奥古斯特看来，个人是社会最基本的构成要素，而个人的特性影响着社会的特性。奥古斯特的这一贡献推动社会学成了一门科学①。

从社会学视角来看，社交网络发端于德国社会学家格奥尔格·齐美尔（Georg Simmel，1858—1918 年）的"社会学"理论。20 世纪 60 年代，随着冷战的开始和西方普遍出现的社会动乱，格奥尔格的"社会学"理论在西方广为发展，并在 20 世纪 70 年代趋于成熟。在半个世纪的发展历程中，社会学中的"社会结构"理论在心理学、社会计量学、社会学、人类学、数学、统计学、概率论等不同领域得到广泛应用，逐渐形成了一套系统的理论、方法和技术，成为一种重要的社会结构研究范式。

"社交网络"这一概念的兴起正是源于其对社会关系互动的恰当描述。一个多世纪以来，社会学家都在使用"社交网络"这一隐喻表示不同尺度上的各种复杂的社会关系。然而，直到 1950 年，这一词汇才被系统化地表示一种不同于传统意义上的有边界的社会群体（如村庄和家庭）和将人看作分离的个体的社会类别（如性别与种族）。例如，如果将饭馆里的人、一起上学的学生或者社交软件上认识的人认为是一个有边界的社会群体，就会误认为他们因为相互认识而对共同群体有归属感，而真实的世界中，人们由于各种原因不断地加入和退出各种各样的社交网络，同时各个社交网络具有十分复杂的结构。

1988 年，加拿大著名社会学家巴里·韦尔曼（Barry Wellman）提出了较为成熟的社交网络定义。他认为，社交网络是由某些个体间的社会关系构成的相对稳定的系统，即把"网络"看作连结行动者的一系列社会联系或社会关系，它们相对稳定的关系模式构成了社会结构。随着应用范围的不断拓展，社交网络的概念已超越了人际关系的范畴，网络的行动者既可以是个人，也可以是家庭、部门和组织等集合单位。

---

① 方滨兴. 社交网络分析核心科学问题、研究现状及未来展望 [J]. 中国科学院院刊，2015，30（2）：187-199.

2.1.3　社交网络发展历程

"六度空间"理论的再度提出打开了互联网世界的另一扇大门,将早期社交网络的概念引入互联网,创立了面向社会性网络的互联网服务 SNS。目前,社交网络服务已经成为互联网最热门的话题之一,也成为投资圈最为炙手可热的追捧领域。回首 SNS 的发展,从国外的 MySpace、Facebook、Twitter 到中国的开心网、人人网等泛娱乐 SNS 应用,再到目前中国大行其道的微博、微信乃至垂直类 SNS 的应用形态,社交网络服务的概念深入互联网精髓。

从一定意义上来看,社交网络其实是源于网络社交的需要,其发展历程主要呈现如下四个阶段。

(1) 早期社交网络雏形 BBS 时代

从社交网络的深层演变来看,社交网络应该是从 Web 1.0 时代的 BBS 层面逐渐演进。相比于 E-mail 形态,BBS 把社交网络向前推进了一步,将点对点形式演变为点对面,降低交流成本。此外,相比于即时通信和微博等轻社交工具,BBS 淡化个体意识,将信息多节点化,并实现了分散信息的聚合。此时,天涯、猫扑、西祠胡同等产品都是 BBS 时代的典型企业。从 VC/PE 关注度来看,2006年以前,资本主要关注 BBS 及博客形态的社交网络产品,但是后期来看,这类企业的发展多不尽人意。

(2) 娱乐化社交网络时代

经历了早期概念化的六度分隔理论时代,社交网络凭借娱乐化概念取得了长足的发展。国外社交产品推动了社交网络的深度发展。2002 年,LinkedIn 成立;2003 年,运用丰富的多媒体个性化空间吸引注意力的 Myspace 成立;2004年,复制线下真实人际关系,线上低成本管理的 Facebook 成立。这些优秀的社交网络产品或服务形态一直遵循社交网络的"低成本替代"原则,降低人们社交的时间与成本,取得了长足发展。

纵观中国,国外社交网络如火如荼发展之际,中国社交网络产品相继出现,如 2005 年成立的人人网、2008 年成立的开心网乃至 2009 年推出的搜狐等,拉开了中国社交网络大幕。这段时间大体跨越了 2006—2008 年三余年,VC/PE 在此期间经历了大幅投入之后,2008 年进入缓步投入阶段。

(3) 微信息社交网络时代

新浪微博的推出拉开了中国微信息社交网络时代的大幕。2009 年 8 月,新浪推出微博产品，140 字的即时表达，根据用户价值取向及兴趣所向等多维度划分用户群体，用户通过推荐及自行搜索等方式构建自己的朋友圈，这种产品迅速聚合了海量的用户群，当然也吸引了众多业者（如腾讯、网易、盛大）的追随。这种模式也再次将广义社交网络推向投资人视野。

此外，随着移动互联网的发展，微信息社交产品逐渐与位置服务等移动特性相结合，相继出现米聊、微信等移动客户端产品。另外，我们不容忽视的是 solomo 时代，社交功能逐渐成为产品标配，已经无法准确区分社交产品的范围。

（4）垂直社交网络应用时代

垂直社交网络应用并非是在上述三个社交网络时代终结时产生的，而是与其他三个时间交相辉映。目前，垂直社交网络主要是与游戏、电子商务、分类信息等相结合，这也可以称为社交网络探究商业模式的有利尝试。垂直社交将成为社交网络未来发展的主要方向。

随着社交网络的不断推进，各类社交网络产品不断地寻求差异化发展之路，研究领域称其为从"增量性娱乐"到"常量性生活"的演变。目前，社交网络逐渐拓展到移动手机平台领域，借助手机普遍性、随身性、及时性等特性，利用各类交友、即时通信、邮件收发器等软件，使手机将成为新的社交网络的主要载体。

2.2　社交网络研究现状

在线社交网络分析涉及计算机科学、社会学、管理学、心理学等多个学科领域，世界各国从 20 世纪初就有社会学家开始分析研究社交网络，随着信息时代的来临，以计算技术为代表的技术手段被全面应用于社交网络分析研究。本部分将针对社交网络分析的三类研究对象介绍国际学术界近年来的关注热点。

2.2.1　社交网络的结构特性研究

在社交网络的结构特性研究方面，已有的研究工作可以概括为社交网络的结构分析与建模、虚拟社区发现、社交网络演化分析三个主要方面。

（1）社交网络的结构分析与建模

社交网络结构分析与建模是所有分析的基础。社交网络结构分析是通过统计分析方法来分析网络中节点度的分布规律、关系紧密程度、相识关系的紧密程度，以及某一个用户对于网络中所有其他用户之间传递消息的重要程度等诸多统计特性。社交网络建模是针对社交网络的特性，采用结构建模的方法来研究产生这些特性的机制，以此来深刻认识社交网络的内在规律和本质特征。

在社交网络结构建模方面，图论方法得到了广泛的应用，很多学者都尝试运用图论对社交网络进行定量分析。20 世纪 30 年代，哈佛学者莫雷诺（Moreno）首先将图论的方法引入了人类社交关系分析中；1960 年，密歇根大学的哈拉里（Harary）等用有向图模型刻画社交网络中的单向关系，并提出了中心性的概念①；为了描述个体—组织等归属关系，2008 年，伊利诺伊州立大学的菲利普（Philip）等人又将其扩展到二部图和多部图模型，利用二部图建模了学术网络中个体和学术会议，并给出了个体间接近性的计算方法；针对多人合作关系，2009 年，密歇根州立大学的纽曼（Newman）提出了超图建模方法，认为社交网络中的一条边可以连接 2 个以上的节点；针对个体横跨多社交关系的情况，2005 年，美国纽约州立大学布法罗分校的裴健等人在无向图的基础上，提出了基于节点唯一性标识的多图交叉（Cross-Graph）模型，在多图并集上使用可控的启发式算法发现符合特定要求的网络结构。

近年来，学者针对社交网络的结构特性开展了大量的研究，我们对相关研究进行了归纳。在社交网络的结构特性分析方面，大量已有研究验证了在真实世界中各种不同的社交网络具有许多复杂网络所共有的结构特性，例如，"六度分隔"、小世界现象、无标度、幂律分布和结构鲁棒性等。2003 年，美国哥伦比亚大学的沃茨（Watts）等人在 6 万节点规模的邮件网络上验证了"六度分隔"和小世界模型。2005 年，美国明尼苏达大学的库玛（Kumar）等人研究了雅虎在线社区的路径长度，发现网络规模最大时的平均路径长度和有效路径长度分别为 8 和 10，比通常认为的"六度分隔"要大。2007 年，惠普实验室的格德尔（Golder）等人研究了在线社交网络 Facebook，发现好友数（度值）的中值为 144，均值为 179.53。2010 年，IBM 的查鲁（Charu）等人将有向图中节点的入度考虑为节点受欢迎程度的一个因素，并发现在社交网络中，受欢迎度（Popu-

----

① Tong H，Papadimitriou S，Philip Y，et al. Fast monitoring proximity and centrality on time-evolving bipartitegraphs [J]. *Statistic Analysis on Data Mining*，2008，1：142-156.

larity）同样也服从幂律分布①②。

（2）虚拟社区发现

虚拟社区发现是社交网络分析的必备功能。在社会学领域，社区是一群人在网络上从事公众讨论，经过一段时间，彼此拥有足够的情感之后所形成的人际关系的网络。社交网络中存在关系不均匀的现象，有些个体之间关系密切，有些关系生疏，从而在常规的社区之上围绕某一个焦点又形成了联系更为密切的社区形式，这可以看作社交网络中的虚拟社区结构。虚拟社区结构是在线社交网络的一种典型的拓扑结构特征。在新浪微博、Facebook等在线社交网络中，通过挖掘社区可以发现用户联系的紧密情况，获得用户之间的社交关系以及社会角色，并进一步结合社区内用户观点/行为等分析，有助于理解网络拓扑结构特点、揭示复杂系统内在功能特性、理解社区内个体关系/行为及演化趋势。③④

在社交网络的虚拟社区发现分析方面，社区结构是研究热点之一。根据社区结构的定义，社区结构可分为不可重叠的社区结构发现和可重叠的社区结构发现。在不重叠的社区结构发现方面，目前被最为广泛关注的是2004年由美国密歇根大学的纽曼（Newman）等人提出的通过寻找使社区的模块度最大的网络划分来发现网络社区的算法。⑤2007年，美国印第安纳大学的福图纳托（Fortunato）等人指出模块度优化方法存在分辨率限制问题，使基于模块度优化的方法无法识别出一些较小的社区。在可重叠的社区结构发现方面，2005年，匈牙利科学院的帕拉（Palla）等人提出了一种基于K-完全子图的重叠社区发现方法，该方法的优点在于能够揭示网络社区间的重叠现象，不足之处在于其参数选择缺乏有效的理论指导。2009年，美国印第安纳大学的兰斯齐那提（Lancichinetti）等人

① Dodds P, Watts D, Sabel C. Information exchange and robustness in organizational networks [J]. *Proceedings of the National Academy of Sciences*, 2003, 100: 12516-12521.
② Liben D, Novak J, Kumar R et al. Geographic routing in social networks [J]. *Proceedings of the National Academy of Sciences*, 2005, 102: 11623-11628.
③ Pei J, Jiang D, Zhang A. Mining cross-graph quasi-cliques in gene expression and protein interaction data. Proceedings of the 21st InternationalConference on Data Engineering [J]. *National Center of Sciences*, 2005: 353-356.
④ Golder S, Wilkinson D, Huberman B. Rhythms of social interaction: messaging within a massive online network. Proceedings of the 3rd CommunicationTechnology Conference (CT2007) [J]. East Lansing: *Springer*, 2007: 41-66.
⑤ Newman M, Moore C. Finding Community Structure in Very Large Networks, Aaron Clauset [J]. *Physical Review Letters*, 2004, 70: 066-111.

研究了网络层次化社区的发现问题。①

（3）社交网络演化分析

虚拟社区具有动态演化性，需对演化机理进行分析与识别。虚拟社区结构反映了网络中个体行为的局部聚集特征，这些虚拟社区结构并不是永恒不变的，由于在线社交网络结构随着时间不断演化，虚拟社区结构也随之不断演化。在线社交网络中存在着大量各类显性或隐性的虚拟社区结构，如人人网中的圈子、豆瓣网上的小组等，其都在不停地动态演化。虚拟社区的演化与社交网络诸如扩散、抗毁、合作、同步等方面的功能密切关联，对社交网络自身的演化也起着基础性的作用。在社交网络演化分析方面，学者从社交网络演化中的统计规律展开研究，并提出了面向不同类型社交网络的演化模型。在社交网络演化规律方面，2005 年，美国斯坦福大学的拉斯科维奇（Leskovec）等人利用基于图论的方法，描述节点数与网络直径的动态关联和随时间演化的特性，以及边权重与网络的拓扑结构演化关联关系及社区演化关系。② 2006 年，美国加州伯克利大学的查布拉巴蒂（Chakrabarti）等人利用数据挖掘技术给出了时间和结构相结合的虚拟社区演化模型。③ 2007 年，美国 NEC 实验室的迟（Chi）等人扩展了相似性计算方法，用图分割（Graph cut）作为测度社区结构和社区进化的指标，第一个提出进化谱聚类算法。同年，美国伊利诺伊大学芝加哥分校的坦提帕斯安那（Tantipathananandh）等人根据社会经验列举了社交网络上中观层面子结构变化的各种情况，并构造出相应变化的损耗评价体系，建立了以个体消耗、组消耗、颜色变化消耗三种因素合成的最优化模型。2008 年，美国斯坦福大学的拉斯科维奇（Leskovec）等人研究了社交网络的微观演化过程，发现边的生成频

① Palla G, Dernyi I, Farkas I. Uncovering the overlapping community structure of complex network in nature and society [J]. *Nature*, 2005, 435: 814-818.

② Leskovec J, Kleinberg J, Faloutsos C. Graphs over time: densification laws, shrinking diameters and possible explanations [C]. Proceedings of the eleventh ACM SIGKDD international conference on Knowledge discovery in data mining, 2005Aug 21 - 24, Chicago, Illinois, USA. 2005: 177-187.

③ Chakrabarti D, Kumar R, Tomkins A. Evolutionary clustering [C]. Proceedings of the 12th InternationalConference on Knowledge Discovery and Data Mining, 2006Aug 20-23, Philadelphia, USA. 2006: 554-560.

度与节点间的已有跳数呈反比①②。

2.2.2　社交网络中群体互动研究

社交网络中的群体互动方面，已有的研究工作可以概括为社交网络中群体行为建模及特征分析、群体情感建模与行为互动两个方面。

（1）社交网络上的用户行为分析

用户个体行为是社区中的基本动作，需对其进行建模。在线社交网络上的用户行为包括展示自我、与陌生人建立关系、分享兴趣和信息、发布信息、搜索信息、浏览信息和推送信息；可以围绕各种话题与不同人群进行互动；可以构建兴趣社区、学习社区和娱乐社区，共享知识、学习交流并分享快乐。社交网络上群体行为分析的已有研究主要集中在群体社交网络选择模型研究以及个体行为特征分析等两个方面。在群体社交网络选择模型研究方面，2007 年，美国密歇根大学的埃里森（Ellison）等人将社交网络的群体行为关系分为桥接型、黏接型和维持型三种类型，并基于回归分析发现桥接型关系对个体选择社交网络有着更重要的影响。③ 2008 年，美国密歇根大学的施泰因费尔德（Steinfield）等人以 Facebook 为背景，采用博弈论的方法，通过制订个体选择策略和收益量化函数对个体行为进行建模和分析，研究表明社交网络的社会资本收益、用户自尊心以及生活满意度等心理变量共同影响用户社交网络选择行为。④ 2009 年，韩国 Myongji 大学康永植（Kang）等人研究了自我形象一致性和后悔成本等因素对网络迁移行为的影响。⑤ 2009 年，新加坡南洋理工大学程曾燕等人的研究也表明用户对所属网络的不满意、其他网络的吸引力以及网络迁移的成本是用户

---

① Fortunato S, Barthélemy M. Resolution limit in community detection ［J］. *Proceedings of the National Academy of Sciences*, 2007, 104: 36-41.

② Leskovec J, Backstrom L, Kumar R, et al. Microscopic evolution of social networks ［C］. Proceedings of the 14th International Conference on Knowledge Discovery and Data Mining, 2008Aug 24-27, LasVegas, Nevada, USA. 2008: 462-470.

③ Ellison N, Steinfield C, Lampe C. The benefits of facebook "friends:" social capital and college students' use of online social network sites ［J］. *Journal of Computer-Mediated Communication*, 2007, 12: 1143-1168.

④ Steinfield C, Ellison N, Lampe C. Social capital, self-esteem, and use of online social network sites: a longitudinalanalysis ［J］. *Journal of Applied DevelopmentalPsychology*, 2008, 29: 434-445.

⑤ Kang YS, Hong S, Lee H. Exploring continued online service usage behavior: the roles of self-image congruity and regret ［J］. *Computers in Human Behavior*, 2009, 25: 111-122.

网络迁移行为的主要原因。① 2011 年，美国亚利桑那州立大学库玛（Kumar）等人针对 Twitter、Facebook、Youtube 等 7 种社交网络，研究了它们的异构性及用户在其间的迁移行为，建立了个体迁移和群体迁移模式，表征用户在社交网络之间的迁移方式。② 在个体行为特征分析方面，2003 年，希腊雅典经济与商业大学的 Eirinaki 等人横向比较了 Web 服务中提供的个性化行为特征挖掘功能。2008 年，加拿大西蒙菲莎大学的裴健等人提出利用个体属性中多维性抽取和个体行为特征密切关联的属性取值，从而达到自动学习个体喜好和行为规律的目标。2009 年，中国香港科技大学的黄智荣等人提出了一种基于关联分析的属性独特性度量方法，用于挖掘群体中的个体行为特征。1960 年，德国施拉姆（Schramm）等人从传播学的角度，对个体的行为与动机进行了分析，建立了个体行为特征模式。③

（2）群体情感建模与行为互动

情感分析是针对主观性信息（"支持""反对""中立"）进行分析、处理和归纳的过程，主观性信息表达了人们的各种情感色彩和情感倾向。社交网络中每个人情感状态不同，影响力也会不同。在社交网络群体情感建模与行为互动方面，2007 年，美国密歇根大学埃里森（Ellison）等人发现在线交互在统计上不但不会隔离离线用户，反而能够支持用户之间的联系，为从众行为的产生提供了环境。④ 2009 年，美国斯坦福大学的凯莫勒（Camerer）等人采用博弈论方法，对网络中的级联行为，个体效应与群体效应的相互影响，进行了建模和分析。⑤ 2010 年，英国牛津大学的格里茨（Gryc）等人提出一种在博客社区上挖掘文本倾向性的方法，该方法以 16741 位博主的约 280 万篇博文作为数据集，

① Chen ZY, Yang Y, John L. Cyber migration: an empirical investigation on factors that affect users' switch intentions in social networking sites [C]. Proceedings of the 42nd Hawaii InternationalConference on System Sciences, 2009 Jan 5–8, Big Island, HI, USA. 2009: 1–11.

② Kumar S, Zafarani R, Liu H. Understanding user migration patterns in social meida [C]. Proceedings of the 25th AAAI Conference onArtificialIntelligence, 2011Aug 7–11, San Francisco, California, USA. 2011: 1–6.

③ Eirinaki M, Vazirgiannis M. Web mining for web personalization [J]. *ACM Transactions on Internet Technology*, 2003, 3: 1–27.

④ Jiang B, Pei J, Lin X et al. Mining preferences from superior and inferior examples [C]. Proceedings of the 14th ACM SIGKDD InternationalConference on Knowledge Discovery and Data Mining, 2008Aug 24–27, LasVegas, Nevada, USA. 2008: 390–398.

⑤ Wong RC, Pei J, Fu A, et al. Online skyline analysis with dynamic preferences on nominal attributes [J]. *IEEE Trans actions on Knowledge and Data Engineering*, 2009, 21: 35–49.

分析博文中对奥巴马的倾向性，并将博客空间的社区划分作为用户倾向性分类的特征之一。① 1960 年，德国施拉姆（Schramm）等人利用传播学的方法，建立了群体与互动的相对完整的理论体系。2010 年，美国亚利桑那州立大学的扎法拉尼（Zafarani）等人在 LiveJournal 社交网络数据集上研究倾向性的传播，并对传播的倾向性进行了度量。2011 年，香港城市大学 Xu 等人先对文本的倾向性进行分析，再结合社区发现方法发现有相同倾向性的群体。② 同年，美国印第安纳大学博伦（Bollen）等人对 Twitter 进行了分析，提出用户会把自己的倾向性传播给具有连接关系的其他用户，使他们逐渐持有相同或相似的主观感受。③ 此外，2011 年日本 Tokai 大学的林（Aoki）等人针对博客采用向量的表示方法对多元化情绪进行建模，但其基于表情符号来构建向量，并未利用内容信息进行分析研究。④ 社交网络个体从众行为分析目前已有研究主要集中在社交网络个体从众行为的产生环境、影响因素，以及从众行为机理分析等几方面。2008 年，中国台湾中原大学陈宜菜等人通过对在线书籍评分、销售量、不同来源三个角度研究了在线购物的从众效应，结果表明，对书籍的评分、销售量以及其他用户的选择能够影响用户的决策。⑤ 2010 年，澳大利亚悉尼大学 Sharawneh 等人提出根据"追随领袖"模型中的领袖信用，建立集成社交网络信息的协同过滤推荐模型，该研究表明，基于意见领袖的推荐模型能够更加准确预测消费者的选择行为。

2.2.3 社交网络中的信息传播研究

在社交网络的信息传播方面，已有的研究工作可以概括为社交网络的信息及其能量、社交网络信息传播模型和社交网络信息传播影响三个方面。

---

① Gryc W, Moilanen K. Leveraging textual sentiment analysis with social network modeling: sentiment analysis of political blogs in the 2008 U. S. presidentialelection [J]. *From Text to Political Positions. Text analysis across disciplines*, 2010, 11: 47-70.

② Xu K, Li J, Liao S. Sentiment community detection in social networks [J]. *Proceedings of the 2011 Conference*, 2011 Mar 4-7, Berlin, Germany. 2011: 804-805.

③ Bollen J, Gonalves B, Ruan G, et al. Happiness is assortative in online social networks [J]. *Artificial Life*, 2011: 132-136.

④ Aoki S, Uchida O. Amethod for automatically generating the emotional vectors of emoticons using blog articles [J]. *InternationalJournal of Computers*, 2011, 5: 346-353.

⑤ Chen YF. Herd behavior in purchasing books online [J]. *Computers in Human Behavior*, 2008, 24: 1977-1992.

（1）社交网络的信息及其能量

信息传播是人们通过符号、信号来进行信息的传递、接收与反馈的活动，是人们彼此交换意见、思想、情感，以达到相互了解和影响的过程。在社交网络的信息及其能量方面，已有研究主要集中在信息的符号表示与意义，以及信息传播能量及演化方面。在信息符号表示方面，1923 年，德国哲学家卡西尔（Cassirer）等人从人类传播的符号与意义角度，分析了传播符号与意义的关系。贝尔实验室的香农（Shannon）建立了概念明确、数学表述和运算严格、自成体系且能付诸实用的信息理论。[1] 华盛顿大学的杰恩斯（Jaynes）等人将其发展为统计信息理论，即信息和信息熵是统计信息理论中最基本的概念和量，不仅用作信息量的度量，还用来表示自然和社会各种系统的有序度和无序度，并广泛用于通信、计算机、控制论、社会学及各种工程科学等领域。[2] 在信息传播过程中的能量及演化分析方面，2004 年，法国巴黎大学丹卿（Danchin）等人利用社会物理学的方法，用信息传播状态熵刻画信息在社交网络的扩散状态及势能，指出信息传播过程中，随着多种异源异构信息互为补充不断演化，增强了信息最后的能量。[3] 2011 年，美国伊利诺伊大学香槟分校的韩家炜等人提出了社交网络话题演化与传播路径的综合分析方法，该方法基于联合概率推理，利用高斯条件随机场模型进行文本内容、影响力与话题演化的统一分析。[4] 2011 年，美国康奈尔大学 Jo 等人提出从网络语料库中提取主题拓扑结构，对信息进化图进行建模分析。[5] 2011 年，印度国际信息技术研究所的库玛（Kumar）等人基于多频封闭词集来表示信息主题提出了新的信息演化分析方法，并采用改进的矩

① Shannon C E. A mathematical theory of communication [J]. *Bell System Technical Journal*, 1948, 27: 379-423.

② Jaynes ET. Information Theory and Stat istical Mechanics [J]. *Physical Review*, 1957, (4): 620-630.

③ Danchin E, Giraldeau L, Valone TJ., et al. Public information: from nosy neighbors to cultural evolution [J]. *Science*, 2004, 5683: 487-491.

④ Lin C X, Mei Q, JiangY, et al. Inferring the diffusion and evolution of topics in social communities [C]. Proceedings of the 16th ACM SIGKDD international conference on Knowledge discovery and data mining, 2010 Jul 25-28, Washington, DC, USA. 2010: 1019-1028.

⑤ JoY, Hopcroft J E, Lagoze C. The web of topics: discovering the topology of topic evolution in a corpus [C]. Proceedings of the 20th InternationalConference on World Wide Web, 2011 Mar 28-Apr 1, Hyderabad, India. 2011: 257-266.

阵迭代算法对不同的子话题进行演化计算。①

(2) 社交网络信息传播模型

社交网络信息传播特指以社交网络为媒介进行的信息传播过程。在线社交网络与生俱来的自由性和开放性使其逐渐成为当代社会信息传播的重要集散地，社交网络中的信息传播活跃性达到了前所未有的程度。在社交网络信息传播模型方面，已有研究主要集中在传染病模型、网络拓扑图模型以及基于统计推理的信息传播模型等。传染病模型最早于 2000 年由美国爱荷华大学赫斯科特（Hethcote）教授等人提出，之后出现了很多变种，例如，SIR、SIS 以及类似于 SI 模型的级联模型。② 传染病模型认为，当感染个体对某个未感染个体的传播率大于某一临界值时，感染个体会将病毒传播给该未感染个体，这个过程会持续到整个网络感染个体总数处于某一稳定状态。③ 2004 年，IBM Almaden 研究中心格鲁尔（Gruhl）等人基于 SIRS 传染病模型，提出话题在博客网络中的传播模型，并提出博客阅读率与传播率的估算方法。④ 在基于网络拓扑图的社交网络信息传播模型方面，2006 年，雅虎研究中心库玛（Kumar）等人研究了在线社交网络的网络拓扑结构的演化特性，包括度分布聚类系数、群聚系数、顶点度相关系数等属性。⑤ 在基于统计推理的社交网络信息传播模型方面，2000 年，英国剑桥大学渡尚（Doucet）等人提出了 BRPT 算法，利用动态概率网络的结构分解来减小抽样分布的维数，利用部分样本对局部分布进行近似以提高计算效率⑥；2001 年，美国加利福尼亚大学卡斯克（Kask）等人提出基于桶消元的信

① Kumar S, Zafarani R, Liu H. Understanding user migration patterns in social meida [C]. Proceedings of the 25th AAAI Conference onArtificialIntelligence, 2011Aug 7-11, San Francisco, California, USA. 2011: 1-6.

② Hethcote H. The mathematics of infectious diseases [J]. *SIAM Rev*, 2000, 42: 599-653.

③ Kempe D, Kleinberg J, Tardos E. Maximizing the spread of influence through a social network [C]. Proceedings ofthe 9th InternationalConference on Knowledge Discovery and Data Mining, 2003Aug 24-27, Washington, DC, USA. 2003: 137-146.

④ Gruhl D, Guha R, Liben-Nowell D, et al. Information diffusion through blogspace [J]. *ACM SIGKDD Explorations Newsletter*, 2004, 6: 43-52.

⑤ Kumar R, Novak J, Tomkins A. Structure and evolution of online social networks [C]. Proceedings of the 12th InternationalConference on Knowledge Discovery and Data Mining, 2006Aug 20-23, Philadelphia, USA. 2006: 611-617.

⑥ Doucet A, Freitas N, Murphy K. Rao-black wellished Particle filtering for dynamic bayesian networks [C]. Proceedings of the 16th Conference on Uncertainty inArtificialIntelligence, 2000 Jun 30-Jul 3, Stanford, California, USA. 2000: 176-183.

息传播算法，① 美国加州大学伯克利分校墨菲（Murphy）等人提出基于联合树的静态信息传播算法，可有效计算中等规模网络的信息传播；② 2003 年，美国加利福尼亚大学帕斯金（Paskin）等人提出一种动态信息传播的条件 BK（CBK）算法，通过引入局部结构的条件独立性提高动态信息传播的计算精度。在传播学领域，1957 年，美国麻省理工拉斯韦尔（Lasswell）等人基于传播学方法，提出 5W 模式传播模型；③ 1960 年，德国施拉姆（Schramm）等人基于控制论方法，进一步建立了大众传播模式，引入了反馈等影响，更加注重信息编解码和反馈等因素在信息传播中的作用。

（3）社交网络信息传播影响

社交网络信息传播影响是社交网络信息传播领域的关键研究热点，其目的是发现社交网络中最有信息传播影响力的节点集合，从而经过信息在社交网络中的传播，最终能够最大化信息的传播范围。在实际生活的许多重要场景中，社交网络信息传播影响分析均有着广泛的应用，如市场营销、广告发布、舆情预警、水质监测、疫情监控、网络竞选、突发事件通知等。国内外对社交网络信息传播学影响的研究主要有概率论方法、经济学方法和传播学方法。概率论方法是基于概率图模型来研究信息传播的敏感度和影响力的方法，可以对概率图参数、结构的重要性进行量化分析。2006 年，加拿大西蒙菲莎大学的马肯德诗（McCandless）等人利用概率论，提出了基于蒙特卡罗的信息传播计算方法，但是这种类型的影响力分析方法不能有效揭示非线性关系。④ 同时，研究者探讨了概率结构模型的影响力分析方法，如美国匹斯堡大学的王海琴等人研究发现，贝叶斯网络对于参数概率的变化非常敏感，并论证了敏感度分析对贝叶斯网络参数分析非常有效，但这些贝叶斯网络敏感度分析方法还仅涉及单个参数；荷兰乌特勒支大学的 Renooij 等人将贝叶斯网络灵敏性分析延伸到多个参数，利用

---

① Kask K, Dechter R, Larrosal J et al. Buchet-treeelimination for automated reasoning [J]. *ArtificialIntelligence*, 2001, 125: 91-131.

② Murphy K, Weiss Y. The factored frontier algorithm for approximate inference in DBNs [J]. *Technical Report*, *Computer Science Department*, *University of California*, *Berkeley*. 2001: 176-183.

③ Lasswell H D. The structure and function of communication in society [J]. *The communication of Ideas*, 1948: 117-118.

④ McCandless LC, Gustafson P, Levy A. Bayesian sensitivity analysis for unmeasured confounding in observational studies [J]. *Statistics in Medicine*, 2006, 26: 2331-2347.

动态概率结构模型进行影响力的敏感度分析等。① 经济学中的效用理论是度量信息传播影响力的另一种有效理论。基于效用函数的信息传播影响力分析模型是利用函数评估信息传播对于系统所产生的影响，且易于实现信息传播影响力的度量。1992 年，纽约大学的申诺伊（Shenoy）等人利用经济学方法，② 提出了基于效用评价的信息传播影响力求解方法，利用一种可替换公式，基于效用评价系统来对信息传播影响力问题的表示和求解。1999 年，丹麦奥尔堡大学的麦德森（Madsen）等人提出了一种基于熵的网络信息传播的影响力评估函数方法，通过在强连接树中进行传播信息的影响力推理估算。③ 2006 年，法国巴黎大学山姆·梅斯（Sam Maes）等人基于多 Agent 因果概率图模型给出了一种利用部分信息的影响力分析方法。④ 在传播学领域，20 世纪 70 年代以后出现了传播效果研究的高潮，产生了一系列理论。1974 年，德国纽曼（Neumann）等人基于传播学方法，提出了"沉默螺旋"等理论，指出个人在表达自己观点时受环境影响，当发现自己属于优势意见时，倾向于表明自己观点；⑤ 反之，则转向沉默或附和。于是少数派的声音越来越小，多数派的声音越来越大，形成一种螺旋式上升的模式。1972 年，美国传播学家麦克博斯（McCombs）等人提出的议程设置功能理论是指大众传媒作为"大事"加以报道的问题，同样也作为"大事"反映在公共意识中，传统媒体给予的强调越多，公众对该问题的重视程度就越高。⑥ 1927 年，奥地利媒介理论家弗洛伊德形成一种新的宣传理论，即魔弹理论，把媒介对人的刺激看作魔弹打入大脑，能迅速地被受众所接受，即人们在接受外部信息的时候多是被动的状态，接收到信息便认为是什么信息，这个信息将造成某种事先设计好的行为。1970 年，美国传播学家蒂切诺

① Renooij S. Efficient sensitivity analysis in hidden markov models ［J］. *Int Japprox Reason*，2012，53：1397-1414.

② Shenoy pp. Valuationbasedsystems for Bayesian decision analysis ［J］. *Operations Research*，1992，40：63-84.

③ Madsen AL. Lazy propagation：A junction tree inference algorithm based on lazy evaluation ［J］. *ArtificialIntelligence*，1999，113：203-245.

④ Maes S，Philippe L. Multi-agent causal models for dependability analysis ［C］. Proceedings of the 1st InternationalConference on Availability，Reliability and Security，2006Apr 20-22，Vienna，Austria，2006：794-798.

⑤ Noelle-Neumann E. The Spiral of Silence A Theory of Public Opinion ［J］. *Journal of Communication*，1974，24：43-51.

⑥ McCombs M E，Shaw D. The Agenda-Setting Function of Mass Media ［J］. *POQ*，1972，36：176-187.

（Tichenor）等人提出"知识沟理论"，是指由于社会经济地位高者通常能比社会经济地位低者更快地获得信息，大众媒介传送的信息越多，这二者之间的知识鸿沟也就越有扩大的趋势。[①]

2.3 社交网络前沿研究

国际上人们对于大型社交网络的本质特征和网络信息传播的基本规律的研究仍处在相对初级的阶段，尚未提出完整的社交网络分析的基础理论和方法，仍然值得我们进一步进行研究和突破。

（1）在线社交网络的结构具有节点海量性、结构复杂性和多维演化性等特点，拓扑结构随着时间不断演变，对社交网络结构演化规律还需要进一步有效的表达和计算加以解决。

（2）在线社交网络的信息传播具有信息的多源并发性，其相互影响形成了路径多变和内容演化的特点。网络群体方面，已有研究对其产生、发展、消亡规律的内部交互作用机理知之不深；传统的群体建模及其互动方法无法准确刻画大规模在线社交网络中的强互动演变、公众情绪漂移等特征，不能真实分析出舆情的倾向性。在个体行为特征分析方面，传统的研究主要局限于用户个性化模型及其对社交网络的选择分析上，未涉及个体向群体演化过程中的个体行为表征等问题。

（3）在线社交网络的群体互动具有强互动演变、公众情绪漂移等特征点，公众立场不断变化，兴趣点不断演化。已有的信息传播模型多基于传染病模型、网络拓扑图以及统计推理等方法，在描述社交网络传播模式以及计算效率和精度方面仍存在不足。研究视角上，尚缺乏从信息传播的时间、空间特征以及信息传播的双向性三个维度对信息传播的内在机制进行深度分析。传统理论和方法局限在"还原论"的角度解决问题，不能准确描述在线社交网络中信息的多源并发性所带来的相互影响等特性，因此需要研究新理论与新方法，以便在信息传播的相互作用中形成对舆情的驾驭能力。

---

① Tichenor J, George A, Clarice O. Mass media flow and differential growth in knowledge ［J］. *Public Opin Q*, 1970, 34: 159-170.

第三章　社交网络数据的收集与表达

3.1　社交网络数据的概念与类型

3.1.1　社交网络资料的概念

广义上来讲，一切可以被用来进行社交网络分析的资料都可以被认定为社交网络资料。这包括现实生活中人与人之间的关系，如亲人、朋友、同事、同学等；也包括网络在线社交网络上的数据，如朋友圈点赞、微博转发、关注公众号、浏览网页，甚至是电商平台的购物信息等。对于任何网络实证研究，调查者在开始收集数据之前必须先处理三个重要的事项——范围界定、网络抽样、关系测量。

3.1.2　社交网络资料的类型

数据类型：社交指数、文本、用户以及其他数据。

社交指数数据：浏览量、关注量、粉丝数、好友数、发布量、评论数、点赞数等。

文本内容数据：热门话题、活动、新闻动态、博客文档、分享源文等。

用户行为数据：用户访问、用户评论、用户浏览、用户日志等。

其他数据：关系数据、位置数据、传播数据、查询数据、社交征信数据等。

数据内容：目标网站网页的所有要素（分类、话题、关键词、网址、博客等）。

3.2　社交网络数据的收集方法

3.2.1　问卷法

问卷调查法也称问卷法，是调查者运用统一设计的问卷向被选取的调查对象了解情况或征询意见的调查方法。

问卷调查是以书面提出问题的方式搜集资料的一种研究方法。研究者将所要研究的问题编制成问题表格，以邮寄方式、当面作答或者追踪访问方式填答，从而了解被试者对某一现象或问题的看法和意见，所以又称问题表格法。问卷法运用的关键在于编制问卷、选择被试者和结果分析。

（1）问卷调查法的种类

问卷调查，按照问卷填答者的不同，可分为自填式问卷调查和代填式问卷调查。其中，自填式问卷调查，按照问卷传递方式的不同，可分为报刊问卷调查、邮政问卷调查和送发问卷调查；代填式问卷调查，按照与被调查者交谈方式的不同，可分为访问问卷调查和电话问卷调查。这几种问卷调查方法的利弊，可简略概括如表3-1所示。

表3-1　问卷调查利弊对比

项目	自填式问卷调查			代填式问卷调查	
	报刊问卷	邮政问卷	送发问卷	访问问卷	电话问卷
调查范围	很广	较广	窄	较窄	可广可窄
调查对象	难控制和选择，代表性差	有一定控制和选择，但回复问卷的代表性难以估计	可控制和选择，但过于集中	可控制和选择，代表性较强	可控制和选择，代表性较强
影响回答的因素	无法了解、控制和判断	难以了解、控制和判断	有一定了解、控制和判断	便于了解、控制和判断	不太好了解、控制和判断
回复率	很低	较低	高	高	较高

续表

项目	自填式问卷调查			代填式问卷调查	
	报刊问卷	邮政问卷	送发问卷	访问问卷	电话问卷
回答质量	较高	较高	较低	不稳定	很不稳定
投入人力	较少	较少	较少	多	较多
调查费用	较低	较高	较低	高	较高
调查时间	较长	较长	短	较短	较短

（2）问卷调查法的问卷设计①

①问卷的一般结构

问卷一般由卷首语、问题与回答方式、编码和其他资料四个部分组成。

第一，卷首语。它是问卷调查的自我介绍，卷首语的内容应该包括调查的目的、意义和主要内容，选择被调查者的途径和方法，对被调查者的希望和要求，填写问卷的说明，回复问卷的方式和时间，调查的匿名和保密原则，以及调查者的名称等。为了能引起被调查者的重视和兴趣，争取他们的合作和支持，卷首语的语气要谦虚、诚恳、平易近人，文字要简明、通俗、有可读性。卷首语一般放在问卷第一页的上面，也可单独作为一封信放在问卷的前面。

第二，问题和回答方式。这是问卷的主要组成部分，一般包括调查询问的问题、回答问题的方式以及对回答方式的指导和说明等。

第三，编码。这是把问卷中询问的问题和被调查者的回答，全部转变成为代号和数字，以便运用电子计算机对调查问卷进行数据处理。

第四，其他资料。这包括问卷名称、被访问者的地址或单位（可以是编号）、访问员姓名、访问开始时间和结束时间、访问完成情况、审核员姓名和审核意见等。这些资料是对问卷进行审核和分析的重要依据。

此外，有的自填式问卷还有一个结束语，结束语可以是简短的几句话，对被调查者的合作表示真诚感谢，也可稍长一点，顺便征询一下对问卷设计和问卷调查的看法。

---

① 曾兴编．策划学概论［M］．北京：中国广播电视出版社，2008.

②问题的种类、结构和设计原则

A. 问题的种类

问卷中要询问的问题，大体上可分为以下四类。

第一，背景性的问题，主要是被调查者个人的基本情况。

第二，客观性问题，是指已经发生和正在发生的各种事实和行为。

第三，主观性问题，是指人们的思想、感情、态度、愿望等一切主观世界状况方面的问题。

第四，检验性问题，为检验回答是否真实、准确而设计的问题。

B. 问题的结构

第一，按问题的性质或类别排列，而不要把性质或类别的问题混杂在一起。

第二，按问题的复杂程度或困难程度排列。

第三，按问题的时间顺序排列。

C. 问题的设计原则

要提高问卷回复率、有效率和回答质量，设计问题应遵循以下原则。

第一，客观性原则，即设计的问题必须符合客观实际情况。

第二，必要性原则，即必须围绕调查课题和研究假设设计最必要的问题。

第三，可能性原则，即必须符合被调查者回答问题的能力。凡是超越被调查者理解能力、记忆能力、计算能力、回答能力的问题，都不应该提出。

第四，自愿性原则，即必须考虑被调查者是否自愿真实回答问题。凡被调查者不可能自愿真实回答的问题，都不应该正面提出。

③问题的表述

A. 表述问题的原则

第一，具体性原则，即问题的内容要具体，不要提抽象、笼统的问题。

第二，单一性原则，即问题的内容要单一，不要把两个或两个以上的问题合在一起提。

第三，通俗性原则，即表述问题的语言要通俗，不要使用被调查者感到陌生的语言，特别是不要使用过于专业化的术语。

第四，准确性原则，即表述问题的语言要准确，不要使用模棱两可、含混不清或容易产生歧义的语言或概念。

第五，简明性原则，即表述问题的语言应该尽可能简单明确，不要冗长和啰唆。

第六，客观性原则，即表述问题的态度要客观，不要有诱导性或倾向性语言。

第七，非否定性原则，即要避免使用否定句形式表述问题。

B. 特殊问题的表述方式

第一，释疑法，即在问题前面写一段消除疑虑的功能性文字。

第二，假定性，即用一个假言判断作为问题的前提，然后询问被调查者的看法。

第三，转移法，即把回答问题的人转移到别人身上，然后请被调查者对别人的回答做出评价。

第四，模糊法，即对某些敏感问题设计出一些比较模糊的答案，以便被调查者做出真实的回答。

C. 回答的类型和方式

回答有三种基本类型，即开放型回答、封闭型回答和混合型回答。

第一，开放型回答，是指对问题的回答不提供任何具体答案，而由被调查者自由填写。开放型回答的最大优点是灵活性大、适应性强。开放型回答的缺点是回答的标准化程度低，整理和分析比较困难，会出现许多一般化的、不准确的、无价值的信息。

第二，封闭型回答，是指将问题的几种主要答案，甚至一切可能的答案全部列出，然后由被调查者从中选取一种或几种答案作为自己的回答，而不能做这些答案之外的回答。封闭性回答，一般都要对回答方式做某些指导或说明，这些指导或说明大都用括号括起来附在有关问题的后面。

第三，混合型回答，是指封闭型回答与开放型回答的结合，它实质上是半封闭、半开放的回答类型。这种回答方式综合了开放型回答和封闭型回答的优点，同时避免了两者的缺点，具有非常广泛的用途。

（3）问卷调查法的实施①

问卷调查的一般程序：设计调查问卷、选择调查对象、分发问卷、回收和审查问卷。然后，对问卷调查结果进行统计分析和理论研究。

---

① 贺祖斌，王屹. 职业教育研究方法 ［M］. 北京：北京师范大学出版社，2010.

（4）问卷调查法的优缺点①

①问卷调查法的优点

第一，问卷调查法的最大优点是，它能突破时空限制，在广阔范围内，对众多调查对象同时进行调查。

第二，便于对调查结果进行定量研究。

第三，匿名性。

第四，节省人力、时间和经费。

②问卷调查法的缺点

第一，最突出的一点就是，它只能获得书面的社会信息，而不能了解到生动、具体的社会情况。

第二，缺乏弹性，很难做深入的定性调查。

第三，问卷调查、特别是自填式问卷调查，调查者难以了解被调查者是认真填写还是随便敷衍，是自己填答还是请人代劳；被调查者对问题不了解、对回答方式不清楚，无法得到指导和说明。

第四，填答问卷比较容易，有的被调查者或者是任意打钩、画圈，或者是在从众心理驱使下按照社会主流意识填答，这都使调查失去了真实性。

第五，回复率和有效率低，对无回答者的研究比较困难。

3.2.2　实验法

实验方法能通过实验过程获取其他手段难以获得的社交网络数据。实验者通过主动控制实验条件，包括对参与者类型的恰当限定、对信息产生条件的恰当限定和对信息产生过程的合理设计，可以获得在真实状况下用调查法或观察法无法获得的某些重要的、能客观反映事物运动表征的有效信息，还可以在一定程度上直接观察研究某些参量之间的相互关系，有利于对事物本质的研究。

实验方法也有多种形式，如实验室实验、现场实验、计算机模拟实验、计算机网络环境下人机结合实验等。现代管理科学中新兴的管理实验，现代经济学中正在形成的实验经济学中的经济实验，实质上就是通过实验获取与管理或经济相关的信息。

---

① 李广义．人力资源管理［M］．天津：天津大学出版社，2009.

3.2.3　提名法

搜集社会关系数据的方法有很多。社会计量学家通常关心的是群体中社会选择的结构，他们通过以下方法搜集数据：对某个群体中的每个成员提问，要求他们设想，如果实施某些对群体来说很重要的活动，他们在活动中的朋友（或对手）会是谁。例如，研究者对同一个班级内的小学生进行调查，要求每个学生提名自己喜欢与之坐在一起的同学。应答者在一张调查表中写下所选同学的名字，或者从调查者提供的名单列表中选择。这两个方法分别称为自由回忆法和名单法，后者可以降低应答者遗漏某些备选对象的可能。

调查者有时候会对应答者可以提名的人数进行限制。社会计量学研究通常把提名人数限制为三个，如饭友网的研究者要求每个女生选择三位朋友。之所以有这个限制是由于经验研究表明，允许提名的人数越多，应答者就越专注于那些已经受到高度选择的对象。当问及自己最好的朋友是哪些人时，大多数人能说出的朋友数都小于或等于四人。如果要求他们提名更多朋友，那么应答者通常会提名那些在他们心目中认为应该要喜欢的人，而他们的判断依据往往是这些人是众多其他人所喜欢的对象。不过，限制提名人数也会降低数据信度，如果在不同时间点进行重复测定，限制性提名法的结果前后难以稳定一致。另外，相比于其他测量技术而言，限制性提名法的结果之间相关程度也偏低。还有一些其他测量方法，包括非限制性提名法（也称为自由提名法）、排序法或成对比较法。排序法要求应答者把群体内的其他成员按照魅力大小排序。成对比较法是把成员配对比较，需要列出群体中所有可能的成员对，让应答者二选一，从每对成员中选出一个最想选的人。各个应答者拥有的朋友数量不一定相同，通过限制应答者可提名的人数，研究者可以规避这种差异对调查结果带来的影响。

以上这些技术，包括限制性提名法、非限制性提名法、排序法和成对比较法等都是通过提问来诱导行动者提供社会关系数据。但是，还有一些技术不用诱导行动者也能够采集社会关系数据，如观察同一班级内小学生的互动情况、要求应答者记录自己的日常人际接触、从网络通信的日志文件中获取通讯成员列表、从文献或数据库中检索家庭关系或交易往来关系。随着电子存储技术的迅速发展，研究者已经有机会获取大规模的社交网络数据。

如果直接由应答者自己报道数据，所得结果会受到他们记忆的限制，而且记忆往往不够精确。因此，从间接途径获取的数据通常更有意义。不过间接搜集到的数据也有局限性，其中的人员和组织机构往往会缺乏明确的身份信息。例如，一家机构内有个董事会成员琼斯先生，另外一家公司也有一个首席执行官琼斯先生，但不知道这两个琼斯是不是同一个人。很显然，这种情况会影响网络分析，因为网络分析首先要求的就是明确界定每个顶点。

提名法的应用如下所示。搜集好数据后，就可以着手构建可供蜘蛛分析的网络文件了。这是一种简单的文本文件，可以在任何字处理软件中编辑，而且可以输出为纯文本。请不要忘记为顶点编制序列号，取值范围从 1 到顶点总数。把这个文件从字处理软件中导出，存储为未经格式化的纯文本文件（DOS 文件，ASCII），使用 .net 作为文件扩展名。如果数据已经存储为关系型数据库，那就可以用关系型数据库软件生成蜘蛛网络文件。

蜘蛛也可以直接创建网络文件。首先，执行 Net > Random Network > Total No. of Arcs 指令，生成一个随机网络。在弹出的第一个对话框（How many vertices，多少个顶点），请输入需要多少个顶点。在第二个对话框（How many arcs，多少条弧），如果输入 0，生成的新网络中就没有连线。这个新网络将在主界面的网络列表框的框栏中显示。如果执行主菜单上的绘图指令（［Main］Draw > Draw），那就会看到顶点很规则地排成圆环形或椭圆形布局，如图 3-1 所示。

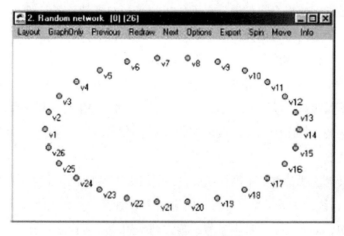

图 3-1　无连线随机网络①

———————

① （荷）诺伊等著，林枫译，蜘蛛：社交网络分析技术，世界图书出版公司，2014 年出版。

第二步，往网络中加入连线。这一步可以在主界面中完成，也可以在绘图界面中完成。在主界面中，在网络列表框旁边有一个编辑（Edit）按钮，这是一个手拿笔的小图标，鼠标点击这个按钮，就可以对连线进行编辑。另外，执行 File>Network>Edit 指令，也可以对连线进行编辑。这两个指令都会弹出一个对话框，要求用户输入某个顶点的标签或序号。随后会弹出与这个顶点相应的网络编辑界面（Editing Network），会显示这个顶点以及它拥有的连线，如图 3-2 所示。在绘图界面上用右键单击一个顶点，同样可以打开属于这个顶点的网络编辑界面。

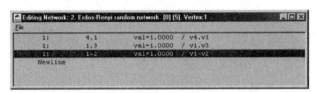

图 3-2　网络编辑界面①

在打开属于某个顶点的网络编辑界面后，用鼠标左键双击界面中的新连线（Newline）这一行，就会弹出一个添加连线对话框。在这个对话框中，用户可以为界面所属顶点添加连线。如果添加的是边，可以直接在对话框中输入另一端的顶点序列号。如果添加的是弧，输入的顶点序列号就要带正号或负号，用来表示弧是指入或指出网络编辑界面所属顶点。如果带正号，新弧从对话框所输入的顶点指入网络编辑界面所属顶点。如果带负号，新弧从网络编辑界面所属顶点指向对话框所输入顶点。每条新边或新弧都会使网络编辑界面新增一行。例如，图 3-2 显示了两条弧和一条边，包括从 4 号指向 1 号顶点的弧、从 1 号指向 3 号顶点的弧，以及 1 号与 2 号顶点之间的边。如果想要删除哪条连线，只需要在网络编辑界面中双击连线所在行，随后会弹出一个信息框，询问是否要删除这条连线。

所有新增连线都有一个默认线值，在网络编辑界面上显示为线值 1.0（val = 1.0000），连线的关系类型号以每行的第一个数值表示，默认值都是 1。在网络编辑界面中，第一列是关系类型号，第二列是用顶点号以及连接符（句点或连字符）表示的连线（边或弧），第三列是用"val ="指示的线值。在第三列斜

---

① （荷）诺伊等著，林枫译，蜘蛛：社交网络分析技术，世界图书出版公司，2014 年出版。

杠线后,是用顶点标签以及连字符表示的连线。线值和关系类型号都可以在界面中编辑改变:先单击左键,选中某连线所在行,然后单击右键,在弹出的对话框中进行编辑。在第一个对话框中可以输入任何实数(正数、0 或负数)作为新的线值,而第二个对话框中则输入正整数(0~65535)作为新的关系类型号。

最后一步是保存网络文件。蜘蛛不会自动保存网络文件。由于网络分析通常会形成许多新的网络,其中大多数都只是中间步骤的产物,因而不建议使用者保存所有网络文件。一旦完成网络编辑,请立即保存新生成的网络,这里可以选用 File>Network>Save 指令,也可以选用网络列表框旁边的保存按钮。建议保存为弧与边列表格式的蜘蛛网络文件(Pajek Arcs/Edges),这种格式既有利于今后手工编辑,又能在最大程度上利用布局选项。在保存网络文件时,请起一个容易辨识的名字,它的扩展名应为 .net。

3.2.4　网络数据爬取法

网页数据爬取是指从网站上提取特定内容,而不需要请求网站的 API 接口获取内容。"网页数据"作为网站用户体验的一部分,如网页上的文字、图像、声音、视频和动画等都属于网页数据。网页数据的抓取有如下几种方法。

(1)方法一:直接抓取网页源码

优点:速度快。

缺点:①正由于速度快,易被服务器端检测,可能会限制当前 ip 的抓取。对于这点,可以尝试使用 ip 代码解决。②如果所要抓取的数据,在网页加载完后,js 修改了网页元素,无法抓取。③遇到抓取一些大型网站,若需要抓取如登录后的页面,可能需要破解服务器端账号加密算法以及各种加密算法,及其考验技术性。

适用场景:网页完全静态化,并且所要抓取的数据在网页首次加载完成就加载出来了。涉及登录或者权限操作的类似页面未做任何账号加密或只做简单加密的。

当然,如果该网页所要抓取的数据,是通过接口获得的 json,那么直接抓取 json 页面即可。

对于有登录的页面,如何拿到他的登录页之后的源码呢?这里就要了解对于 session 保存账号信息的情况下,服务器是如何确定该用户身份的。

首先,用户登录成功后,服务器端会将用户的当前会话信息保存到 session

中，每一个 session 有一个唯一标志 session Id。则用户访问这个页面，session 被创建后，就会接收到服务器端传回的 session Id，并将其保存到 cookie 中，因此我们可以用 Chrome 浏览器打开检查项，查看当前页面的 session Id。下次用户访问需要登录的页面时，用户发送的请求头会附上这个 session Id，服务器端通过这个 session Id 就可以确定用户的身份。

（2）方法二：模拟浏览器操作

优点：①和用户操作相类似，不易被服务器端检测；②对于登录的网站，即使是经过了 N 层加密的，无须考虑其加密算法；③可随时获得当前页面各元素最新状态。

缺点：速度稍慢。

这里介绍几个不错的模拟浏览器操作的类库：

C# webbrower 控件：C# winform 就是一个浏览器，内部驱动是 IE 的驱动。它可以以 dom 方式随时解析当前的 document（网页文档对象），不仅可以拿到相关 Element 对象，还可以对 element 对象进行修改，乃至调用方法，如 onclick 方法、onsubmit 等，也可以直接调用页面 js 方法。

由于有些页面 IE 可能不够友好，或者如果 IE 版本过低，甚至是安全证书等问题，那么这个方案就不可行。可以采用 Selenium 库来操作系统中真实浏览器，如 Chrome 浏览器，Selenuim 支持多语言开发，以 Python 调用 Selenium 为例，Selenium 就是直接操作系统中的浏览器，但需要确保浏览器安装对应的驱动。

然而，真正开发中，有时我们可能不希望看到这个浏览器界面，这里，推荐大家一个后台浏览器 Phantomjs，它直接在 cmd 中进行操作，没有图形化界面。这样，使用 Python+Selenium+Phantomjs 就可以模拟浏览器的操作，并且看不到界面，由于 Phantomjs 没有界面，所以会比一般的浏览器要快很多。

（3）方法三：借助数据抓取工具

网络上有很多数据抓取工具，这里我们来介绍 fiddler，它是一款非常强大的数据抓取工具，不仅可以抓取到当前系统中的 http 请求，还可以提供安全证书。因此，我们抓取过程中，如果遇到安全证书错误，我们不妨把 fiddler 打开，让它提供一个证书，或许成功就近在咫尺。

更强大之处在于，fiddler script 可以在抓取到请求后，进行一系统操作，如将请求到的数据保存到硬盘中。或者在请求前，修改请求头，可谓抓取一利器。这样，我们使用 fiddler 配合之前的各类方法，可以解决大多数网络数据抓取难题。并且它的语法和 C-like 系列语法相似，类库和 C#大多相同，相信对 C#熟悉的人，上手 fiddler script 会很快。

3.3 社交网络的图与矩阵

社交网络分析者使用两种数学工具，即图和矩阵来表达个体之间的关系模式信息。网络数据描述是社交网络分析的基础，因此这部分描述两种独立但联系紧密的展示和分析社交网络数据的方法是图论法和矩阵法。

3.3.1 图论法

雅克布·莫雷诺是社会计量方法的先驱，他重视建立社会关系图，即二维图，用来展示某一有界社会系统内个体之间的关系，如某个工厂的工人。"点"和"线"是两个基本的图论术语，"点"和"线"共同构成了图，在社会关系图中，使用 N 个点（也称节点或顶点）来代表个体，通常使用字母或数字来表示。两个点之间的线（也称弧或边）表示一种关系和连接。如果两点之间没有线，表示两个点之间没有直接的关系。如果两点之间有一条线，那么这两个点就是邻接的。

在一个图中，重要的是关联的模式，并非是画在纸上的点的实际位置。图论专家对两点之间的相对位置、连接两点的线的长短、表达点的字母的大小等不感兴趣。图论确实涉及长度和位置的概念，但是这些概念不对应于我们最熟悉的空间长度和位置的概念。在一个图中，全部线的长度一般都是等长的，不管这是否可能，但这完全是出于对美观的考虑，并不带有任何的实际意义。而在实践层面，如果希望把图画得更精确一些的话，那么并非总是能保持全部线都是等长的。因此，不存在一种直接的画图方式。例如，在图 3-3 中的两个图，虽然形状看着是不同的，但是都有效地表达了同一个图，它们所表达的图论信息是完全相同的。

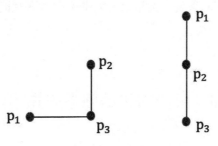

图 3-3   图的各种画法

如图 3-3 中的两个图，两点之间的线没有箭头，那么就表示这种关系是非定向的或双向的（如同事关系）。但是，当两点之间的线带箭头，关系是从一个个体指向另一个个体，如图 3-4 所示，那结果就是一个定向图表或有向图。形式上，一个有向图是点的有限集合，也是有序配对（a，b）的集合，其中 a 是线的起点，b 是线的终点。单向箭头表示一种定向关系，方向由箭尾的个体指向箭头的个体（如公司的上下级关系）。双向箭头线条表示两个定向性联系，从每一个顶点到另一个顶点，表达的是一种相互关系（如每个个体都可以选择对方作为自己的朋友）。双向箭头也可以使用两个单向箭头代替，每个箭头都指向对方。

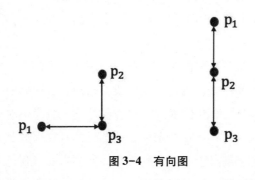

图 3-4   有向图

各个点可以通过一条线直接相连，也可以通过一系列线间接相连。在一个图中的这一系列线就叫作一条"线路（walk）"。如果线路中的每个点和每条线都各不相同，则称该线路为"途径（path）"。途径这个概念是继"点"和"线"以后的另一个最基本的图论术语，一条途径的长度（length）用构成该途径的线的条数来测量。

要想理解复杂的网络图，一个很有用的办法就是考察它们是怎样从个体的局部关联中产生的。先选择一个点和与该点直接相连的点的集合，再将这个集合中的所有点之间的关系都依次纳入，这样就得到了这个点的"个体网"（ego network）。①

若要以单个节点嵌入整体网中的方式进行可视化，那逐一画出它们的个体网就是很好的办法。在分析社交网络时，大部分的工作主要是描述性或探索性的，而非验证性的假设检验。对于一些小网络来说，我们直接用肉眼观察图形就可以感受到社会结构的整体形态，同时能了解到每个个体是如何"嵌入"到更大的结构中去的。但是，大网络就难以依靠视觉来研究了，网络特性的形式化描述和假设检验都要求我们将图形转化成数字。

3.3.2 矩阵法

图是展现社交网络信息的非常有用的方式。但是，当个体数量巨大或者关系复杂时，对应画出来的图在视觉上看起来就会变得复杂，很难理清其模式。网络关系的代数形式可以表达社会关系图中所有的量化信息，和直观的图形形式相比，代数形式能够做更多的分析。这时候就应该用矩阵的形式来表达社交网络信息。

可供数学分析的社交网络数据的最基本形式是列表，称为社会矩阵，这是一个由行和列所构成的数值方列阵。例如，大写黑体的表达式 $P(N, N)$ 表示社会矩阵 P，它有 N 个行和列，其 N_2 个单元表示 N 个社会个体之间的各种关系，个体的顺序和定位可以根据矩阵的行和列来一一对应，利用下标字母 i 和 j（i 和 j 的值从 1 到 N）对应表示特定的行列位置。一个单元格的通用表达式为 x_{ij}，例如，x_{21} 表示一个社会矩阵中的第二行第一列的值。在绝大多数的社交网络的实际应用中，矩阵主对角线（即第 i 行第 i 列所组成的单元格）是没有意义的。例如，某个人不可能是他、她自己的同学，因此这类值在实际的数据分析中是可以被忽略的。故此，在一个含有 N 个个体的社会矩阵中，拥有唯一值的单元格的最大值是 $N_2 - N$。

在一个社会矩阵单元格的数值测量矩阵中，特定的行和列对应两个个体之间的特定关系。按照惯例，在定向关系中，行中的个体属于起点或发送者，而列中的个体属于终点或关系的接受者。最基本的测量就是关系的存在或缺失，分别由 1 和 0 这两个二进制表示。因此，二进制矩阵数 $x_{ij} = 1$ 表示个体 i 发送了一

① 约翰·斯科特. 社会网络分析法［M］. 刘军，译. 重庆：重庆大学出版，2007.

个关系给个体 j；如果 $x_{ij} = 0$，则表示 i 到 j 没有关系。由于在有向图中，关系并不局限于双向的或者互惠的性质，因此它们的矩阵图是不对称的。在非定向网络中，$x_{ij} = x_{ji}$，也就是说，起点 i 和终点 j 之间的关系值总是等同于起点 j 和终点 i 之间的关系值。这种矩阵是对称的。

社会矩阵也包含非二进制，反应关系强度，如联系的频率、关系的力度或者组织的大小。在这类赋值的图表中，单元格可以从 0 至对偶关系水平的极大值，或者包括小数甚至负数以表示反向关系，如"不喜欢"或者"敌对"。

表 3-2 给出了一个六人学习小组互评的社交网络矩阵。由于每一位同学都需要对与其他同学的关系力度进行打分，并且在双方评价时会有差异，因此这个矩阵是赋值和不对称的。

表 3-2　六人学习小组互评的社交网络矩阵

	同学 1	同学 2	同学 3	同学 4	同学 5	同学 6
同学 1	–	3	2	2	2	2
同学 2	3	–	3	3	1	1
同学 3	1	2	–	0	2	1
同学 4	3	2	2	–	2	3
同学 5	1	1	2	0	–	0
同学 6	0	3	0	0	0	–

注：0＝完全陌生；1＝认识；2＝朋友；3＝知己。

行中的同学对与其他同学的关系进行评价，而列中的同学是被打分的对象（行和列中的标注并不是矩阵的一部分，但是可以作为参考）。例如，同学 1 对与同学 3 的关系力度评分为 2（表示朋友关系），但是同学 3 对同学 1 的关系的评分只有 1（表示认识）。表中的横线表示主对角线上的值是没有意义的。

有时，网络研究人员使用非正方形研究矩阵表示个体特征或者他们对某一事件的参与。数学符号 $Z(N, M)$ 表示一个长方形矩阵 Z，其中 N 是行为人的数量，M 是特征、事件或地址的数量。例如，弗里曼和韦伯斯特（1994）观察了 31 天内 43 个沙滩常客，记录了与这些人有关的 353 个事件（如野餐、游戏等）。他们建立了一个 43 * 353 的矩阵，其中第 i 行第 j 列的值为 1，表示第 i 个人参与了事件 j。如果研究人员收集了不止一种关系的网络数据，那么可以分开或综合构建并分析多个社会矩阵。R 表示多元网络间具体关系的矩阵形式，只需要简单地多加个脚注，也就是 x_{ijk}，表示在第 k 种关系中第 i 行和第 j 列的单元值。

第二篇　结构特性与演化机理篇

第四章　社交网络的中心性分析

　　社交网络是一种基于"网络"而非"群体"的社会组织形式。基于"群体"的组织一般研究群体间明确的边界和群体内部的秩序，而基于"网络"的组织研究的是节点之间的相互连接。社交网络分析以行动者及其相互之间的关系作为研究内容，通过对行动者之间的关系模型进行描述，分析这些模型所呈现的结构及其对行动者和整个群体的影响。在社交网络分析中，各个行动者之间的区别在于他们在网络中所处位置的不同，整个网络的结构依赖于个体行动者之间的关系模式，社交网络分析是测量个人结构位置和网络结构形态的主要工具，本部分将介绍社交网络中分析个人结构位置的主要方式之一——中心性分析。

　　中心性分析是社交网络研究的重点问题之一，个人或团体在社交网络中的中心地位不仅影响着信息在整个社交网络中的传播方式，也影响着团体解决问题的效率、领导的决策和参与者的个人满意度。中心性分析的思想最早体现在社会计量学的"明星"概念上，"明星"指的是那些在群体中最受欢迎或者最受人们关注的中心人物。

　　我们可以把微博看作一个社交网络，微博社交网络的参与者是所有的用户，该社交网络的参与者之间可以产生关注与被关注的关系。中心性分析是分析某个用户在网络社交圈的凝聚力，研究微博用户中哪些用户处于中心地位、哪些用户具有较大的中心性。拥有众多粉丝的大 V 发布的信息更容易被广泛地传播，原因是大 V 的用户关注数量比普通用户多，大 V 发布的消息能第一时间被更多人看到。反映到社交网络分析中，分析大 V 以及普通用户的中心性对研究网络中信息的传播具有重要意义。

　　在复杂网络中，所有节点的影响力不尽相同，例如，如果我们将网络中影响力很大的节点移除，可能导致网络信息流通不畅等，严重者则可导致网络瘫痪。而如果我们将影响力相对较小的节点移除，可能不会对网络造成任何影响。点的中心性是一个用以量化点在网络中地位重要性的图论概念。在经典的社交网络研究中，一般采用确定性的图论方法对网络进行建模，图表展示的是社交网络的可视性，能为读者提供有关网络结构的更加直观的表述。在社交网络图中，节点表示参与者，两个节点之间的边表示两个参与者之间的一种关系或连接。如果两节点之间的连线存在，意味着两个参与者之间存在直接关系，若两节点之间不存在连线，表示两个参与者之间不存在直接关系。用节点表示社交网络用户，用边表示用户之间的联系。

对社交网络中参与者中心地位的研究称为中心性分析。中心性表示社交网络中一个节点在整个网络中所在中心的程度，通过了解一个节点的中心性可以判断该节点在本网络中的重要性。中心性通常从中心度和中心势两个指标进行分析，中心度表示一个节点在网络中处于核心地位的程度，讨论的核心对象是一个点；中心势表示整个网络的紧密程度，讨论的核心对象是一个整体的图，考查一个整体的图在多大程度上具有一个中心化的结构。中心性分析的经典分析方式有三种，分别是点度中心性、中介中心性、接近中心性。随着研究的不断深入，又发展出了新的分析中心性的方式，包括特征向量中心性。每种分析方法都有中心度和中心势两种指标。

中心性的研究思路一般如下：

（1）计算一个节点的绝对中心度。

（2）为了对不同规模图中的节点中心度进行比较，计算标准化中心度，也称为相对中心度。标准化中心度的计算是节点的绝对中心度除以该点所在图的所有其他节点最多可能存在的中心度之和。

（3）计算一个图的整体中心势。

4.1 点度中心性

4.1.1 点度中心性的描述

在一个社交网络中，如果一个行动者与许多其他行动者之间存在联系，那么该行动者就居于网络的中心地位，在该网络中拥有较大的"权利"。居于中心地位的行动者通常与其他行动者存在较多联系，而居于边缘地位的行动者通常并非如此，基于这种思想，点度中心度用网络中与该节点直接关联的节点数来衡量点的中心性。

对点度中心性（Degree Centrality）最简单、最直接的衡量指标是节点的度数，它既是与该节点邻接的节点的个数，也是与该节点相连的边的条数。如果一个节点的度数高，即与该节点直接相连的其他节点数量多，与该节点相连的边条数越多，表明该节点处于网络的中心，该节点对应的参与者是社交网络的中心人物。[①]

在社交网络中，一个节点与其他很多节点都发生直接联系，那么这个节点就处于中心地位。节点的关系越广，相邻节点越多，那么这个节点也就越重要。在社会组织的人际交往中，社交达人往往能与许多人结交并与这些人建立直接联系，如果组织有一条消息需要通知给各位成员，他会被视作最佳的信息传播者，因为他拥有众多与他产生直接联系的人，能直接将消息传达给更多的人，该社交达人的中心度比其他参与者高，处于社交网络的中心地位。相反，如果选择一个中心度低的参与者作为信息传播者，该传播者能直接通知的人比较少，将消息传达给每位成员所耗费的时间和人力成本变大。

4.1.2　点度中心度的计算

（1）绝对点度中心度

尼米宁（Nieminen）在 1974 年提出了一种简单通用的点度中心度计算方式，计算节点的度数或与节点产生的连接的数量，计算公式为

$$C_D(p_k) = \sum_{i=1}^{n} a(p_i, p_k) \qquad \text{（式4-1）}$$

其中，$a(p_i, p_k) = \begin{cases} 0, & p_i \text{ 和} p_k \text{ 不直接相连} \\ 1, & p_i \text{ 和} p_k \text{ 相连} \end{cases}$

p_k 表示点 k，n 表示网络中节点的总数，$a(p_i, p_k)$ 节点 k 与节点 i 之间有没有连接，C_D 表示绝对点度中心度，$C_D(p_k)$ 是与节点 k 直接相连的节点的数量，或者说与节点 k 连接的边的总数。

---

① Freeman L C. Centrality in Social Networks' Conceptual Clarification [J]. *Social Networks*, 1979, 1 (3)：215-239.

如图 4-1 是一个有 5 个节点的星型图，$n = 5$，

对于节点 p_1，p_2，p_4，p_5，它们都只与 p_3 直接相连，与它们连接的边数为 1，所以

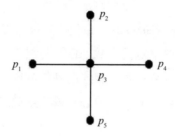

图 4-1　5 个节点的星型图

$$C_D(p_1) = C_D(p_2) = C_D(p_4) = C_D(p_5) = 1$$

对于节点 p_3，它与 p_1，p_2，p_4，p_5 四个节点直接相连，与节点 p_3 连接的边数为 4，所以

$$C_D(p_3) = 4$$

由计算可知，p_3 的绝对点度中心度最高，处在网络的中心地位，这一点与观察网络结构得到的结论一致。

用 26 个英文字母来表示一个由 26 个人组成的微博圈，要知道在这 26 人的微博圈中，哪个人跟该微博圈中其他人的连接最多，以判断谁具有最大的中心性，这就需要知道这个人和多少人有连接，这就是用点度中心性进行判断的。这种方法用节点的连接数量来判断点度中心性，一个节点的连接数量越多，其所占据的中心性越高。若 A 和 15 个人有连接，B 和 10 个人有连接，A 比 B 的点度中心性高，得出结论在这个 26 个人的微博圈中 A 比 B 社交面更广。

（2）标准化点度中心度

绝对点度中心度的数值受网络的规模的影响，该计算方式可以比较同一网络不同节点的点度中心度，但在比较不同规模的网络的不同节点时没有参考意义。例如，在 100 个节点的网络中度数为 25 的节点，和 30 个节点的网络中度数为 25 的节点相比，度数相同但显然重要程度不同。那么，当对不同的网络做比较时，就需要对度中心性进行标准化，这时可以除以这个节点 k 有可能的最大连接节点数 $n - 1$，其中 n 表示节点个数。标准化点度中心度的计算排除了网络规模对中心度计算的影响，计算公式为：

$$C'_D(p_k) = \frac{C_D(p_k)}{n-1} = \frac{\sum_{i=1}^{n} a(p_i, p_k)}{n-1} \qquad （式4\text{-}2）$$

C'_D 表示标准化点度中心度，在整个网络中，节点 k 最多与网络中除自身之外的 $n-1$ 个节点直接相连，$C_D(p_k)$ 是实际与节点 k 直接相连的节点的数量，$C'_D(p_k)$ 是实际值与最大值的比值，说明实际与节点 k 直接相连的节点占除节点 k 之外整个网络节点的比例，占比越大，节点 k 的中心度越高。

该标准化点度中心度的计算，使用节点 k 的点度中心度值除以节点 k 与其他 $n-1$ 个节点最大可能连接数，得到与节点 k 有直接连接的节点的比例。标准化中心度的取值在 $0 \sim 1$ 之间，中心度取值为 0 表示与任何人都没有联系（一个孤立点），中心度取值为 1 表示与每一个人都有直接联系。标准化中心度衡量参与者在网络中的中心程度，标准化中心度取值越高，参与者中心程度越高。

在图 4-1 中，分别计算每个节点的标准点度中心度：

$$C'_D(p_1) = \frac{1}{4} = C'_D(p_2) = C'_D(p_4) = C'_D(p_5)$$

$$C'_D(p_3) = \frac{4}{4} = 1$$

由计算结果可知，p_3 与网络中除自身之外的所有节点都直接相连，标准化点度中心度为 1，p_3 处在网络的中心地位。

有向网络中节点的度分为出度和入度，入度（in-degree）指的是直接指向该节点的点的总数，出度（out-degree）指该节点所直接指向的其他节点的总数。

在实际大多数情况中，连接都是有方向的。在微博圈的例子中，如果 A 连接的 15 个人中有 10 个是 A 关注了对方，2 个人是对方关注了 A，3 个人是 A 与对方互相关注，即 A 关注了 13 人，被 5 人关注了。而 B 关注了 8 个人，被 10 个人关注了。在这种情况下，连接是有方向的，度量点度中心性就要加入向量的概念，这里有两个新的概念产生，点入中心度（或入度）和点出中心度（或出度）。

入度表示一个人的被关注程度。点入中心度高的人（B）是其他人都想与之形成关联的对象，即 B 在这个网络中具有很高的声望。入度高的人有可能会引导这个网络圈交流的内容、视角、深度、广度等问题。

出度表示一个人关注他人的程度。点出中心度高的人（A）是积极活跃与他人取得关联的人，即 A 在这个网络中具有较强的交际性。出度高的人能够获得丰富的信息，这些信息体现在学习网络中是知识、方法等，体现在媒体传播中是新闻、情报等。

(3) 点度中心势

以上点度中心度的计算是对网络中的某个节点的衡量指标。对社交网络的研究不仅要从微观角度研究一个节点的性质,同样需要从宏观角度把握对整个网络的性质进行考察。中心度是用来描述图中某个节点在网络中所处的中心性情况,讨论的对象是节点—节点或节点—网络图。点度中心势是用来刻画网络的整体点度中心性。点度中心势的原理是比较一个网络的边缘点和中心点的点度中心度差值的情况。

对于一个网络来说,点度中心势的计算方式如下:

第一,找到图中的最大点度中心度数值。

第二,计算该值与任何其他点的点度中心度的差,得到多个差值。

第三,计算所得差值的总和。

第四,用第三步得到的总和除以各个差值总和的最大可能值。

点度中心势用公式表示:

$$C_D = \frac{\sum_{i=1}^{n}[C_{max} - C_D(p_i)]}{max\{\sum_{i=1}^{n}[C_{max} - C_D(p_i)]\}} \qquad (式4-3)$$

其中 C_{max} 表示网络图中点度中心度的最大值,$C_D(p_i)$ 是 $n-1$ 个其他节点的点度中心度,因此,分子是最大中心度与其他节点中心度之差的总和。分母是这些差值之和的最大理论可能值。在一个节点为 n 的网络图中,差值之和最大理论可能值出现当且仅当在这 n 个节点组成一个星型图的时候,此时一个节点与其他所有节点相连,但其他所有节点都只与第一个节点相连,因此中心节点具有最高的点度中心度 $n-1$,其他每个节点的点度中心度为1。

$$C_{max} - C_D(p_i) = (n-1) - 1 = n - 2$$

这个差值在该网络图中发生了 $n-1$ 次,因此分母为 $(n-1)x(n-2)$,所以计算点度中心势的公式可以表示为:

$$C_D = \frac{\sum_{i=1}^{n}[C_{max} - C_D(p_i)]}{(n-1)x(n-2)} \qquad (式4-4)$$

图4-1就是一个有5个节点的星型图,此时一个节点具有最高点度中心度为5-1=4,其他所有节点的点度中心度为1,此时是最大的不均匀分布,分子等于分母,它的中心势为

$$C_D = \frac{\sum_{i=1}^{n}[\,C_{max} - C_D(p_i)\,]}{(n-1)x(n-2)} = \frac{(n-1)x(n-2)}{(n-1)x(n-2)} = 1$$

在另一极端情况下，网络图中的每一个节点都具有相同的点度中心度时，分子 $\sum_{i=1}^{n}(C_{max} - C_i) = 0$，网络图的中心势为

$$C_D = \frac{\sum_{i=1}^{n}[\,C_{max} - C_D(p_i)\,]}{(n-1)x(n-2)} = \frac{0}{(n-1)x(n-2)} = 0$$

如果一个图的节点相对集中，则该图的中心点中心度高，边缘点中心度低；如果一个图相对稀疏，那么中心点和边缘点的中心度没有太大的差异。

以上计算点度中心势的过程，使用的是节点的绝对中心度。在具体计算时，点度中心势的计算既可以利用节点的绝对中心度，也可以用节点的标准化中心度。

点度中心势的计算结果反映了点度中心性最高的点和其他点的差距，差距越大，表示中心势越集中。

4.2 中介中心性

4.2.1 中介中心性的描述

罗纳德·博特曾在论文中提到，那些连接其他彼此不相连的节点或者网络部分的个人能通过"经纪人"位置持续获得收益。在贸易网络中，他们可以作为中间人提取额外费用；在流言网络中，他们能够阻碍或者操纵这些信息传到网络中的任何一个角落，一个点度中心度不高的行动者却可能有很高的中介中心度：若一个节点同时连接两个其他部分完全相离的网络，尽管其度数中心度可能只有 2，但该节点很可能因为占据两个网络间唯一能够联系的通道而具有很大的影响力。

中介中心度计算经过一个点的最短路径的数量，它测量的是一个点在多大程度上位于图中其他"点对"的"中间"。经过一个点的最短路径的数量越多，该点的中介中心度越高。

在 26 个人的微博圈子里，点度中心性最高的人 A 不一定是活跃的。对 A 的活跃度进行判断时就用到中介中心度，如果许多节点之间的最短路径都经过 A

这个点，表示 A 有高中介中心度，即该点处在其他点对相互之间的捷径上。

介绍中介中心度之前，先讲解两个概念："路径长度"和"测地线"。

在网络图中，节点之间的路径长度不是用图上距离来衡量的，而是用节点之间的连线数量表示的。路径的长度指的是该路径所包含的边的数量，即从一个节点到另外一个节点经过的边的数量。

路径长度 = 节点之间的连线数量

测地线的定义是，在图中给定两个节点之间可能存在多条长短不一的路径，这些路径中长度最短的路径也就是节点之间连线数量最少的路径，即连接这两个节点的最短路径称为测地线。如果两个节点之间存在多条最短路径，则这两个节点之间存在多条测地线。

中介中心性（Betweenness Centrality）是指某节点出现在其他节点之间的最短路径的次数。如果这个节点的中介中心性高，那么它对整个图信息的转移会有很大的影响。换句话说，就是中心性高的节点相当于路径上的一个闸，和它相连的节点想要到其他节点都得经过它。

在图 4-1 中，存在 10 条测地线，如图 4-2 所示。

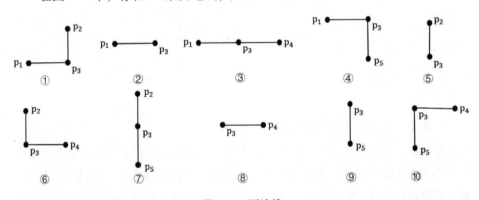

图 4-2　测地线

其中②⑤⑧⑨四条测地线路径长度为 1，它们直接与 p_3 相连；其他 6 个测地线的路径长度为 2，p_3 位于这 6 条测地线之上。

中介中心度衡量的是参与者对网络资源的控制程度，它关注与其他节点如何控制或者调整并不直接相连的两节点间的关系，是一个网络控制信息交流或资源流动的重要指标。反应在图中，如果一个节点处在许多其他节点连接的最短路径上，该节点具有较高的中介中心度，该节点可以看作沟通各个其他节点的桥梁。

4.2.2 中介中心性的计算

（1）绝对中介中心度

绝对中心度是基于其落在两个节点间测地线上的次数来计算的，因此首先要找到两节点的测地线。用 g_{ij} 表示节点 i 与节点 j 的测地线数量，$g_{ij}(p_k)$ 表示节点 i 与节点 j 的测地线中经过 k 点的测地线数量，有

$$b_{if}(p_k) = \frac{g_{ij}(p_k)}{g_{if}} \qquad \text{（式 4-5）}$$

其中，$b_{if}(p_k)$ 表示节点 i 和节点 j 的测地线中经过 k 点的测地线占所有测地线的比例。绝对中介中心度 $C_B(p_k)$ 的计算公式为

$$C_B(p_k) = \sum_i^n \sum_j^n b_{ij}(p_k)，i \neq k \neq j 且 i < j \qquad \text{（式 4-6）}$$

绝对中介中心度的求解的过程如下所示：

第一，计算节点 i 和节点 j 的测地线的数量 g_{if}。

第二，对某个节点，判断该节点是否在测地线上，计算 $g_{ij}(p_k)$。

第三，求出 $b_{if}(p_k) = \dfrac{g_{ij}(p_k)}{g_{if}}$。

第四，最后将 $b_{if}(p_k)$ 进行累加，得到点 k 的绝对中介中心度。

图 4-3 是一个有 4 个节点 5 条边（连线）的网络图。

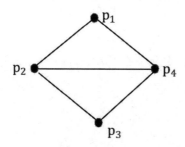

图 4-3 4 个节点 5 条边的网络图

节点 1（p_1）和节点 3（p_3）之间有 2 条测地线，一条经过节点 2（p_2），一条经过节点 4（p_4），因此 p_2 或 p_4 都不能完全控制 p_1 和 p_3 之间的连接，p_2 和 p_4 的这种控制力也就是中介中心度，计算为

$$b_{1,3}(p_2) = \frac{g_{1,3}(p_2)}{g_{1,3}} = \frac{1}{2} = b_{1,3}(p_4)$$

因为图 4-3 只有 4 个节点，p_2 不在其他两个节点的测地线上，所以

$$C_B(p_2) = \sum_i^4 \sum_j^4 b_{ij}(p_2) = \sum_i^4 (b_{i1} + b_{i3} + b_{i4}) = b_{1,3} + b_{1,4} + b_{3,4} = \frac{1}{2}$$

同理，p_4 的绝对中介中心度也是 $\frac{1}{2}$。

（2）标准化中介中心度

与绝对点度中心度类似，绝对中介中心度与被研究的网络规模有关，为了便于不同规模的网络图中心性进行比较，要对绝对中介中心度做标准化处理，消除节点规模对中介中心度的影响。标准化处理的方式也与点度中心度类似，用 $C_B(p_k)$ 实际值除以 $C_B(p_k)$ 理论最大值。$C_B(p_k)$ 理论最大值出现的情形依然是在星型图时，中心节点 k 一定处在所有其他两个节点所有测地线上，即 $b_{if}(p_k) = 1$，此时取到 $C_B(p_k)$ 的理论最大值。此时除节点 k 之外产生的节点成对的数量为

$$C_{n-1}^2 = \frac{(n-1)!}{2!\,(n-1-2)!} = \frac{(n-1)!}{2!\,(n-3)!} = \frac{(n-1)(n-2)}{2}$$

由此可得 $C_B(p_k)$ 理论最大值为 $\frac{(n-2)(n-1)}{2}$，所以节点 k 的标准化中介中心度 $C'_B(p_k)$ 计算公式为

$$C'_B(p_k) = \frac{2\,C_B(p_k)}{(n-1)(n-2)} = \frac{2\,C_B(p_k)}{n^2 - 3n + 2} \qquad \text{（式 4-7）}$$

不同规模的网络图可以进行 $C'_B(p_k)$ 的比较，对星型图来说，无论规模是多大，中心节点的标准化中介中心度 $C'_B(p_k) = 1$，其他任何节点的标准化中心度 $C'_B(p_k) = 0$。

在图 4-3 中，

$$C'_B(p_2) = \frac{2\,C_B(p_2)}{(4-1)(4-2)} = \frac{2x\frac{1}{2}}{4^2 - 3*4 + 2} = \frac{1}{6} = C'_B(p_4)$$

标准化中介中心性的取值在 0~1 之间，节点的该值越接近 1，节点对网络的控制和调节能力越大。

如果一个大的社交网络中包含了几个小组，该小组中中介中心度高的人起到了小组间的连接作用。比如，在男女生共同存在的网上学习网络中，比较常见的现象是女生之间互动紧密，同时男生之间互动紧密，但是中介中心度高的

学生将会打破这种男女生小组织的边界，在网络中将男女生连接在一起，使之形成一个整体的大网络。

（3）中介中心势

中介中心度的计算是网络中的某个节点的中介中心性的衡量指标。对整个网络中介中心性的研究同样需要对整个网络的性质进行考察。中介中心势是用来刻画网络的整体中介中心性的。中介中心势的原理是比较一个网络的边缘点和中心点的中介中心度的情况。

对于一个网络来说，中介中心势的计算方式如下：

第一，找到图中的最大中介中心度数值。

第二，计算该值与任何其他点的中介中心度的差，得到多个差值。

第三，计算所得差值的总和。

第四，用第三步得到的总和除以各个差值总和的最大可能值。

中介中心势用公式表示如下：

$$C_B = \frac{\sum_{i=1}^{n} [C_{max} - C_B(p_i)]}{max\{\sum_{i=1}^{n} [C_{max} - C_B(p_i)]\}} \qquad (式4\text{-}8)$$

其中 C_{max} 表示网络图中中介中心度的最大值，$C_B(p_i)$ 是 $n-1$ 个其他节点的中介中心度，因此分子是最大中介中心度与其他节点中介中心度之差的总和。分母是这些差值之和的最大理论可能值。在中介中心度的计算中，这里使用标准化中介中心度计算。在一个节点为 n 的网络图中，差值之和最大理论可能值出现当且仅当在这 n 个节点组成一个星型图的时候，此时一个节点与其他所有节点相连，但其他所有节点都只与第一个节点相连，因此中心节点具有最高的标准化中介中心度 1，其他每个节点的标准化中介中心度为 0，中心势计算公式可表示为

$$C_B = \frac{\sum_{i=1}^{n} [C'_{max} - C'_B(p_i)]}{n-1} = \frac{\sum_{i=1}^{n} \left(\frac{C_{max}}{n^2 - 3n + 2} - \frac{C_B(p_i)}{n^2 - 3n + 2}\right)}{n-1} =$$

$$\frac{\sum_{i=1}^{n} [C_{max} - C_B(p_i)]}{(n-1)(n^2 - 3n + 2)} = \frac{\sum_{i=1}^{n} (C_{max} - C_B(p_i))}{n^3 - 4n^2 + 5n - 2} \qquad (式4\text{-}9)$$

以上计算中介中心势的过程，使用的是节点的标准化中介中心度。在具体计算时，中介中心势的计算既可以利用节点的标准化中介中心度，也可以用节点的绝对中介中心度。

如果两个不相邻的参与者 i 和 j 想要与对方互动而参与者 k 处在它们的路径上，那么节点 k 可能对它们之间的互动拥有一定的控制力。中介中心性用来度量节点 k 对于其他结点的控制能力。即如果节点 k 处在非常多结点的交互路径上，那么节点 k 就是一个重要的参与者。

4.3 接近中心度

4.3.1 接近中心度的描述

中介中心性考察的是节点对于其他节点信息传播的控制程度。而接近中心性（Closeness Centrality）用来考察一个节点在传播信息时对其他节点的依靠程度。如果一个节点距离其他节点的测地线越短，那么传播信息的时候对其他节点的依赖越小。若一个节点到网络中各个节点的测地线都很短，那么这个点在信息传播中受制于其他节点的可能性就相对较小。

接近中心性的观察视角主要基于接近度或者测地线长度。它的基本思想是如果一个参与者能很容易的与所有其他参与者进行互动，那么它就是中心的。即它到其他所有参与者的距离要足够短。于是，我们就可以使用测地线长度来计算这个数值。在计算中，假设参与者 i 和参与者 j 之间的测地线长度记为 $d(i,j)$（由最短路径上的连接数目度量），进行接近中心性的计算[①]。

接近中心度是计算一个点到其他所有点的测地线长度的总和，所得测地线长度总和越小，该点到其他所有点的路径就越短，即该点距离其他所有点越近。

4.3.2 接近中心度的计算

（1）绝对接近中心度

一个具有最高接近中心度的点距离任何其他节点都最近，在空间上也体现在中心位置上。

由定义可以看出，要想得到节点的接近中心性，必须知道它到其他节点的

---

① 平亮，宗利永. 基于社交网络中心性分析的微博信息传播研究 —— 以 Sina 微博为例
[J]. 图书情报知识，2010(06)：92 - 97.

测地线，然后计算所有最短路径之和。接近中心度表示的是一个点到其他点的近邻程度，巴弗拉斯（Bavelas，1950）将接近中心性定义为测地线长度的倒数，用 $d(p_i, p_k)$ 表示节点 i 和节点 k 的测地线的路径长度，绝对接近中心度的计算公式为

$$C_C(p_k) = \frac{1}{\sum_{i=1}^{n} d(p_i, p_k)} \qquad （式 4-10）$$

节点 k 与其他节点的测地线距离越大，它的绝对接近中心度越小。

（2）标准化接近中心度

如果对一个节点进行归一化，那么就是求这个节点到其他节点的平均最短距离。

$$C'_C(p_k) = \frac{1}{\dfrac{\sum_{i=1}^{n} d(p_i, p_k)}{n-1}} = \frac{n-1}{\sum_{i=1}^{n} d(p_i, p_k)} \qquad （式 4-11）$$

一个点与其他点的最短距离之和，归一化处理得到（0，1）之间的数字，这个数字越大，该点的接近中心度越高。当公式中的分子趋于无穷大时，C 的值趋于 0，因此当一个点距离其他所有点的距离非常大时，说明这个点不在中心位置上，它的接近中心性趋于 0。

在对有向社交网络中对接近中心度进行分析时，有两个分析指标，入接近中心度和出接近中心度。入接近中心度是指通过计算走向一个点的边来测量出其他点到达这个点的容易程度，一个点的入接近中心度越高，说明其他点到这个点越容易。入接近中心度表现的是一个点的整合力。出接近中心度是指一个点到达其他点的容易程度，通过一个点到其他点的最短距离的和的倒数进行计算，出接近中心度越大，这个点到其他点越容易。出接近中心度表现的是一个点的辐射力。

（3）接近中心势

网络的接近中心势又称为群体中心势，接近中心度的计算是网络中的某个节点的接近中心性的衡量指标。对整个网络接近中心性的研究同样需要对整个网络的性质进行考察。接近中心势是用来刻画网络的整体接近中心性的。

对于一个网络来说，接近中心势的计算方式如下：

第一，找到图中的最大接近中心度数值。

第二，计算该值与任何其他点的接近中心度的差，得到多个差值。

第三，计算所得差值的总和。

第四，用第三步得到的总和除以各个差值总和的最大可能值。

接近中心势用公式表示如下：

$$C_c = \frac{\sum_{i=1}^{n} [C'_{max} - C'_c(p_i)]}{(n-2)(n-1)}(2n-3) \qquad （式4-12）$$

4.4　特征向量中心性及其他

特征向量中心性是 2010 年提出的。如果一个人的朋友都很优秀，那么这个人也非常优秀。特征向量中心度是根据相邻节点的中心度来衡量该节点的中心度。这个中心性的计算基于一个想法——网络中的每个节点都有一个相对指数值，高指数节点的连接对一个节点的贡献度比低指数节点的贡献度高。特征向量中心性是节点重要度的测度之一。它指派给网络中的每个节点一个相对得分，原则是：对某个节点分值的贡献中，连到高分值节点的连接比连到低分值节点的连接大（在同等连接数的情况下）。特征向量中心性的一个变种是 Google 的PageRank。可以使用邻接矩阵来寻找特征向量中心性。特征向量中心性的计算首先计算邻接矩阵，然后计算邻接矩阵的特征向量。

除了特征向量中心性，还有模糊社交网络中心性研究网络节点之间的亲密度关系、偏心率中心性研究节点之间的距离要素、信息中心性衡量图中移除某个节点以及连接它的边之后引起的图相对衰退程度、子图中心性研究一个节点从其本身出发到其本身结束的闭环路数目等等其他中心性研究的方法。[①]

---

① 袁国强，徐建民，刘明艳. 一种新的模糊社交网络中心性分析方法 ［J］. 四川师范大学学报（自然科学版），2019，42（01）：128-133.

4.5 总结

中心度指标的对比如表4-1所示。

表4-1 中心度指标的对比

指标名称	概念	比较	实际应用
点度中心度	在某个节点上,连接了多少条边	强调某节点单独的价值	作为节点的基本描述
中介中心度	代表最短距离是否都经过该节点,如果都经过该节点,说明这个节点非常重要	强调节点在其他节点之间的调节能力、控制能力	可用于推荐算法,以及衡量用户的控制能力
接近中心度	该节点与网络中其他节点距离之和的倒数,和越大表明该节点位置越处于网络中心,越能够更快到达其他节点	考虑的是节点在多大程度上不受其他节点的控制。强调节点在网络中的价值,接近中心度越大,节点越处在中心位置	基本描述用户价值
特征向量中心度	根据相邻节点的重要性来衡量该节点的价值。首先计算邻接矩阵,然后计算邻接矩阵的特征向量	强调节点在网络的价值,与接近中心度相比,特征向量中心度节点的价值是根据近邻节点来决定的	可用于推荐算法,以及衡量用户潜在价值

　　如表4-1所示,在做研究时需要考虑不同的研究背景来选择不同的中心性测量方法。首先要明确测度的含义。点度中心度测量的是一个节点与其他节点发展交往关系的能力。中介中心度和接近中心度刻画的是一个节点控制网络中其他行动者之间的交往能力,它依赖于一个行动者与网络中的所有行动者之间的关系,而不仅仅是与相邻节点之间的直接关系。在某些情况下,接近中心度测量的结果不如中介中心度测量的结果精确。但是,总的来说,三种中心度测

量的结果相差不大。在实际测量时，到底应该选择哪种测度？我们应该坚持弗里曼的观点："这依赖于研究问题的背景，如果关注交往活动，可采取以度数为基础的测度；如果研究对交往的控制，可利用中介中心度；如果分析相对于信息传递的独立性或有效性，可采用接近中心度。不管怎样，对于上述三种测度来说，星型网络的中心都最居于核心地位。"在实际测量时，上述三类指标可能产生不一致的结果，而且其也没有考虑到行动者之间的交换或者交往的规模。①

中心性分析是复杂网络分析中最基本方法之一，网络研究人员依据各种网络结构标准和属性提出了许多不同的中心性指标来判定网络中哪些节点更重要，其中最经典的网络中心性分析方式如表 4-2 所示，在中心性分析中，中心度表示单个节点的性质，而中心势表示整个图的性质。

表 4-2　中心性分析的经典方法

中心性	中心度		中心势
点度中心性	点度中心度	绝对中心度	点度中心势
		标准化中心度	
中介中心性	中介中心度	绝对中心度	中介中心势
		标准化中心度	
接近中心性	接近中心度	绝对中心度	接近中心势
		标准化中心度	

通过这些经典方法，不但可以研究社交网络特征，也可用于部分算法的研究。基于介数中心性，Girvan 设计了一种寻找社交网络社区边界的搜索算法。利用紧密度中心性，巴迪（Badie）等发展了一种能够检测复杂社交网络中重叠和非重叠社区结构的新算法。对于经典的社交网络分析研究，众多学者主要关注了网络的拓扑结构，并且这种由确定性图论方法得到的研究成果在一定程度上淡化了用户间交互行为所带来的模糊关系，这样的模糊关系在很大程度上给网络的中心性研究带来了很大的影响。尤其当前的社交网络不同于以往的社交网络，由于用户的在线活动一般具有不可预测性、不确定性和时间多变性等特点，因此使用确定性图论方法建立的模型无法有效合理分析大多数的现实社交网络问题。为了处理当前社交网络中由用户交互行为和时间变化产生的部分不

---

① 郭世泽，陆哲明. 复杂网络基础理论［M］. 北京：科学出版社，2012.

稳定性因素，采用了模糊集理论对社交网络中的用户进行分析和建模。

最后，为了便于查阅，表4-3对本部分所讲述的各种中心性研究计算公式做一个总结。

表4-3　中心性研究计算公式汇总表

	点度中心性	中介中心性	接近中心性
绝对中心度	$C_D(p_k) = \sum_{i=1}^{n} a(p_i, p_k)$	$C_B(p_k) = \sum_{i}^{n} \sum_{j}^{n} b_{ij}(p_k),$ $i \neq k \neq j$ 且 $i < j$	$C_C(p_k) = \dfrac{1}{\sum_{i=1}^{n} d(p_i, p_k)}$
标准化中心度	$C'_D(p_k) = \dfrac{\sum_{i=1}^{n} a(p_i, p_k)}{n-1}$	$C'_B(p_k) = \dfrac{2 C_B(p_k)}{n^2 - 3n + 2}$	$C'_C(p_k) = \dfrac{n-1}{\sum_{i=1}^{n} d(p_i, p_k)}$
中心势	$C_D = \dfrac{\sum_{i=1}^{n} [C_{max} - C_D(p_i)]}{(n-1)(n-2)}$	$C_B = \dfrac{\sum_{i=1}^{n} [C_{max} - C_B(p_i)]}{n^3 - 4n^2 + 5n - 2}$	$C_C = \dfrac{\sum_{i=1}^{n} [C'_{max} - C'_C(p_i)]}{(n-2)(n-1)}$ $(2n-3)$

第五章　社交网络的静态特征

网络的节点可以抽象地表示各种元素，如人、网页、邮箱地址和计算机等，而网络的边则代表相连元素之间的相互关系，这种关系既可以是实实在在的连接，也可以是抽象的联系或相互作用。虽然节点和边可以代表许多特性，但我们通常只是关心节点之间是否有边相连，并不关心节点的位置，以及边形状大小等，人们把网络中这种不依赖于节点的具体位置以及边的具体形状大小就能体现出来的性质称作网络的拓扑性质，相应的结构称作网络的拓扑结构。

静态特征指给定网络的微观量的统计分布或宏观统计平均值。根据 Newman 的观点，现实世界中的网络呈现出一些相同的特征：网络节点间的作用很复杂，而且高度不规则；节点之间在平均距离、度分布、聚类系数等网络特征度量方面表现出不对称性，不同节点差异很大。

5.1　基本几何特征

在社交网络的结构特征分析方面，大量研究证实了真实世界中各种不同的社交网络具有许多复杂网络所共有的结构特征。面对社交网络动辄上千万的节点和更多数量的边，应用网络结构绘图的方法是无法表示的，通常需要借助于网络统计特征，即对于大量真实世界中存在的社交网络实例，通过相应的网络参数来初步描述网络结构。然后统计和分析大量网络实例中某些网络参数的静态或演化特征，归纳出社交网络中存在的一般规律。最后，建立相应的网络模型来刻画这些规律，从而理解这些规律出现的内在机理。

网络拓扑结构的分析主要集中在计算网络的平均距离和聚类系数，分析其度分布情况。复杂网络的这几个基本几何特征研究具有重要的理论与应用价值。节点是网络的核心元素,节点与节点之间通过连接形成网络。节点间的连接方式影响着网络信息流通效率、成本与网络的拓扑结构。节点的重要性通过节点在网络中的位置和连接方式的属性来体现。测度节点的重要性就是测度节点的拓扑性质和连接性质。目前,对网络节点重要性的测度指标主要有两类:一是节点局部连接属性测度;二是节点全局位置属性测度。典型的指标就是平均距离、度分布和聚类系数。

5.1.1　平均距离

图论是一门应用十分广泛的数学分支,对计算机科学、网络理论、信息论、控制论、社会科学等学科的研究来说,图论是一个重要的工具。在距离研究的初始阶段,距离和在研究中发挥了重要的作用。1947 年,化学家哈罗德·维纳(Harold Wiener)首先提出了距离和,它是指图中所有节点间的距离之和,在化学研究中,距离和成为研究分子模型的重要理论。在进一步研究距离和的过程中,提出一个与距离和密切相关的量——平均距离。图的平均距离是所有节点之间距离的平均值,平均距离的研究始于 1971 年,它作为一个工具用于评价建筑楼层的设计,随后研究者将其应用于刻画图的紧凑性。

G 表示一个图,$V(G)$ 表示图的顶点的集合,$E(G)$ 表示边的集合,$|V(G)|$ 表示顶点的数量,$|E(G)|$ 表示边的数量,u 和 v 是图 G 中的两个节点 [即 u, $vV(G)$],若 G 中存在一条路径 (u, v) [即 $(u, v)E(G)$],距离 $d(u, v)$ 表示节点 u 和 v 之间的最短路径的长度,也就是 u 和 v 的距离。图 G 的距离和为

$$\sigma(G) = \sum_{u, v \in V(G)} d(u, v) \tag{式 5-1}$$

图的平均距离为

$$L(G) = \frac{\sigma(G)}{C_n^2} = \frac{2}{n(n-1)} \sum_{u, v \in V(G)} d(u, v) \tag{式 5-2}$$

艾伯特(Albert)、Jeong 和鲍劳巴希(Barabasi)曾给出了 WWW 网的平均距离计算公式

$$L = 0.35 + 2.06 log n \tag{式 5-3}$$

20 世纪 60 年代,米尔格拉姆(Milgram)提出六度分离假设,该理论认为在人际交往的脉络中,任意两个陌生人都可以通过"亲友的亲友"建立联系,这中间最多只要通过五个朋友就能达到目的。它实际上反映了尽管社会人际关

系网络系统非常庞大且复杂，但网络的平均距离长度却是相对短的。随着互联网的发展，在线社交网络进一步缩小了人与人之间的距离，但这并不代表在线社交网络的平均距离最小，事实上很多现实网络如蛋白质网络、铁路网、淡水食物网等网络的平均距离都要比在线社交网络短。目前，计算复杂网络平均距离的方法主要是通过复杂网络分析软件，但计算大规模复杂网络的平均距离时，计算效率比较低下。[①]

5.1.2　度分布

网络中节点的度是描述节点属性的重要度量，节点的度的分布情况能够反映网络系统的宏观统计特征。节点的度表示与一个节点直接相连的其他节点的个数。度分布（Degree Distribution）是通过节点的度的分布规律研究不同节点的重要性。通过计算每一个节点的度，并按照节点编号进行排列能够得到描述该网络的度序列。在得到度序列之后，计算节点度的频数便可以得到网络的度分布。在由度序列到度分布的过程中，损失了节点与节点度的一一对应关系，但在网络规模很大的情况下，度分布已经能够对节点度的分布规律进行充分描述，并作为区分不同类型的网络的指标。

网络中不是所有的节点都具有相同的度数，而实验表明，大多数实际网络中的节点在整个网络中所占的比率，也就是说，在网络中随机抽取到度为 k 的节点的概率为 $P(k)$ 度。分布函数表示为 $P(k)$ ，$P(k)$ 是一个节点度数为 k 的概率，即网络中度数为 k 的节点在整个网络中所占的比例，称 $\{P(k)\}$ 为网络的度分布。

在分析过程中常用到的另一个分布函数是累积度分布函数 P_k ，它表示度不小于 k 的节点的概率分布，该分布计算公式如下：

$$P_k = \sum_{x=k}^{n} P(x) \qquad \text{（式 5-4）}$$

完全随机网络的度分布近似为 Poisson 分布，其形状在远离峰值 k 处呈指数下降，这类网络称为均匀网络。在线社交网络的一个重要特征是度分布服从幂律分布，也称为无标度（scale-free）分布，即 $P_k \propto k^{-\gamma}$ ，这类网络称为非均匀网络。

---

① 周云龙. 复杂网络平均路径长度的研究［D］. 合肥：合肥工业大学，2013.

5.1.3 聚类系数

在复杂网络的理论和实证研究中，一个备受人们关注的参量是聚类系数。在好友关系网络中，一个人的两个好友很可能彼此也是好友，这就是网络的聚类特征。聚类系数衡量的是网络的集团化程度。集团化形态是社会性网络的一个极其重要特征，集团表示网络中的熟人圈，集团中的成员之间互相熟悉，为刻画这种群集现象，研究者提出了聚类系数这一概念。最近几年来人们发现大多数真实网络都具有一个共同的结构性质——集聚性。在社会关系网中，集聚性表现得尤为明显：你的朋友圈或熟人圈中的每个人几乎都是相互认识的。事实上，因为你的朋友大部分是你的同事、同学、邻居，所以他们互相认识的概率自然应该很大，复杂网络的这种与生俱来的集聚性可通过聚类系数加以定量地描述。例如，在同一个学校的人，住在同一个宿舍的人，都表现出很高的群集性。社会学中流行的"三倍传递比"正是用来反映一个人的朋友中彼此之间很可能也是朋友的事实。用图论的语言来讲，平均聚类系数是指在网络中与同一个节点连接的两节点之间也相互连接的平均概率，该系数通常用来刻画网络的局域结构性质。

聚类系数（Clustering Coefficient）用于描述网络中一个节点的相邻节点相互连接的程度[①]。如果节点 k 与节点 i 相连接，节点 k 与节点 j 相连接，则节点 i 和节点 j 之间很有可能也相连接，聚类系数就用于描述这种概率的大小。节点 k 的聚类系数 C_k 的定义如下：假设网络中的节点 i 有 m 条边将其和其他节点相连，则这 m 个节点就成为节点 k 的邻居。而根据图论的基本理论，在这 m 个节点之间最多可能有 $\dfrac{m(m-1)}{2}$ 条边，那么这 m 个节点之间实际存在的边数 E_k 和总的可能边数 $\dfrac{m(m-1)}{2}$ 之比就是节点 k 的聚类系数，即

$$C_k = \frac{2E_k}{m(m-1)} \tag{式 5-5}$$

基于网络的几何特点进行描述，上式可以等价定义为

$$C_k = \frac{\text{与节点 } k \text{ 相连的三角形的数量}}{\text{与节点 } k \text{ 相连的三元组的数量}}$$

---

① 冯立雪. 结合最大度与最小聚类系数的复杂网络搜索策略研究［D］. 北京：北京交通大学，2011.

其中，与节点 k 相连的三元组数指包括节点 i 在内的三个节点集合，并且至少存在从节点 k 到其他任意两个节点的直接连接边，有两种可能，如图 5 - 1 所示。

整个网络的聚类系数被定义为所有节点 k 的聚类系数 C_k 的平均值，记为 C，即

$$C = \frac{1}{n} \sum_{i=1}^{n} C_k \qquad （式 5-6）$$

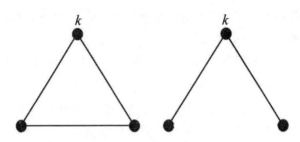

图 5-1　与节点 k 相连的三元组的两种可能形式

由公式可知，C 的取值范围是 $0 \leqslant C \leqslant 1$，当且仅当 $C = 0$ 时，网络中所有的节点均为孤立节点，即不存在任何连接边；当且仅当 $C = 1$ 时，网络是全局耦合的，即网络中任意两个节点之间都有边直接相连。

5.2　无向网络的静态特征

根据节点间连线的方向，社交网络可以分为无向图和有向图两种。无向图是从对称图中引申出来的，它只表明关系的存在与否。如果网络图中的一条连线没有箭头，表明这一关系是无向的。

目前已得到研究的典型无向网络包括 Internet 网络、电影演员合作网络、科学家合作网络、人类性关系网络、蛋白质互作用网络、语言学网络、蛋白质折叠关系网络等。无向网络的静态特征包括平均距离、度分布和聚类系数这三个基本几何特征，也包括度相关性和网络密度等特征。

5.2.1　联合度分布和度—度相关性

由于复杂网络的演化依赖于前一步网络中各个节点所具有的度数，网络中新旧节点度数之间必然存在着明显的相互关系，即相关性。因此，可以通过节点度相关性来描述不同节点之间的连接关系。

在实际复杂网络的度分布中，度与度之间是有相关性的，而不是完全无关的（除非是完全随机网络）。所以，度—度相关性是网络的一个重要统计特征，它描述了网络中度数大的节点和度数小的节点之间的关系。如果度数大的节点倾向于和度数大的节点连接，则网络是度—度正相关的；反之，若度数大的节点倾向于和度数小的节点连接，则网络是度—度负相关的。

人们常用网络的度分布描述网络的拓扑结构特征，然而，这种描述有一个重要缺陷，即很难反映节点连接时的度的混合程度。度相关性则在本质上反映了不同度值节点间的连接倾向，如果度值高的节点倾向于与其他度值高的节点连接，或者度值低的节点与其他度值低的节点连接，那么该网络关于度是同配的，也称该网络是正相关的网络；反之，则称该网络是异配的，也成为负相关网络。大量研究表明，真实网络中的很多社交网络关于度是同配的，而很多技术网络和生物网络关于度是异配的。度相关性对于网络传播现象、博弈演化、随机游走和网络可控性有着不可忽视的影响。如果不考虑相关性，通常导致分析结果的片面性或不准确性。

度相关性描述的是网络中不同节点之间的连接关系。在正相关的网络中，度数大的节点倾向于连接度数大的节点；在负相关的网络中，度数大的节点反而倾向于连接度数小的节点。纽曼指出只需计算出顶点度的 Pearson 相关系数 $\gamma(-1 \leqslant \gamma \leqslant 1)$ 即可描绘出网络的度相关性，γ 的定义式为

$$\gamma = \frac{M^{-1}\sum_i j_i k_i - \left[M^{-1}\sum_i \frac{1}{2}(j_i + k_i)\right]^2}{M^{-1}\sum_i \frac{1}{2}(j_i^2 + k_i^2) - \left[M^{-1}\sum_i \frac{1}{2}(j_i + k_i)\right]^2} \qquad \text{（式5-7）}$$

其中，j_i，k_i 分别表示连接边 i 的两个顶点 j，k 的度数，M 表示网络的总边数。当 $\gamma > 0$ 时，网络是正相关的；当 $\gamma < 0$ 时，网络是负相关的；当 $\gamma = 0$ 时，网络是不相关的。

如果从概率论的角度考虑，两节点度的相关性还可以通过条件概率 $P(k'\mid k)$ 来表述，$P(k'\mid k)$ 指的是度数为 k 的节点连接到度数为 k' 的节点概率。一般假设度分布 $P(k)$ 和条件概率 $P(k'\mid k)$ 满足如下规范化的平衡条件

$$\sum_k P(k) = \sum_{k'} P(k'\mid k) = 1 \qquad (式5-8)$$

$$kP(k'\mid k) P(k) = k'P(k\mid k') P(k') = <k> P(k, k') \qquad (式5-9)$$

其中 $P(k, k')$ 表示两个度分别为 k 和 k' 的节点相连的联合概率。

节点 v_i 的度 k_i 是指此节点的邻边数量，网络的平均度 $<k>$ 是对网络中所有节点的度数求平均数得到的。由前文可知，度分布 $P(k)$ 是度数为 k 的节点在整个网络中所占的比例。由此可得度分布满足以下公式：

$$\sum_{max\,k=0}^{k} P(k) = 1 \qquad (式5-10)$$

平均度与度分布满足

$$<k> = \sum_{max\,k=0}^{k} kP(k) \qquad (式5-11)$$

以上式子中 k_{max} 度数最大的节点的度数值。

在概率论中，对两个随机变量 X 和 Y，其联合分布是同时对于 X 和 Y 的概率分布。联合度分布式表示无线网络中的任意一条边，该边的两个节点的度数分别为 k_1 和 k_2 的概率，即

$$P(k_1, k_2) = \frac{M(k_1, k_2)}{M} \qquad (式5-12)$$

在该式子中，$M(k_1, k_2)$ 是度数为 k_1 的节点和度数为 k_2 的节点相连的总连接边数，M 为网络的总连接边数。从联合分布可以得出度分布

$$P(k) = (<k>/k) \sum_{k_2} \frac{P(k_1, k_2)}{2 - \delta_{kk_2}} \qquad (式5-13)$$

其中，

$$\begin{cases} \delta_{kk_2} = 1, & k = k_2 \\ \delta_{kk_2} = 0, & k \neq k_2 \end{cases}$$

在实际复杂网络的度分布中，度与度之间是有相关性的，而不是完全无关的（除非是完全随机网络）。所以，度—度相关性是网络的一个重要统计特征，它描述了网络中度大的节点和度小的节点之间的关系。Pastor-Satorras 等人于 2001 年提出利用所有度为 k 的节点的最近邻平均度值的平均值 k_{nn} 随 k 变化的关

系来描述度—度相关性，此描述称作基于最近邻平均度值的度—度相关性。纽曼于 2003 年把度相关性又称作混合模式或匹配模式，他给出求度—度相关性的一种直观思路：通过任意一条边都可以找到两个节点，进而得到两个度值，这样遍历所有的边就得到了两个序列，分析这两个序列的相关性即可，基于此，纽曼利用边两端节点的度的 Pearson 相关系数 γ 来描述网络的度—度相关性，此方法称为基于 Pearson 相关系数的度—度相关性。[①]

5.2.2 聚类系数分布和聚—度相关性[②]

节点的聚集系数是节点的邻居之间互相连接的概率，网络的聚集系数是所有节点的聚集系数的均值。聚集系数的统计分布也是刻画网络的一个重要几何特征，根据节点聚集系数的定义，其取值于 [0，1] 区间的有理数，因此其分布函数必然是非连续的，聚集系数值为 C 的概率 $P(C)$ 计算公式为

$$P(C) = \frac{\sum_i \delta(C_i - C)}{N} \qquad (式 5\text{-}14)$$

其中，$\delta(x)$ 为单位冲击函数，又称为狄拉克函数，它的定义为

（1）当 x$\neq$0 时，$\delta(x) = 0$；

（2）$\int_{-\infty}^{+\infty} \delta(x)\ dx = 1$。

在前文中展示了 m 个节点的聚类系数，也就是局部聚类系数，[③]

$$C_k = \frac{2E_k}{m(m-1)} \qquad (式 5\text{-}15)$$

从该式子可以看出网络的聚—度相关性。大量实证研究表明，许多真实网络如好莱坞电影演员合作网络、语义网络中节点的聚—度相关性存在近似的倒数关系

$$C_k \propto k^{-1} \qquad (式 5\text{-}16)$$

这表明节点的度数越高集聚系数反而会越低。

① 郭世泽，陆哲明. 复杂网络基础理论 [M]. 北京：科学出版社，2012.
② 徐明，许传云，曹克非. 度相关性对无向网络可控性的影响 [J]. 物理学报，2017，66（02）：351-361.
③ 张珂，黄永峰，李星. P2P 网络中节点聚集系数的分布特征研究 [J]. 厦门大学学报（自然科学版），2007，46（z2）：226-228.

5.2.3 网络密度

网络密度（density）指的是一个网络中各个节点之间联络的紧密程度。在社交网络分析中，这个概念是为了汇总各个连线的总分布，以便测量该分布与完全图的差距有多大。网络的平均度<k>为网络中所有节点的度的平均值，反映了网络的疏密程度。网络密度指的是一个图中各个节点之间连接的紧密程度，用来形容网络的结构复杂程度。一定规模的图中，节点间的连线越多，图的密度越大，说明网络越复杂。将密度接近0的网络称为稀疏网络。[①]

对于无向网络来说，网络密度可以用网络 G 中实际拥有的连线数与最多可能存在的连接总数之比来表示，在一个有 n 个节点的无向网络中，最大的可能连线数为 $\frac{n(n-1)}{2}$，假设网络中实际的连线数为 M，那么，无向网络的密度计算公式为

$$d(G) = \frac{2M}{n(n-1)} \qquad (式5\text{-}17)$$

其中，M 是网络中实际拥有的连接数，n 是网络节点数，$d(G)$ 的取值范围为 $[0,1]$。当网络内部完全连通时，$d(G)=1$，实际网络的网络密度通常远远小于1。

对于有向网络来说，最大连线数量等于它所包含的总对数。在一个有 n 个节点的有向图中，最大可能连线数为 $n(n-1)$，假设网络中实际的连线数为 M，那么有向网络的密度计算公式为

$$d(G) = \frac{M}{n(n-1)} \qquad (式5\text{-}18)$$

由公式可见，对于固定规模的网络来说，网络中节点间的连线越多，则该网络的密度就越大。密度描述了一个图中各个节点之间关系的紧密程度，表现一个网络的凝聚力的总体水平。

网络密度的衡量还依赖于网络的规模，不同规模的网络密度难以比较，相同规模的网络密度是可以进行比较的。相同规模的网络密度因连线数不同而有所差异。实际网络的连线数通常小于理论上的最大连线数，行动者能够保持的

---

① 王龙. 合作网络模型结构研究与应用 [D]. 济南：山东师范大学, 2015.

关系数量（即节点度数）有一个上限，整个网络中的连线总数受到节点度数的限制。一般情况下，在其他因素不变的情况下，大规模网络的密度要小于小规模网络的密度。

1976 年，研究结果发现，一个人用于维持关系的时间是有限的，随着交往人数的增加，投入到每个人的关系维持时间会减少，当回报减少而代价太大时，行动者会停止发展新的关系。行动者能够维持交往的关系数目随着网络规模的增大而减少，时间的有限性也限制网络密度的增加，在实际网络中，所能发现的最大网络密度值约为 0.5。[①]

密度是衡量一个群体结构的重要指标之一，也是社交网络研究中常用的概念。一个社交网络中既有紧密关系也有疏离关系，这两种关系十分不同。一般来说，关系紧密的网络会有较多的合作行为，信息流通比较容易，网络中活动的效率比较高；与之对比，关系疏离的网络则会发生信息沟通不畅、情感支持太少、行动者满意度较低等情况。

5.3　有向网络的静态特征

如果行动者间的关系是有方向的，也就是关系从一个行动者指向另一个行动者，即 A 到 B 的关系与 B 到 A 的关系是不同的，则用有向图来表示，并用单向箭头代表关系的方向。

目前已有的大多数研究主要适用于无向网络，在处理有向网络时多采用忽略边的方向的策略，研究时不考虑边的方向将会丢失许多重要的信息，因此对有向网络的研究具有非常重要的意义。大部分抽象出的现实网络往往为有向网络，每个节点间的联系具有一定的方向性，如在引文网络中，一篇文章可以引用别的文章，也可以被别的文章引用，这种引用本身就具有明确的方向性；在社交网络中，关注某个人以及被某个人关注也具有确定的方向。在保留边的方向性的条件下，将现实网络抽象为有向网络，更能有效地反映网络的真实结构，

---

① 叶春森，汪传雷，刘宏伟. 网络节点重要度评价方法研究［J］. 统计与决策，2010（01）：22–24.

因而在有向网络中进行研究更有重要的意义[①]。

有向网络和无向网络的不同之处在于：无向网络中的边是由两个节点组成的无序对，通常用括号表示。(v_i, v_j) 和 (v_j, v_i) 是指同一条边，所以 n 个节点的无向完全图的边数为 $\dfrac{n(n-1)}{2}$；在有向网络中，边是由两个节点组成的有序对，这样的边称作有向边，也叫作弧，通常用尖括号表示，如 $<v_i, v_j>$ 表示一条由节点 v_i 出发，到 v_j 结束的弧，而 $<v_j, v_i>$ 表示一条由节点 v_j 出发，到 v_i 结束的弧。任意两个节点间有两条方向相反的弧相连的有向图称为有向完全图，有向完全图的弧的数量是无向图的两倍，为 $n(n-1)$。

5.3.1　入度和出度及其分布

在有向图中，节点的度分为入度和出度。由于与有向网络某个节点相关联的弧有指向节点的，也有背向节点的，因此除了可以统计与某个节点相关联的弧的数量，有必要分开统计两个方向的弧数。

入度（in-degree）：以某节点出发，终止于另一节点的边的数目称为该节点的入度，节点 v_i 的入度记为 k_i^{in}。在社交网络中，通常将入度视为声望。

出度（out-degree）：起始于该节点，终止于其他节点的边的数目称为该节点的出度，节点 v_i 的出度记为 k_i^{out}。在社交网络中，通常将出度视为合群性。

节点 v_i 的入度、出度和度的关系为

$$k_i = k_i^{in} + k_i^{out} \qquad\qquad (式5\text{-}19)$$

同无向网络的平均度一样，有向网络的入度和出度都可以计算平均度

$$< k_i^{in} > = \frac{\sum_{i=1}^{n} k_i^{in}}{n} \qquad\qquad (式5\text{-}20)$$

$$< k_i^{out} > = \frac{\sum_{i=1}^{n} k_i^{out}}{n} \qquad\qquad (式5\text{-}21)$$

与无向网络类似，入度和出度也需要研究分布特征。入度分布记为 $P_{in}(k)$，表示入度为 k 的概率；出度分布记为 $P_{out}(k)$，表示出度为 k 的概率。

[①]　张博. 有向网络的社区发现算法研究 [D]. 成都：电子科技大学，2013.

入度分布与平均入度之间的关系为

$$< k_i^{in} > = \sum_{k=0}^{k_{max}^i} k\, P_{in}(k) \qquad\qquad （式5-22）$$

出度分布与平均出度之间的关系为

$$< k_i^{in} > = \sum_{k=0}^{k_{max}^o} k\, P_{out}(k) \qquad\qquad （式5-23）$$

其中，k_{max}^i 表示最大入度值，k_{max}^o 表示最大出度值。

除了入度分布和出度分布，还可以用累积入度分布函数和累积出度分布函数来描述入度和出度的分布情况，公式分别如下：

$$P_k^{in} = \sum_{x=k}^{\infty} P_{in}(x) \qquad\qquad （式5-24）$$

$$P_k^{out} = \sum_{x=k}^{\infty} P_{out}(x) \qquad\qquad （式5-25）$$

入度和出度幂律分布对应的累积分布也是幂律分布。

5.3.2　度—度相关性

有向网络的度—度相关性有两种定义方式，基于节点的方式和基于弧的方式。

由于有向网络的每一个节点都存在入度和出度两个度值，研究这两个度值之间的相关性是有向网络的一个重要特征。可以定义节点的入度为 k_{in} 的情况下其出度为 k_{out} 的条件概率为

$$P_v(k_{out} \mid k_{in}) = \frac{< k_{in} > \cdot P_v(k_{in},\ k_{out})}{k_{in} \cdot P_{in}(k_{in})} \qquad\qquad （式5-26）$$

有向网络的度—度相关性。任意一条弧，在弧的两端存在两个度值，起点的入度和出度，终点的入度和出度，所以存在四种相关性，分别是起点入度~终点入度、起点入度~终点入度、终点入度~起点出度、以及终点出度~起点出度，分别记作 $k_{in\text{-}in}\ (k_{in})\ \sim k_{in}$，$k_{out\text{-}in}\ (k_{in})\ \sim k_{in}$，$k_{in\text{-}out}\ (k_{out})\ \sim k_{out}$，$k_{out\text{-}out}\ (k_{out})\ \sim k_{out}$

$$k_{in\text{-}in}(k_{in}) = \Big(\sum_{i:\ k_i^{in}=k_{in}} \Big[\frac{1}{k_i^{in}} \sum_{j=1}^{N} a_{ji}\, k_j^{in} \Big] \Big) \Big/ [\, N * P_{in}(k_{in}) \,] \quad （式5-27）$$

$$k_{out\text{-}in}(k_{in}) = \Big(\sum_{i:\ k_i^{in}=k_{in}} \Big[\frac{1}{k_i^{in}} \sum_{j=1}^{N} a_{ji}\, k_j^{out} \Big] \Big) \Big/ [\, N * P_{in}(k_{in}) \,] \quad （式5-28）$$

$$k_{in-out}(k_{out}) = \left(\sum_{i:\ k_i^{out} = k_{out}} \left[\frac{1}{k_i^{out}} \sum_{j=1}^{N} a_{ij} k_j^{in} \right] \right) / \left[N * P_{out}(k_{out}) \right]$$

（式 5-29）

$$k_{out-out}(k_{out}) = \left(\sum_{i:\ k_i^{out} = k_{out}} \left[\frac{1}{k_i^{out}} \sum_{j=1}^{N} a_{ij} k_j^{out} \right] \right) / \left[N * P_{out}(k_{out}) \right]$$

（式 5-30）

5.3.3　平均距离和效率

对于复杂网络而言，任意节点 v_i 和 v_j 之间的距离 d_{ij} 定义为连接此节点对的最短路径边数。在有向网络中，在考虑边的方向性的基础上，统计从 v_i 到 v_j 所经过的有向边的个数。

由于有向网络里的弧都是带有方向的，所以从节点 v_i 到 v_j 之间的距离 d_{ij} 和从点 v_j 到 v_i 之间的距离 d_{ji} 是不同的。在这里，距离 d_{ij} 定义为从节点 v_i 出发沿着同一方向到达节点 v_j 所要经历的弧的最少数目，从节点 v_i 到节点 v_j 的效率，记为 ε_{ij}

$$\varepsilon_{ij} = \frac{1}{d_{ij}}$$

（式 5-31）

有向连通简单网络的平均距离 L 定义为所有节点对之间距离的平均值，定义为

$$L = \frac{1}{N(N-1)} \sum_{i \neq j} d_{ij}$$

（式 5-32）

因为效率可以用来描述非连通网络，所以可以定义有向网络的效率 L_c 为

$$L_c = \frac{1}{N(N-1)} \sum_{i \neq j} \varepsilon_{ij}$$

（式 5-33）

5.4　总结

网络是一个包含了大量个体以及个体之间相互作用的系统，在该系统中，个体被抽象为节点，某种现象或某类关系被抽象为节点和节点之间的边，用这

种方式来描述这种现象或这类关系。研究网络中节点的度数和边的权重等微观性质以及网络的几何性质与稳定性等宏观性质之间的关系，是复杂网络研究的核心内容。图论的研究侧重于抽象网络，而复杂网络的研究更侧重于从实际网络的现象之上抽象出一般的网络的几何量，并用这些一般性质指导更多实际网络的研究，进而通过讨论实际网络上的具体现象发展网络模型的一般方法，最后讨论网络本身的形成机制。在模型研究、演化机制与结构稳定性方面的丰富的研究经验，可以使其在复杂网络研究领域得到广泛应用；图论与社交网络分析提供的网络静态特征及其分析方法是复杂网络研究的基础。

第六章　社交网络的网络模型

20世纪90年代以来，以因特网为代表的技术网络的快速发展使人类社会步入了网络时代。从因特网到万维网，从电力网到交通网，从神经网络到各种新陈代谢网络，从科研合作网到Facebook、人人网、豆瓣网等各种社会性网络，现在的人们已经生活在一个充满了各种复杂网络的世界中。复杂网络的结构复杂性和网络行为之间的相互作用关系得到了极大的关注，复杂网络的复杂性主要体现在三个方面：①结构复杂性；②节点复杂性；③各种复杂因素的相互影响。

复杂网络的研究大致可以描述为以下三个密切相关但又依次深入的方面。

①大量的真实网络的实证研究，分析真实网络的统计特性。

②构建符合真实网络统计性质的网络演化模型，研究网络的形成机制和内在机理。

③研究网络上的动力学行为，如网络的鲁棒性和同步能力，网络的拥塞及网络上的传播行为等。

第五章对实际网络的静态性质做了统计研究，本部分针对构建符合真实网络统计性质的网络演化模型，以得知网络模型需如何构成，才会展现这些特定的统计性质。

迅速发展的复杂网络是一柄双刃剑，它既给人类生产和生活带来了便捷，提高了生产效率和人类生活质量，但也带来了一些负面影响，如非典型肺炎和禽流感等传染病的流行、计算机病毒的传播、大面积停电事故等。近年来，学者针对社交网络的结构性开展了大量的研究，复杂网络主要包括星型网络、规则网络、随机网络、小世界网络和无标度网络。

6.1　星型网络

在星型网络中，网络中存在一个中心节点，其余的 $n-1$ 个节点都只与这个中心节点连接，而它们彼此之间不存在任何连接边，如图 6-1。中心节点的度为 $n-1$ 所示，而其他节点的度均为 1。

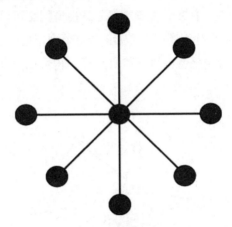

图 6-1　星型网络

星型网络的平均距离 L 为 2，聚类系数 C 为 1。这表明星型网络模型同时具有稀疏性、聚类性等特性，大部分的实际网络都不具有精确的星型形状。

星型网络的这种结构被称为星型拓扑结构，在目前局域网中比较常见，各工作站以星型方式连接成网。星型拓扑结构有中心节点及其他节点，各节点通过点对点方式连接，周围节点呈辐射状排列在中心节点周围，这种结构以中心节点为中心，因此又称为集中式网络。中心节点的主要功能：为通信的节点设备建立物理连接；在通信过程中，维持这一通道；在通信失败或通信结束时，拆除通道。星型拓扑结构中，由于每一个连接点只连接一个设备，所以当一个连接点出现故障时，只影响相应的设备，不会影响整个网络。故障诊断和隔离很容易，由于每个节点直接连接到中心节点，如果是某一节点的通信出现问题，就能很方便地判断出有故障的连接，快速将该节点从网络中删除。如果是整个网络的通信都不正常，则需要考虑是否是中心节点出现故障。在社交网络中，星型结构的中心节点是整个网络的核心，对网络中信息的传播、舆论的导向都有至关重要的作用。

星型网络是无标度网络的一种，可以看成是无标度网络在统计意义下重整后的理想简化模型，但与无标度网络具有多个中心节点不同，星型网络只有一个中心节点，其网络结构更加简单、易于分析，因此可以通过研究简单的星型网络的特性来帮助理解无标度网络的某些特性。

6.1.1　分裂星型网络①

Cheng 等人于 1998 年提出了分裂星型网络，替代 Jwo 等提出的带有交错群图的星型图和伴随图。② 如图 6-2 所示，分裂星型网络可以看作星型图和交错群图之间的一座桥梁。③ 他们还研究了如何提高分裂星型网络的连接数、分裂星型网络的超级连接、分裂星型网络不相交路径的构造以及分裂星型网络的强度和韧性等。

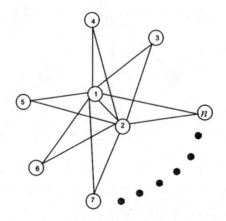

图 6-2　分裂星型网络

①　L. Lin, L. Xu, S. Zhou, et al. "The Extra, Restricted Connectivity and Conditional Diagnos-ability of Split–Star Networks [J]. *IEEE Transactions on Parallel and Distributed Systems*, 2016, 27 (2)：533-545.

②　Lin L, Xu L, Zhou S. Conditional diagnosability and strong diagnosability of Split – Star Networks under the PMC model [J]. *Theoretical Computer Science*, 2015, 562：565-580.

③　Fu-Hsing Wang, Cheng-Ru Hsu. A distributed algorithm for finding minimal feedback vertex sets in directed split-stars [C]. 7th International Symposium on Parallel Architectures, Algo-rithms and Networks, 2004. Proceedings. , Hong Kong, China, 2004：174-179.

6.1.2 连接星型网络的精确能控性

2014 年，Lanping Wu 等人研究了星型网络的精确能控性[①]。他们的研究对象是 N 个相连的星型网络，如图 6 - 3 所示，其中每个星型网络有 6 个节点，对于第一个星型网络的节点编号，任一节点都可以编号为 1，中心节点的编号为 2，与下一个星型网络相连的节点编号为 6，其余节点分别编号 3、4、5[②]。借鉴第一个星型网络的编号方式[③]，后面的星型网络编号方式为：与前一个星型网络相连的节点为 s，则该星型网络的中心节点编号为 $s + 1$[④]。N 个星型网络相连之后，我们得到一个总结点数为 $5N + 1$ 的网络，如图 6 - 3 所示。[⑤]

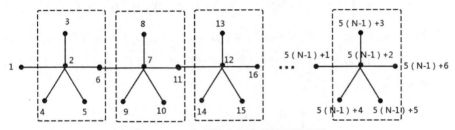

图 6-3 N 个度数为 6 的星型网络相连

该星型网络的耦合矩阵 A 可以写成如下形式[⑥]

① E. Cheng, M. J. Lipman. Disjoint paths in split‐stars, Congr [J]. *Numer*, 1999 (137)：47–63.

② E. Cheng, M. J. Lipman. Increasing the connectivity of split‐stars[J]. *Congr. Numer*, 2000(146)：97 – 111.

③ E. Cheng, M. J. Lipman. Orienting split‐stars and alternating group graphs[J]. *Networks*, 2000, 35(2)：139 – 144.

④ E. Cheng, M. J. Lipman. Vulnerability issues of star graphs, alternating group graphs and split‐stars：strength and toughness[J]. *Discrete Appl. Math*, 2002(118)：163 – 179.

⑤ E. Cheng, M. J. Lipman, H. A. Park. Super connectivity of star graphs, alternating group graphs and split‐stars [J]. *Ars Combin*, 2001 (59)：107–116.

⑥ E. Cheng, M. J. Lipman, H. A. Park. An attractive variation of the star graphs：split‐stars [J]. *Technical report*, 1998：98.

$$A = \begin{bmatrix} 0 & 1 & & & & & & & & & & \\ 1 & 0 & 1 & 1 & 1 & 1 & & & & & & \\ & 1 & 0 & 0 & 0 & 0 & & & & & & \\ & 1 & 0 & 0 & 0 & 0 & & & & & & \\ & 1 & 0 & 0 & 0 & 0 & & & & & & \\ & 1 & 0 & 0 & 0 & 0 & 1 & & & & & \\ & & & & & 1 & \ddots & 1 & & & & \\ & & & & & & 1 & 0 & 1 & 1 & 1 & 1 \\ & & & & & & & 1 & 0 & 0 & 0 & 0 \\ & & & & & & & 1 & 0 & 0 & 0 & 0 \\ & & & & & & & 1 & 0 & 0 & 0 & 0 \\ & & & & & & & 1 & 0 & 0 & 0 & 0 \end{bmatrix}$$

其中，矩阵 A 是一个 $5N+1$ 行 $5N+1$ 列的矩阵，a_{ij} 为 1 表示节点 i 与节点 j 之间有连接，a_{ij} 为 0 表示节点 i 与节点 j 之间没有连接。将 $(1, 0, 0, 0, 0)$ 表示成 e_{15}，则矩阵 A 可以表示为

$$A = \begin{bmatrix} 0 & e_{15} & & & \\ e_{15}^T & A_1 & e_{15} & & \\ & e_{15}^T & A_1 & e_{15} & \\ & & e_{15}^T & \ddots & e_{15} \\ & & & e_{15}^T & A_1 \end{bmatrix},$$

$$A_1 = \begin{bmatrix} 0 & 1 & 1 & 1 & 1 \\ 1 & 0 & 0 & 0 & 0 \\ 1 & 0 & 0 & 0 & 0 \\ 1 & 0 & 0 & 0 & 0 \\ 1 & 0 & 0 & 0 & 0 \end{bmatrix},$$

矩阵 A_1 是度数为 5 的一个星型网络的耦合矩阵。

通过计算矩阵 A 的特征多项式等一系列公式，该研究得出结论，N 个度数为 5 的星型网络相连，控制整个网络所需要的驱动节点至少需要 $3N+1$ 个。Lanping Wu 等人还研究了 N 个度数为 7 的星型网络相连，得出控制整个网络所需的驱动节点至少为 $5N+1$ 个。①

---

① E. Cheng, L. Lipták, F. Sala. Linearly many faults in 2 - tree - generated networks[J]. *Networks*，2010(55)：90 - 98.

6.2　规则网络

最简单的网络模型为规则网络（regular network），它是指系统各元素之间的关系可以用一些规则的结构来表示，也就是说，网络中任意两个节点之间的联系遵循既定的规则，通常每个节点的近邻数目都相同。其最主要的特征就是网络中的各个节点之间是否有边相关联是确定的，即规则网络具有很强的确定性。[①]

规则网络是一种简单的网络，其每个节点的度数值都相等，度分布满足 Delta 分布。假设网络有 N 个节点，并且每个节点的度值为 m，则度分布

$$p(k) = \begin{cases} 1, & \text{若 } k = m, \\ 0, & \text{若 } k \neq m。 \end{cases}$$

如果节点的度为 $k = N - 1$，则该网络对应的图是一个完全图。

规则网络的全局聚类系数为

$$C_k = \frac{N * 3 * C_{k/2}^2}{N * C_k^2} = \frac{\frac{1}{2} * 3 * (k - 2)}{\frac{1}{2} * 4 * (k - 1)} \tag{式 6-1}$$

当规则网络的节点数量趋近与无穷时，显然有

$$\lim_{k \to \infty} C_k = \frac{3}{4}$$

此时，规则网络的平均路径长度为

$$L \approx \frac{2}{N} \to \infty (N \to \infty)$$

规则网络可分为许多类型，常见的几种为全局耦合网络、最近邻耦合网络等，星型形状也是一种常见的规则网络。

耦合网络是广泛存在于各种现实世界的复杂系统中的一种网络，自发地同步是耦合网络的重要现象。自发地同步最早是在东南亚森林中生活着的一种萤

---

① 张艳. 规则与随机网络中对逼近模型的动力学分析［D］. 太原：中北大学，2014.

火虫群中被发现的，当夜晚降临，这些萤火虫会无序地开始闪烁，经过一段时间后，这群萤火虫会同步闪烁，整个萤火虫群发出整齐的闪光。对这些萤火虫群的研究表明每只萤火虫开始以独有的固有频率闪烁，但在闪烁的过程中会根据其他萤火虫的闪烁频率调整自身的闪烁频率形成同步闪烁。自发地同步在其他的耦合网络中也被大量地观察到，如大量脑细胞的同步活动过程，观众的掌声自发地变整齐，电力系统的大面积同时瘫痪等。

（1）全局耦合网络[①]

全局耦合网络是指网络中任意两个节点之间都有边直接相连，也称完全图。全局耦合网络的所有节点具有相同的连接关系，各节点的度均为 $N-1$。如图6-4所示。对于无向网络来说，节点数为 N 的全局耦合网络拥有 $N(N-1)/2$ 条边；而对于有向网络来说，节点数为 N 的全局耦合网络拥有 $N(N-1)$ 条弧。

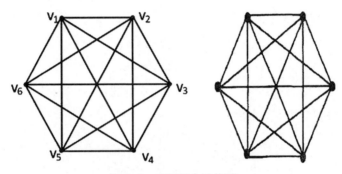

图6-4 全局耦合网络图

在具有相同节点数的所有类型的网络中，该类网络一定具有最小的平均距离和最大的聚类系数，平均距离 L 为2，聚类系数 C 为1。[②]

（2）最近邻耦合网络

最近邻耦合网络指的是网络中每一个节点只和它周围的若干个邻居节点相连，如图6-5所示。最近邻耦合网络的每个节点都和近邻的 K 个节点相连，所以每个节点的度均为 K。

①　舒睿，陈伟，肖井华. 多个耦合星型网络的同步优化［J］. 物理学报，2019，68（18）：65-74.

②　朱怀清. 全局耦合网络的驱动控制影响的研究［J］. 工业控制计算机，2018，31（10）：98-99.

图 6-5　最近邻耦合网络

6.3　随机网络

从某种意义上讲，规则网络和随机网络是两个极端，复杂网络是处在两者之间的。网络是节点与边的集合，如果节点按照确定的规则连边，所得到的网络就称为规则网络；如果节点不是按照确定的规则连边，若是按照完全随机方式连边，所得到的网络就是随机网络。①

随机网络于 20 世纪中期被匈牙利科学家提出来，由 N 个节点和 D_N^2 条边组成，在这个网络中若有 M 条边随机连接就构成了随机网络。

随机网络是与规则网络相反的一类特殊网络，最主要的特征就是网络中的各个节点之间是否有边相关联是不确定的，即随机网络具有很强的不确定性。最为典型的随机模型是 20 世纪 60 年代就开始研究的 ER 随机图。

ER 随机图的基本生成过程如下：假设网络中有 n 个节点，以相同的概率 p 在任意节点对 (i, j) 之间连线，就能够得到一个包含约 $\dfrac{pn(n-1)}{2}$ 条边的 ER 随机图。

随机网络的平均最短距离随网络规模的增加呈对数增长，这是典型的小世界效应。因为 $\ln N$ 随 N 增长得很慢，所以即使是一个很大规模的网络，它的平

---

①　郭世泽，陆哲明. 复杂网络基础理论［M］. 北京：科学出版社，2012.

均距离也很小。由于随机网络中任何两个节点之间的连接都是等概率的，因此对于某个节点 v_i，其邻居节点之间的连接概率也是 p。

真实网络并不遵循随机图的规律，相反，其集聚系数并不依赖于 N，而是依赖于节点的邻居数目。通常，在具有相同的节点数和相同的平均度的情况下，ER 模型的集聚系数 C_{rand} 比真实复杂网络的要小得多。这意味着大规模的稀疏 ER 随机图一般没有集聚特性，而真实网络一般都具有明显的集聚特性。

规则网络的普遍特征是集聚系数大且平均距离长，而随机网络的特征是集聚系数低且平均距离小。

6.4　小世界网络

小世界网络模型不同于规则网络和随机网络，介于两者之间。规则网络呈现出大平均距离和大聚类系数，ER 随机网络呈现出小平均距离和小聚类系数，而现实生活中大量的网络均表现出小平均距离和大的聚类系数，小世界网络是指既具有较小的平均距离又具有较大的聚类系数的网络，小平均距离和大聚类系数是小世界效应的两个显著特点。

较小的平均距离这一特点是由米尔格拉姆（Milgram）在 20 世纪 60 年代研究社会性网络时发现的，他做了一系列实验来估计熟人网络中一个人到达另一个人的实际步数。他从内布拉斯加随机选取一些人，让他们将信件送给一个住在波士顿的人，仅仅知道此人的姓名、职业和大概住址。当前持有信的人仅能把信交给其知道姓名并且估计离住在波士顿的目标人距离较近的人手里。米尔格拉姆追踪了这些信件的传播途径，分析并研究了传送者的熟人关系动力学特征。一般来说，信件从内布拉斯加传送到住在波士顿的目标人手中可能会经过几百步，但米尔格拉姆发现，信件到达住在波士顿的目标人手中平均仅需要 6 步。这就是著名的"六度分隔理论"。小世界效应的另一个显著特点是大聚类系数，一般来讲，在日常的生活中，一个人和其朋友的朋友也是很容易相互之间认识对方的。

现实生活中有许多网络均呈现出小世界效应，研究者调查发现，有约 45 万个节点的电影演员网其平均距离为 3.48；有约 46 万节点的单词搭配网其平均距离为 2.67；有 5 万多节点的物理学家合作网，其平均距离为 6.19；有 1 万多节点的自治层 Internet 网其平均距离为 3.31。

小世界网络有 WS 小世界模型和 NW 小世界模型两种主要的复杂网络拓扑模型。

（1）WS 小世界模型

WS 小世界模型是由瓦特（Watts）和斯特罗加茨（Strogatz）在 1998 年 Nature 杂志上发表引入的，实现了从完全规则网络向完全随机图的过渡。WS 小世界模型的构造算法如下：

①从规则网络开始。考虑一个含有 N 个点的具有周期边界条件的最近邻耦合网络，它所包含的 N 个节点围成一个环，其中每个节点都与它左右各 $\frac{K}{2}$ 个邻居节点相连，K 是一个偶数。

②随机化重连。以概率 p 随机地重新连接网络中的边，即将边的一个端点保持不变，而另一个端点取为网络中随机选择的一个节点。相关规定，任意两个不同的节点之间至多只能有一条边相连接，并且每个节点都不能有边与它自身相连接。

由上述构造算法可知，当 $p = 0$ 时，WS 小世界模型对应于完全规则网络；当 $p = 1$ 时，WS 小世界模型对应于完全随机网络。因此，通过调节概率 p 的值就可以控制 WS 小世界模型来实现从完全规则网络向完全随机网络的过渡，如图 6-6 所示。

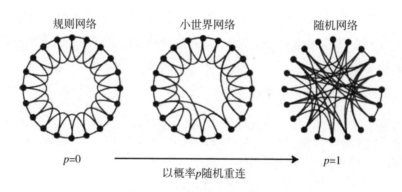

图 6-6　WS 小世界网络模型

由上述构造算法得到的 WS 小世界模型，其聚类系数和平均距离都与重连概率 p 的变化相关，因此聚类系数 $C(p)$ 和平均距离 $L(p)$ 都可以看作重连概率 p

的函数。如图 6-7 所示。

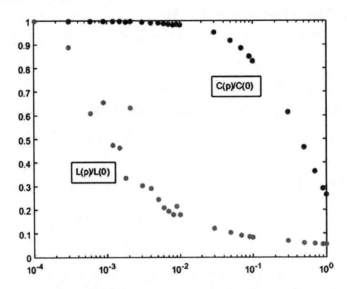

图 6-7 WS 小世界模型 $C(p)$ 和 $L(p)$ 随重连概率 p 的变化关系

［图中对 $C(p)$ 和 $L(p)$ 这两个值做了归一化处理］

如图 6-6 所示可知，当 $p = 0$ 时，WS 小世界模型相当于一个完全规则的最近邻耦合网络，其聚类系数为 $C_0 \approx \dfrac{3}{4}$，平均路径长度为 $L_0 \approx \dfrac{N}{2K} \gg 1$，说明该网络是高度聚类的，但平均距离很大。当 $0 < p \ll 1$ 时，随机化重连后得到的网络与初始的规则网络的局部属性差别并不大，从而网络的聚类系数变化也不大，如图 6-7 所示有 $C(p) \propto C(0)$，但网络的平均距离下降得很快，如图 6-7 所示，$L(p) \ll L(0)$。由此可知，WS 小世界模型确实既具有较短的平均距离又具有较高的聚类系数。

WS 小世界模型的聚类系数为

$$C(p) = \frac{3(K-2)}{4(K-1)}(1-p)^3 \qquad (式 6-2)$$

WS 小世界模型的平均距离为

$$L(p) = \frac{2N}{K}f\!\left(\frac{NKp}{2}\right) \qquad (式 6-3)$$

其中 $f(u)$ 为普适标度函数，满足

$$f(u) = \begin{cases} constant, & u \ll 1 \\[2mm] \dfrac{lnu}{u}, & u \gg 1 \end{cases}$$

上述公式是利用重正化群方法得到的，而基于平均场方法还可以得到如下的近似表达式：

$$f(x) \approx \frac{1}{2\sqrt{x^2 + 2x}} \mathrm{arctanh} \qquad\qquad （式6-4）$$

但目前为止还没有关于 WS 小世界模型的平均距离 L 的精确解析表达式，也没有 $f(u)$ 的精确显示表达式。

（2）NS 小世界模型

NW 小世界模型是由纽曼和瓦特在 WS 小世界模型之后提出的，解决了 WS 小世界模型的构造算法中的随机化重连过程有可能破坏整个网络的连通性的问题。NW 小世界模型在其构造算法中，采用了"随机化加边"这一步骤来取代 WS 小世界模型构造算法中的"随机化重连"过程。NW 小世界模型的具体构造算法如下：

①从规则网络开始。考虑一个含有 N 个点的具有周期边界条件的最近邻耦合网络，它所包含的 N 个节点围成一个环，其中每个节点都与它左右各 $\dfrac{K}{2}$ 个邻居节点相连，K 是一个偶数。

②随机化加边以概率 p 在随机选取的一对节点之间加上一条边。相关规定，任意两个不同的节点之间至多只能有一条边相连接，并且每个节点都不能有边与它自身相连接。

当 $p = 0$ 时，NW 小世界网络模型相当于一个完全规则的最邻近耦合网络；当 $p = 1$ 时，NW 小世界模型相当于一个全局耦合网络。当 p 足够小和 N 足够大时，NW 小世界模型本质上等同于 WS 小世界模型。

NW 小世界模型的聚类系数为

$$C(p) = \frac{3(K-2)}{4(K-1) + 4Kp(p+2)} \qquad\qquad （式6-5）$$

WS 小世界模型中通过随机化重连或者 NW 小世界模型中通过随机化加边所产生的远程连接，帮助这两类复杂网络拓扑模型缩短了平均距离，提高了聚类系数，从而表现出了明显的小世界特性。

在网络理论中，小世界网络被定义为一类特殊的复杂网络：网络中大部分的节点虽然彼此不邻接，但是存在绝大部分节点经过少数几步就可以到达任意的其他节点。小世界网络中的节点如果代表一个人，两点之间的边代表两人相识，则小世界网络揭示了陌生人通过彼此共同认识的人而相识的小世界现象。真实世界到处都是小世界网络，如社会、生态、通信等网络。信息在其中传递的速度非常快，若想改变整个网络的性能，只需改变少量几个连接。

6.5　无标度网络

无标度网络是指节点的连接度没有明显的特征长度的网络，一般这类网络的连接度分布函数具有幂律形式，如 Internet 和 WWW。

Price 模型是一种无标度网络模型。Price 主要对论文间的引用关系网络及其入度进行了研究，其思想如下：一篇论文被引用的比率与它已经被引用的次数成比例。从定性角度来看，如果某篇文章被引用的次数越多，你碰到该论文的概率越大。于是，普赖斯（Price）和西蒙（Simon）提出了一个简单的假设——"论文的引用概率与它以前的引用数量之间存在严格的线性关系"。

考虑一个包含 N 个节点的有向图构成的论文引用关系网络，假定 $P(k)$ 是节点中入度为 k 的节点所占比例。新的节点不断地加入网络中，每个新加入的节点都有一定的出度，该出度在节点一经产生后便保持不变，平均出度为

$$m = \sum_k kP(k) \tag{式 6-6}$$

1999 年，Barabasi 和 Albert 在 Science 上发表文章指出，许多实际的复杂网络的连接度分布具有幂律形式，由于幂律分布没有明显的特征长度，该类网络又被称为无标度（Scale-Free）网络，也称为 BA 无标度网络模型。该模型在一定程度上解释了幂律分布产生的机理。实际网络具有增长和有线连接特性，BA无标度网络模型就是基于这两个主要特性而得到的。实际网络的增长和有线连接特性如下：

（1）增长特性，是指网络的规模是不断扩大的，如 WWW 上每天都有大量的网页产生。

（2）优先连接特性，又称为富者更富（rich get richer）或马太效应，即新加入的节点更倾向于与那些已经具有较高连接度的大节点相连接。例如，新发表的文章更倾向于引用那些已经被广泛引用的重要文献。

基于实际网络的上述特性，BA 无标度网络模型的构造算法如下：

（1）增长过程。初始网络具有 m_0 个节点，每次引入一个新的节点，并将该节点连接到 m 个已经存在的节点上，这里 $m \leq m_0$。

（2）优先连接过程。每一个新引入的节点都以概率 $\prod i$ 与一个已经存在的节点 i 相连接，其中 $\prod i$ 与节点 i 的度 k_i 之间需要满足如下关系：

$$\prod i = \frac{k_i}{\sum_j k_j} \tag{式6-7}$$

如图 6-8 所示，这是 BA 无标度网络模型的演化过程，此时 $m = m_0 = 2$，表示初始网络中只有两个节点，每次新加入的那一个节点按富者更富的优先连接机制与网络中已经存在的两个节点相连接。在经过 t 步之后，将产生一个有 $N = t + m_0$ 个节点、mt 条边的网络。

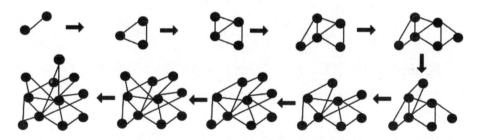

图 6-8　BA 无标度网络模型的演化过程

BA 无标度网络模型的平均距离为

$$L \propto \frac{logN}{loglogN} \tag{式6-8}$$

表明该网络具有小世界特性。

BA 无标度网络模型的聚类系数为

$$C = \frac{m^2 (m+1)^2}{4(m-1)} \left[ln\left(\frac{m+1}{m}\right) - \frac{1}{m+1} \right] \frac{[ln(t)]^2}{t} \tag{式6-9}$$

表明当网络规模充分大时，BA 无标度网络模型不具有明显的聚类特征，这与 ER 随机图类似。

无标度特性反映了复杂网络具有严重的异质性，其各节点的度数具有严重的不均匀分布性：网络中少数节点拥有极其多的连接，而大多数节点只有很少的连接，少数具有多连接的节点对无标度网络的运行起着主导作用。从广义上来说，无标度网络的无标度性是描述大量复杂系统整体上严重不均匀分布的一种内在性质。

其实，复杂网络的无标度特性与网络的鲁棒性分析具有密切的关系。无标度网络中幂律分布特性的存在极大地提高了高度数节点存在的可能性，因此无标度网络同时显现出针对随机故障的鲁棒性和针对蓄意攻击的脆弱性。这种鲁棒且脆弱性对网络的容错和抗攻击能力有很大的影响。研究表明，无标度网络具有很强的容错性，但是对基于节点度数的选择性攻击而言，其抗攻击能力相当差，高度数节点的存在极大地削弱了网络的鲁棒性，一个恶意攻击者只需选择攻击网络很少的一部分高度数节点就能使网络迅速瘫痪。

6.6 总结

规则的最近邻耦合网络具有较高的聚类系数但并不是小世界网络；ER 随机图具有较小的平均距离但并不具有较高的聚类系数；小世界网络既具有较小的平均距离又具有较高的聚类系数。表 6-1 和 6-2 对上述几种复杂网络模型的拓扑特征进行罗列和比较。

表 6-1（1） 几种复杂网络模型的拓扑特征

	平均距离	聚类系数	度分布
规则网络	大	大	Delta 分布
ER 随机网络	小	小	Poisson 分布
WS 小世界网络	小	大	指数分布
BA 无标度网络	小	小	幂律分布
部分真实网络	小	大	近似于幂律分布

表 6-1（2） 几种复杂网络模型的拓扑特征

序号	名称	度分布	平均距离	集聚系数
1	规则网络	单尖峰 $P(k) = \delta(k - K)$	$D = N/K$, $L \approx N/(2K)$ 长	$C = 3(K - 2)/[4(K - 1)]$ 集聚系数大
2	完全耦合网络	单尖峰 $P(k) = \delta(k - N + 1)$	$L = 1$	$C = 1$
3	星形网络	中节点的度为 $N - 1$，其他节点的度均为 1	$L = 2 - 2/N$	$C = (N - 1)/N$
4	随机网络	$<k> = p(N - 1) \approx pN$	$L \propto ln(N)/ln(<k>)$ 小	$C \approx p = <k>/N$ 集聚系数低
5	小世界网络	小世界模型也是所有节点的度都近似相等的均匀网络	较小	集聚系数较高
6	无标度网络	幂律分布	$L_{BA} \propto lnN/ln (lnN)$ 比较小	集聚系数也很小，但比同规模随机图的集聚系数要大

除了以上几种复杂网络拓扑模型，研究人员还分别针对实际网络中的某种或某几种特性提出了许多其他模型，如局域世界演化网络模型、等级网络模型等，这些复杂网络拓扑模型各有特征和优势。

网络科学理论发展经历了三个时期：规则网络理论阶段、随机网络理论阶段和复杂网络理论阶段。规则网络理论的发展得益于图论和拓扑学等应用数学的发展，著名的规则网络图论问题有哥尼斯堡七桥问题、哈密顿问题、四色猜想和旅行商问题等。1959 年，匈牙利两名数学家建立了著名的随机图理论，引发了对图论理论研究长达 40 年的影响，以至于在随后的近半个世纪，随机图一直是科学家研究真实网络最有力的武器。1998 年，小世界效应的发现使网络科学研究又一次取得了里程碑式的进展。20 世纪 60 年代，社交网络中弱连接优势的发现以及无标度性质的发现都宣告着复杂网络研究新纪元的到来。现在我们已经认识到，规则网络和随机网络是两种极端的情况，对于大量真实的网络系统而言，它们既不是规则网络也不是随机网络，而是介于两者之间的某种网络。

第七章　虚拟社区及其发现技术

7.1　虚拟社区的概念

网络作为现实社会人们生存与活动的"另类空间"，必然具有相对的独立性和完整性。因此，"虚拟社区"这一理论命题表现了它是人们在网际网络上实现社会互动的社会生活单位与空间。这种以因特网上的某一网站、电子邮件或新闻组为中介进行对话和交流而建立起来的空间环境，因为人们借助于社会学关于社区的研究，并结合网络自身的特性做出判断，从而把它命名为"虚拟社区"。

对于这一新生的事物与社会现象，国内外许多学者虽已展开研究，但目前对"虚拟社区"下一个明确的定义似乎还缺少经验材料的支持。约翰·哈格尔三世（John Hagel Ⅲ）和阿瑟·阿姆斯特朗（Arthur G. Armstrong）在他们的《网络利益》一书中首先把虚拟社区的虚拟性加以突出，然后他们认为，所谓"虚拟社区"，就是一个供人们围绕某种兴趣或需求集中进行交流的地方；认为它通过网络以在线方式来创造社会和商业价值。这种观点的核心在于，虚拟社区是由具有共同兴趣及需要的人们组成，他们可以借助网络，与想法相似的陌生人分享一种社区的感觉。而与这种观点相似的是埃瑟·戴森。她在其《2.0版数字化时代的生活设计》一书中首先承认网络世界里存在着社区的前提下，认为"在网上的世界里，一个社区意味着人们生活、工作和娱乐的一个单位"。

在国内，有学者认为，虚拟社区是主题定位明确、居民与社区间有极大的互动性、居民之间频繁交流、社区性质与信息资料相平衡的网上虚拟世界。还有人认为，虚拟社区是网络建设者利用网络传播的特性为网民提供网上交往的空间，一般是利用邮件列表或新闻组、万维网网站及实时聊天等网络传播方式为媒介，为网民提供一个对话、交流及交往服务的网上环境等等。

上述关于虚拟社区的界定尽管表述各异，但其有以下三个共性：一是肯定虚拟社区是客观存在的，认为它是人们依靠网络技术围绕一些共同感兴趣的话题进行交流的空间场所。二是认同虚拟社区是人们互动行为的产物和结果。三是认为虚拟社区能够提供满足现实世界人们"另类需要"的服务，并孕育出新的人际关系、拓展了人类新的生存与生活空间。由此，我们认为，虚拟社区的基本含义如下：它是由具有共同兴趣及需要的人们，利用网络传播的特性，通过网上社会互动满足自身需要而构筑的新型的生存与生活空间。

然而，虚拟社区基于子图局部性的定义如下：社区结构是复杂网络节点集合的若干子集，每个子集内部的节点之间的连接相对非常紧密，而不同子集节点之间的连边相对稀疏。

在社交网络中发现虚拟社区有助于理解网络拓扑结构特点，揭示复杂系统内在功能特性，理解社区内个体关系，为信息检索、信息推荐、信息传播控制和公共事件管控提供有力支撑。虚拟社区发现存在着许多经典的算法，这些算法用于挖掘不同规模的虚拟社区，算法在追求高精度的同时力求提高效率（降低时间复杂度）。

7.2　虚拟社区的特质

所谓虚拟社区的特质，是指虚拟社区本身具有的、不同于现实社区的基本特征。而这些基本特征的产生是由网络自身的虚拟性、开放性、互联性等决定的。

7.2.1　虚拟社区的虚拟性

由于虚拟社区得以形成的基础性平台只是一种虚拟的网络空间，也没有明确的地域观念，社区成员的互动是以电子交互方式实现。因此，虚拟性成为虚拟社区与人类现实的以聚落作为自己依托或物质载体的社区之间的重要区别。

正是在这个意义上，虚拟社区又被称之为"虚拟社区"。

"虚拟社区"是从英文 Virtual Community 翻译而来的。我们曾经说过，网络是一种"真实"，网上社区也是真实的。正如人们在此可以获取信息、广泛交流，甚至购物、交易、娱乐一样。目前全世界都较为普遍地用"Virtual Reality"来描述网络给我们营造的新空间，即"虚拟现实"。虚拟现实能使人造事物像真实事物一样逼真，甚至比真实事物还要逼真。比如，飞行模拟。这是最复杂和使用时间最久的虚拟现实技术的应用。这种技术虽然早已有之，但却因为网络的产生和发展而与现实社会在不同层面上有机结合，而且还被赋予了全新的社会意义。

正是由于虚拟现实容许我们"亲身"体验各种可能发生的情况，因而人们从"虚拟现实"的技术领悟到"虚拟社会"和"虚拟社区"的观念与意义。但虚拟社区不仅是表达了人们的"一种亲身体验"，还同时能够延伸和实现现实社会人们工作与生活，如网上购物、电子邮件、聊天、参加讨论、游戏、网上阅读、网上政治投票等。所以，网上社区既可以孕育现实社会中的人际友谊，并形成一种特定的社会文化与社会精神，又能丰富人们的现实社会生活，扩大人际互动的空间。因此，除虚拟社区位于广大的电子空间前沿这个事实以外，它并非如中国文化中的"虚拟"即"虚假"的含义。同时，人们之所以突出虚拟社区的虚拟性，是因为它是对现实社会的模拟与延伸，它提供了人类工作与生活的"另类空间"。

7.2.2　虚拟社区的开放性

虚拟社区在短短的时间里得到迅猛发展，是因为它具有把世界"一网打尽"的能力。在横向上，国家间、地区间的距离因虚拟社区的互联而不复存在；在纵向上，历史、种族、信仰将被逐渐淡化，不同文化背景、不同语言的人们能够聚集在一起实时地、"面对面"地互动。这不仅减少了人际交往和信息获取的成本，还延伸了人类活动的范围。因此，虚拟社区的跨地域性是它与现实社区最重要区别之一。

虚拟社区跨地域性有两层含义：一是指进入社区的人们可以跨越地理位置的限制；二是指虚拟社区自身形态不具备区位性特征，人们能够从虚拟社区进入整个网络世界。

现实社区通常强调地域环境的影响，其社区形态都存在于一定的地理空间中。社区规模的大小、社区的分类往往以所处的地域为依据。在现实社会中，社区居民有明显的共居地，一个人很难同属于几个不同区域的社区（这里仅指地域上的社区）。所以，现实社区实际上是居住在同一地域内的人们依据共同的生存需要、共同的文化、共同的风俗、共同的利益以及共同关心的问题发生互动而形成的地域性"共同体"。

虚拟社区则不然，其存在"空间"是无形的，而且跨越了地理上的限制。走进网络世界里的人们无论在什么位置、无论"身居"何处，都不影响社区的构成；而影响社区构成的是人群、人对社区的感情、对社区中人的认同等。虚拟社区并非一种空间组织形态，而是一种社会实存。其成员可能散布于世界各地，一个人也可以超越空间的障碍生活在几个网上社区里。但这并不是说虚拟社区就没有边疆，而是它的电子边疆有别于现实社区的地域观念，或者说改变了现实社区的地缘关系结构。虚拟社区尽管不如现实的物理空间那样有实体性和可感知性，不具有外在的可触摸和可察觉的时空位置与形态，但它是一种客观存在。这种"存在"超越了我们日常思维对它的理解，因为它把人们从二维空间拉到了三维空间，人们进入"社区"不再依靠双脚，而是依靠双手，通过电话线和计算机网络来实现。我们不能因为虚拟社区没有物理上的体积与形状就否定它的存在，就像我们不能因为触摸不到空气就否定空气的存在一样。我们需要改变传统的思维方式来认识和把握这个崭新的网络世界，需要赋予时间、空间、场所新的含义。正如人们已经开始认识到跨越时空的虚拟社区正在使现实世界放大或变小；同时，它正在营造人们作为地球人或世界公民的土壤与环境。

7.2.3 虚拟社区功能结构的独特性

传统社区一般包含血缘、地缘和业缘三重要素，而虚拟社区却由"网缘"而生。人们通过网络，根据自身的兴趣、偏好和价值取向交换信息、传导知识、宣泄情感。这种"因网结缘"和"以网结缘"的联系与连接方式就是"网缘"。

"网缘"是当今传媒使用频度很高的概念，也是虚拟社区赖以构成的基本因素。网络不会把人们捆绑在一起，只会让人们根据文化的、政治的、宗教的或经济的共同性，根据人们的心理需求、价值观等，自由地组合在一起。在此意义上，虚拟社区与社会学上的"精神社区"有些相似之处。著名社会学家英克尔斯认为，"精神社区指的是这样的社区，它的共同成员建立在价值、起源或信仰等精神纽带之上"。但是，虚拟社区与精神社区也存着区别。精神社区主要是依从于现实社区而存在的社会群落。而虚拟社区中的成员没有现实意义上的共居地，但对某些社区而言，却有标识明显的成员感和归属感。而这种"标识"明确意义在于，虚拟社区具有超越时空和现实社会等级身份的功能。因此，它在结构上迥异于现实社区。

（1）薄平化的网状与块状结构

由于传统社区依赖于血缘、地缘或业缘而存在，因此在其结构与功能的表现上，或以尊卑长幼，或以远近亲疏，或以势力大小划分成以最高权威为核心的等距离同心圆状层次结构。虚拟社区则不然，其成员仅仅是依据"网缘"这种高度自由的投票表决机制相互连结，既无明确的核心又无严格的等级关系和核心权威，其结构表现为薄平化的网状与块状结构。

（2）虚拟社区的高度专业化

传统社区的空间结构具有相对封闭性和凝固性。因此，社区内核的内容具有相当明显的综合性，即功能的复合性。相对而言，虚拟社区却因"网缘"的作用而使其社区成员拥有较大选择余地。而正是这种自由的选择性，使虚拟社区在其功能上更着重地表现出专业性和单一性。

7.2.4　人群流动频繁的空间

虚拟社区具有论坛、聊天、学习、娱乐、购物等多种功能，人们完全可以根据自己的需要在不同的社区间自由流动。网络的互联性和开放性使任何一个网上社区成员自主性流动的权利大于他在现实社区的权力。如果对社区服务不满或对社区中某些成员、言论不认同，成员可以随时离开。这种现象有时甚至会演变为整个社区的人员全部流出，导致社区消亡。虚拟社区成员高流动率的原因，一方面源于社区成员兴趣、学习、情感交流等内在需求，另一方面则因为不受现实社会职业、身份、居住地和性别的限制，对中国来说，还包括单位、户籍管理体制的束缚。网络的发展正在表明，数字化生存之所以能让我们的未来不同于现在，完全是因为它容易进入、具备流动性以及它引发变迁的能力。

虚拟社区人员流动虽然表面上无序，但它仍然受到各个虚拟社区规范和多种语言运用能力的限制，同时受到国家、政府安全需要的各种限制等。当然，一般而言，只要掌握了语言就拥有了自由流动的权利。

另外，虚拟社区流动从属于网络社会流动。这种流动一般不会对现实社会产生重大的影响，如农村社区人口向城市社区流动所引发的就业问题和社会稳定问题，"孔雀东南飞"引发的贫困地区人才短缺问题，社区间人员流动所引发的社会承受力问题等。但虚拟社区人群流动频繁会降低社区的稳定性是肯定的。所以，如何增强社区成员的向心力及社区的凝聚力是虚拟社区建设要面对的一个重要问题。

7.3 虚拟社区基本功能

7.3.1 虚拟社区的常备功能

虚拟社区的虚拟性决定其内部功能在形式上有别于现实社区的内部功能。

（1）电子布告栏（BBS）

BBS 是电子公告板系统的简称（Bulletin Board System）。它是社区成员交流思想、答疑解惑、建立新型互动关系的场所。在 BBS 中，用户可以在各个特定主题的讨论区内，针对主题张贴相关的意见或问题，寻求他人的答复或帮助，并借此引起讨论或激发其他人的参与。在一般情况下，某个 BBS 都有很多不同的讨论区，每个讨论区叫一个版，板的管理者称为版主。参与者一般把版主称为"斑竹"。除分类讨论区外，BBS 系统还可以聊天、留言、自动转信、进行网上创作等。从社会互动的角度来看，BBS 上的生活在很大程度上可以称为目前虚拟社区生活的缩影。

（2）个人电子信箱（Web-based Email）

Email 是通过 Internet 发出和接收电子邮件的。它是人们使用 Internet 进行信息传播的主要途径。与传统邮政传送相比，它更快且价格低廉；它可以传播除文本形式之外的几乎所有形式的计算机数据，如二进制文件、声音、图像等等。它是电子社区与内部和外部发生联系的重要"驿站"。

（3）新闻组（Newsgroup）

新闻组是社区成员获取信息的非常直接有效的工具。它在本质上是一个全交互式电子论坛，不同时间、不同地点上网的任何人都可以通过它进行非常直接的对话和交流。它不仅放大了个人或几个人之间的交往环境，还为成千上万的人参与讨论一个共同关心的问题提供了可能和条件。人们可以随时发表自己的意见，补充修改别人的观点，也不必担心自己关心的问题没有人回答。从理论上讲，任何人都可以组织一次讨论，甚至主持一个论坛。另外，Newsgroup 与 BBS 虽类似，但它比 BBS 优越的地方是能夹带图片和附件。

（4）在线聊天室（Chat Room）

几乎所有的虚拟社区都设有"聊天室"。社区成员可以实时与线上朋友对话，完全不受地域和时间的限制。网上聊天就像现实社会开一个电话会，不同的是人们敲入的是各种符号而不是说话。这其中包含着交流的延时性现象，从而使交流更广泛和更深入。这是社区提供给居民的一个重要功能之一。这一功能为社区成员张扬自我、与他人建立联系、扩大交往提供了条件。与 BBS 相比，Chat Room 不仅社区成员交往的随意性更大，而且居民不需要注册就可以发表言论。由于这一特点，许多社区还允许居民开设私人空间为进行一对一的谈话提供条件与环境，甚至有的社区还为社区成员设计了动画聊天的界面等，从而使人际互动环境更具有真实性。

（5）博客（Blog）

博客是英文 Blog 的直译。因为在网络上网络出版（Web Publishing）、发表和张贴（Post）文章是一个急速成长的网络活动，后来就出现了一个用来指称这种网络出版和发表文章的专有名词——Weblog 或 Blog。一个 Blog 就是一个网页，它通常是由简短且经常更新的 Post 所构成；这些张贴的文章都按照年份和日期排列。Blog 的内容和目的有很大的不同，从对其他网站的超级链接和评论，有关公司、个人、构想的新闻到日记、照片、诗歌、散文，甚至都有科幻小说的发表或张贴。许多 Blogs 是个人心中所想事情的发表，其他 Blogs 则是一群人基于某个特定主题或共同利益领域的集体创作。Blog 好像是对网络传达的实时讯息。撰写这些 Weblog 或 Blog 的人就叫作 Blogger 或 Blog writer。在网络上发表 Blog 的构想始于 1998 年，但到了 2000 年才真正开始流行。起初，Bloggers 将其每天浏览网站的心得和意见记录下来，并予以公开，以此来给其他人参考和遵循。但随着 Blogging 快速扩张，它的目的与最初已相去甚远。目前网络上数以万计的 Bloggers 发表和张贴 Blog 的目的有很大的差异。不过，由于沟通方式比电子邮件、讨论群组更简单和容易，Blog 已成为家庭、公司、部门和团队之间越来越盛行的沟通工具，于是它也逐渐被应用在企业内部网络（Intranet）。目前有很多网站可以让网友设立账号及发表 Blogs。

7.3.2 虚拟社区的其他功能

虚拟社区除具有分享信息、扩大交往的功能外,还像现实社区一样提供丰富多彩的社区服务。社区一般设有几个甚至十几个服务版块,其内容涉及人们生活的方方面面。

(1)教育类

虚拟社区充分利用网络能够跨越时空限制的特点,利用网络信息传输与反馈的技术架起一座通往知识宫殿的桥梁,使人们可以自主地安排学习时间、自由地选择所需的课程。这种教育方式不仅最大限度地利用和共享教育资源、节约教育成本,还扩大了让每个人都享受终身受教育的权利。这种开放式的教育环境与现实社会教育环境的根本不同在于,它把现实社会传统教育方式(特别是对中国而言)的单向性改变为交互式,把传统教育内容的单一性,转变为多元化。因此,"网上大学"作为一种特定的现象,已经正在网络世界中迅速发展着。如我国的湖南大学、清华大学等不少高校已经建立网络远程教育。

(2)生活服务类

虚拟社区是人们按照自己的意愿和需要建立起来的。社区成员在这里可以轻松地、全方位地得到诸如健康咨询、家庭装饰、服装时尚、寻亲访友、求职招聘、财经信息、市场行情等服务。特别是利用虚拟社区的人气而建立的电子商务,正改变着传统的商业经营模式。随着现实社会发展对网络社会发展支持度的提高,如配送中心、支付手段的完善等,虚拟社区带给人们的服务无论是在内容的丰富上还是在方便的程度上都将大大地超越现实社区。虚拟社区所具有的服务功能让人们真正体验到它不是虚幻的,而是一种崭新的人类生活的方式。

(3)娱乐类

虚拟社区建立之前,认识网络、利用网络的大多是一些专业人员。早期的局域网或组织内部网仅仅是传输信息的工具。虚拟社区的诞生消除了现实社会的层级结构和国家传统政治疆界,把世界上不同民族文化、不同种族与肤色、不同社会阶层的人们聚集到一起。虚拟社区的普适性使它富有人性化的娱乐空间,给人们以艺术的享受、运动的快感、游戏的轻松、旅游的情趣……它让人们在虚拟的时空中得以放松,以调适自己的现实生活。

另外,把握虚拟社区功能还有一个重要的意义,即可以依据社区功能划分社区的类型。埃瑟·戴森在其《2.0 版数字化时代的生活设计》一书中依据虚拟社区得以维系所需的成本以及该社区的目标为标准，划分了"营利性社区"和"非营利性社区"两种基本类型。在她看来，虚拟社区同现实社区一样需要精心的经营与培育，而时间和金钱作为人们在网上最容易付出的两种基本投入，也就成了划分社区类型的界线。由于网络社会如无边的大海，人们要选择一个适合自己的社区如同大海捞针。如果按功能划分社区，就可以让成员根据不同时期的不同需要直接进入，如科技社区、文学社区、妇女社区、儿童社区等专业社区，既利于社区成员寻求共同性与归属感，又节省了漫游浩瀚网络世界的时间，同时有助社区自身的建设。

7.4　社区发现算法评价指标

（1）模块度

模块度（Modularity）这个概念是 2003 年一个叫纽曼的人提出的。这个人先后发表了很多关于社区划分的论文，包括 2002 年发表的著名的 Girvan-Newman（G-N）算法和 2004 发表的 Fast Newman（F-B）算法，Modularity 就是 F-B 算法中提出的。在 2006 年的时候纽曼重新定义了 Modularity，实际上只是对原来的公式做了变换，使其适用于 Spectral Optimization Algorithms。

早期的算法不能够很好地确认什么样的社区划分是最优的。Modularity 这个概念就是通过比较现有网络与基准网络在相同社区划分下的连接密度差来衡量网络社区的优劣。

2006 年模块度的定义如下式，假设有 x 个节点，每个节点都代表一个输入，并且我们已经将这些输入划分为了 N 个社区，节点彼此之间共有 m 个连接。v 和 w 是 x 中的任意两个节点，当两个节点直接相连时 $A_{vw}=1$，否则 $A_{vw}=0$。k_v 代表的是节点 v 的度，度是图论的基础知识，从一个节点出发有几个边，我们就说这个节点的度是多少。很容易理解，这里的 $2m$ 实际就是整个图中的度，每个节点都计算一次度，那么每条边对应两个节点，所以要乘以 2。$\delta(c_v,\ c_w)$ 是用来判断节点 v 和 w 是否在同一个社区内，在同一个社区内 $\delta(c_v,\ c_w)=1$，否则 $\delta(c_v,\ c_w)=0$。

$$Q = \frac{1}{2m} \sum_{vw} \left[A_{vw} - \frac{k_v k_w}{2m} \right] \delta(c_v, c_w) \qquad \text{(式 7-1)}$$

上式中，Q 就是模块度，模块度越大则表明社区划分效果越好。Q 值的范围在 $[-0.5, 1]$，纽曼认为当 Q 值在 $0.3 \sim 0.7$ 之间时，说明聚类的效果很好。

（2）NMI

NMI（Normalized Mutual Information）标准化互信息，常用在聚类中，用来度量两个聚类结果的相近程度，是社区发现（Community Detection）的重要衡量指标。NMI 的值域是 0 到 1，该值越大，则说明社区结构划分越好，最大值为 1 时，说明算法划分出的社区结构和真实社区结构一致，算法效果最好。

（3）Rand Index

聚类指标 Rand Index 表示在两个划分中都属于同一社区或者都属于不同社区的节点对的数量的比值。

假设一个集合中有 N 篇文章，则一个集合中有 $N(N-1)/2$ 个集合对，TP 表示同一类的文章被分到同一个簇，TN 表示不同类的文章被分到不同簇，FP 表示不同类的文章被分到同一个簇，FN 表示同一类的文章被分到不同簇，则 Rand Index 度量的正确的百分比 $RI = (TP + TN)/(TP + FP + FN + TN)$。

（4）Jaccard Index

Jaccard 系数，又称为并交比，用来衡量样本之间的差异性，是经典的衡量指标。定义：给定两个集合 A、B，jaccard 系数定义为 A 与 B 交集的大小与并集大小的比值

$$J(A, B) = \frac{|A \cap B|}{|A \cup B|} = \frac{|A \cap B|}{|A| + |B| - |A \cap B|} \qquad \text{(式 7-2)}$$

Jaccard 值越大，说明相似度越高，当 A 和 B 都为空时，Jaccard (A, B) = 1。

7.5　社区静态发现算法

7.5.1　模块度最优化算法

模块度也称模块化度量值，是目前常用的一种衡量网络社区结构强度的方

法，最早由马克·纽曼提出，模块度的定义为

$$Q = \frac{1}{2m} * \sum \left[A_{ij} - \frac{k_i * k_j}{2m} \right] \delta(C_i, C_j) \qquad (式7-3)$$

模块度值的大小主要取决于网络中结点的社区分配 C，即网络的社区划分情况，可以用来定量的衡量网络社区划分质量，其值越接近1，表示网络划分出的社区结构的强度越强，也就是划分质量越好。因此，可以通过最大化模块度 Q 来获得最优的网络社区划分。

模块度最大化问题是一个经典的最优化问题，马克·纽曼基于贪心思想提出了模块度最大化的贪心算法 FN。贪心思想的目标是找出目标函数的整体最优值或者近似最优值，它将整体最优化问题分解为局部最优化问题，找出每个局部最优值，最终将局部最优值整合成整体的近似最优值。FN 算法将模块度最优化问题分解为模块度局部最优化问题，初始时，算法将网络中的每个结点都看成是独立的小社区。然后，考虑所有相连社区两两合并的情况，计算每种合并带来的模块度的增量。基于贪心原则，选取使模块度增长最大或者减小最少的两个社区，将它们合并成一个社区。如此循环迭代，直到所有结点合并成一个社区。随着迭代的进行，网络总的模块度是不断变化的，在模块度的整个变化过程中，其最大值对应网络的社区划分即为近似的最优社区划分。该算法时间复杂度是 $O[(m+n)n]$，在稀疏图上是 $O(n^2)$。

贪心算法 FN 具体步骤：①去掉网络中所有的边，网络的每个结点都单独作为一个社区；②网络中的每个连通部分作为一个社区，将还未加入网络的边分别重新加回网络，每次加入一条边，如果加入网络的边连接了两个不同的社区，则合并两个社区，并计算形成新社区划分的模块度增量。选择使模块度增量最大或者减小最少的两个社区进行合并；③如果网络的社区数大于1，则返回步骤②继续迭代，否则转到步骤④；④遍历每种社区划分对应的模块度值，选取模块度最大的社区划分作为网络的最优划分。

该算法中，需要注意的是，每次加入的边只是影响网络的社区划分，而每次计算网络划分的模块度时，都是在网络完整的拓扑结构上进行，即网络所有的边都存在的拓扑结构上。

7.5.2 多目标优化算法[①]

在单目标优化问题中，通常最优解只有一个，而且能用比较简单和常用的数学方法求出其最优解。然而在多目标优化问题中，各个目标之间相互制约，可能使一个目标性能的改善往往是以损失其他目标性能为代价，不可能存在一个使所有目标性能都达到最优的解，所以对于多目标优化问题，其解通常是一个非劣解的集合——帕累托最优解 Pareto 解集。

设 S 为多目标优化的可行域，$f(X)$ 为多目标优化的向量目标函数。若$f(X) \leqslant f(X^-) \, \forall X \in S$，则称 X^- 是多目标优化问题的非劣解，即 Pareto 最优解。

在存在多个 Pareto 最优解的情况下，如果没有关于问题的更多的信息，那么很难选择哪个解更可取，因此所有的 Pareto 最优解都可以被认为是同等重要的。由此可知，对于多目标优化问题，最重要的任务是找到尽可能多的关于该优化问题的 Pareto 最优解。因而，在多目标优化中主要完成以下两个任务：一是找到一组尽可能接近 Pareto 最优域的解；二是找到一组尽可能不同的解。

第一个任务是在任何优化工作中都必须做到的，收敛不到接近真正 Pareto 最优解集的解是不可取的，只有当一组解收敛到接近真正 Pareto 最优解时，才能确保该组解近似最优的这一特性。

除了要求优化问题的解要收敛到近似 Pareto 最优域，求得的解也必须均匀稀疏地分布在 Pareto 最优域上。一组在多个目标之间好的协议解是建立在一组多样解的基础之上。因为在多目标进化算法中，决策者一般需要处理两个空间——决策变量空间和目标空间，所以解（个体）之间的多样性可以分别在这两个空间定义。例如，若两个个体在决策变量空间中的欧拉距离大，那么就说明这两个解在决策变量空间中互异；同理，若两个个体在目标空间中的欧拉距离大，则说明它们在目标空间中互异。尽管对于大多数问题而言，在一个空间中的多样性通常意味着在另一个空间中的多样性，但是此结论并不是针对所有的问题都成立的。对于这样复杂的非线性优化问题，要找到在要求的空间中有好的多样性的一组解也是一项非常重要的任务。

---

① Du, Jingfei, Jianyang Lai, and Chuan Shi. Multi-Objective Optimization for Overlapping Community Detection [J]. *Springer-Verlag New York, Inc.*, 2013: 489-500.

7.5.3 基于概率模型的算法[①②]

概率模型（Statistical Model）是用来描述不同随机变量之间关系的数学模型，通常情况下刻画了一个或多个随机变量之间的相互非确定性的概率关系。

M. E. J. Newman 和 E. A. Leicht 提出了一种对网络数据进行探索性分析的方法，其中根据观察到的顶点之间的连接模式，将顶点分为几组。该方法比聚类方法更通用，它利用最大似然技术对顶点进行分类并同时确定每个类的确定属性。这是一种简单的算法，能够检测网络中广泛的结构特征，包括常规的社区结构以及许多以前尚未明确考虑混合结构形式等。此类算法的强项是它的灵活性，这将使研究人员可以发现网络的一般类型的结构，而不必事先指定他们期望找到的类型。

Ren 和 Wei 等人提出了一种概率算法 SPAEM 来获取社区结构。SPAEM 不仅在检测社区结构以及提供更多有用信息方面有着强大功能，还可以处理加权网络。

7.5.4 信息编码算法[③]

Kim 等人扩展了最初为节点社区开发的映射方程（Map Equation），以查找网络中的链接社区。该方法在各种网络上进行了测试，并与网络的元数据进行了比较，结果表明，该方法可以有效地识别节点的重叠角色。该方法的优点是可以通过测量除社区结构之外的网络中剩余的未知信息来定量比较节点社区方案和链接社区方案。它可用于定量确定是否应使用链接社区方案代替节点社区方案。此外，由于该方法基于随机游走（Random Walk），因此可以轻松地扩展到定向网络和加权网络。

---

① Newman, Mark EJ, Elizabeth A. Leicht. Mixture models and exploratory analysis innetworks [J]. *Proceedings of the National Academy of Sciences*, 2007: 9564-9569.

② Ren, Wei. Simple probabilistic algorithm for detecting community structure [J]. *Physical Review E*, 2009: 036-111.

③ Kim, Youngdo, Hawoong, et al. Map equation for link communities [J]. *Physical Review E*, 2011: 026-110.

7.6　社区动态发现算法

（1）派系过滤算法[①][②]

派系过滤算法（Clique Percolation Method，CPM）用于发现重叠社区，派系（clique）是任意两点都相连的顶点的集合，即完全子图。此算法认为社区是具有共享节点的全连通子图集合，并通过一种团过滤算法来识别网络中的社区结构。算法首先搜索所有具有 k 个节点的完全子图，而后建立以 k-clique 为节点的新图，在该图中如果两个 k-clique 有 $(k-1)$ 个公共节点，则在新图中为代表它们的节点间建立一条边。最终在新图中，每个连通子图即为一个社团。

（2）基于相似度的聚合算法[③][④]

传统的基于相似度的社区发现算法，如 GN 算法在计算时的时间复杂度非常高，而基于相似度的社区发现算法的结果主要取决于相似度的选择，有些相似度选择可能使结果更准确，但是针对规模较大的网络，时间也是考虑的主要因素之一，所以可以根据网络的不同要求来选择相似度的不同度量方法。

目前，基于相似度的算法中有两个经典算法，分别是 GN 算法以及 AP 算法。GN 算法中的时间复杂度非常高，针对这个弱点，可以提出一种基于扩散核特征矩阵相似度的分裂算法和一种基于 DSD 相似度的分裂算法。这两个算法都是基于网络拓扑结构的算法，避免了 GN 算法中的计算边介数的时间复杂度高的弱点。两个算法的划分效果和 GN 算法差不多，在效率上有很大的提高，对于相似度的度量方法的研究有一定的价值。

Newman 贪婪算法是近期社区发现的一个主要算法，拥有准确、快速的特

---

① Palla, Gergely. Uncovering the overlapping community structure of complex networks innature and society [J]. *arXiv preprint physics/*0506133（2005）.

② Kumpula, Jussi M. Sequential algorithm for fast cliquepercolation [J]. *Physical Review E*, 2008：026-109.

③ Shen, Huawei. Detect overlapping and hierarchical community structure in networks [J]. *Physica A：Statistical Mechanics and its Applications*, 2009：1706-1712.

④ Huang, Jianbin. Density-based shrinkage for revealing hierarchical and overlapping community structure in networks [J]. *Physica A：Statistical Mechanics and its Applications*, 2011：2160-2171.

点，但是当社区规模过大时，可能会使社区规模分配不均。在比较基于扩散核特征矩阵的相似度和基于 DSD 相似度度量方法的优缺点之后，使用 DSD 相似度度量算法结合 Newman 贪婪算法（CNM 算法），既结合了 CNM 算法快速准确的优点，又在一定程度上避免了 CNM 算法的社区规模分配不均匀的情况。

（3）标签传播算法

标签传播算法（LPA）是基于图的半监督学习算法，基本思路是从已标记的节点标签信息来预测未标记的节点标签信息，利用样本间的关系，建立完全图模型，适用于无向图。

每个节点标签按相似度传播给相邻节点，在节点传播的每一步，每个节点根据相邻节点的标签来更新自己的标签，与该节点相似度越大，其相邻节点对其标注的影响权值越大，相似节点的标签越趋于一致，其标签就越容易传播。在标签传播过程中，保持已标记的数据的标签不变，使其将标签传给未标注的数据。最终当迭代结束时，相似节点的概率分布趋于相似，可以划分到一类中。

（4）局部扩展优化算法

局部扩展优化算法（LFM 算法）是社区发现中的一大类方法，并且现在也比较活跃。这些方法的一个基本的假设就是社区是围绕着一些中心结点形成的，它们一般都是向当前社区中添加或删除节点来优化一个函数。

LFM 算法由两个步骤构成：①选取种子；②拓展种子。它随机地选择一个还没有被分配社区的结点作为种子，通过优化 fitness 函数的方法拓展它以形成一个社区。迭代这两步直到所有结点都属于至少一个社区为止。由于在拓展社区的时候，即使已经被分配社区的结点也可能被添加进来，所以 LFM 算法是可以发现重叠社区的。LFM 算法过程很易于理解，但是由于随机选择种子，导致它其实很不稳定。

第八章　虚拟社区演化分析

　　网络社交关系的形成和演化是一个复杂的过程，各种因素（现实的和虚拟的）相互影响，呈现多种特征。社交网络将现实中的社交关系虚拟化，因而比其他互联网应用更接近真实的人际交往。20 世纪 90 年代初期，互联网对人类社会的影响刚刚开始逐步增大，霍华德·莱茵戈德（Howard Rheingold）意识到网络社区将大大改变社会群体之间的沟通交流方式，于是在互联网进入大众生活之前撰写了《虚拟社区》，并在其中提出"虚拟社区"的概念。① 互联网上的虚拟社区是互联网用户经过互动之后产生的一种社会群体，正在发挥与传统现实社会的社区等量齐观的功能，并有相似的形成和发展规律。早期，研究者往往关注复杂网络的静态社区发现方法，也就是对某一时刻下的静态网络进行网络特征研究。但随着研究的深入，人们发现复杂网络存在动态性，也就是说，社区结构并不是一成不变的，而是随着时间的变化而动态改变，研究热点也就慢慢转向了演化过程，并提出了相应的动态社区发现算法和相应的方法模型来探索网络结构的演化趋势。WS 小世界模型和 BA 无标度模型分别从不同角度对客观世界存在的各种具有逻辑结构的网络系统的形成和演化特征进行了概括，在该研究领域产生了很大影响。众所周知，BA 模型展示的无标度的幂律度分布与随机网络模型展示的指数度分布是两个极端情况，自然界中大多数具有逻辑结构的系统的网络度分布介于这两者之间，有不少后续研究提出了改进模型或应用模式。

　　社交网络的演化过程对于定量认识和理解人际关系的形成与演化有重要意义。针对社交网络的演化，很多学者基于理论模型做了分析，复杂网络中两个较早且比较著名的模型是小世界模型和无标度模型。《虚拟社区网络的演化过程研究》在虚拟的社区网络上做了演化分析，并研究了网络演化的拓扑结构，发

---

① 张立，刘云. 虚拟社区网络的演化过程研究 [J]. 物理学报，2008（09）：5419-5424.

现虚拟社区网络在演化过程中，节点的加入、边的加入、网络中度分布、节点的度与其加入网络时间的关系、平均度随时间的变化等方面与传统的无标度网络有所不符。《社交网络形成和演化的特征模型研究》考虑社交网络的聚类及链接随机性提出一种混合演化模型，数值仿真表明该网络模型与实际社交网络数据的统计结果基本吻合。*Structure and evolution of online social networks* 实证分析了大型在线社交网络结构的演化，并提出了一种能识别组元结构的网络增长模型，但其中仅仅截取了网络中间的部分数据，并没有从网络诞生时开始分析。舆论传播和虚拟社区都属于复杂的社会现象，存在着众多的随机因素，很难完全重现其演进状况。当前对于社交网络演化的研究，无论是模型还是实证角度都是基于全网络的演化，并非局部关系的演化。

信息及舆论在社交网络上的传播过程可以看作一个网络演化的过程，当信息传播到一个用户时，那么该用户加入了这个信息网络。2014 年 8 月中旬，冰桶挑战活动蔓延至中国，该活动要求参与者在网络上发布自己被冰水浇遍全身的视频内容，然后该参与者便可以要求其他人（规则为 3 个人）来参与这一活动。活动规定，被邀请者要么在 24 小时内接受挑战，要么选择为对抗肌肉萎缩性侧索硬化症捐出 100 美元。发展到后来，通过发起挑战者点名接力，形成了一个社交网络。"冰桶挑战"诱导的社交网络演化分析搜集"冰桶挑战"事件在国内从事件发起到第 6 天的新浪微博网络数据，以挑战者为节点，点名关系为边构造社交网络。通过分析该网络的统计指标，发现该事件在社交网络中的演化特点如下：网络密度一直减小；网络效率先减小，后又缓慢增加；连通子图的数量先是迅速增加，最高增加了初始值的 5 倍，后来又减小；网络效率与子图数量呈负相关关系。[①]

我国比较典型的虚拟社区之一是 BBS 互联网论坛，其拥有庞大的用户群，是互联网虚拟社区的重要组成部分，同时促成了某些网络舆论的突发事件。《BBS 虚拟社区的演化规律探索及仿真》利用 BBS 实际数据构建有向虚拟社区网络，以节点表示用户 ID，边表示用户 ID 之间存在的回复关系，统计分析网络节点和边的增长趋势，通过度分布和网络结构熵等特征指标刻画虚拟社区网络演化的规律，并研究了 BBS 中存在的"富人俱乐部"现象，即网络中有少量节点、具有大量的边。并且随着时间的演化过程越长，富人俱乐部现象会越明显。

[①] 杨凯，刘晓露，林坚洪，等．"冰桶挑战"诱导的社交网络演化分析 [J]. 复杂系统与复杂性科学，2016, 13（02）: 90-96.

最终研究发现，虚拟社区网络是从"有序"到"无序"，再到"稳定有序"的变化过程。

8.1 虚拟社区的涌现

社区作为一个社会学概念，表示的是由具有共同价值观念的同质人口所组成的共同体。在社区发展的初始阶段，社区多产生于同一地域的人群中。随着人类社会的发展，大众社会中不同地域的居民的价值观和行为走向混同，同一地域中的人们却在心理和生活上不再彼此依赖。1985 年，梅罗维茨提出，个人家庭和工作场所之外的"第三处所"，如酒馆、教堂、社区中心等场合在现代城市中已经不再具备供社区成员自由交际的功能，多数人对社区的缺乏感增强。在这种社区消亡论的背景下，学者认为虚拟社区是人们在社区缺失的时代找到的一种替代品。1997 年，哈格尔和阿姆斯特朗提出，虚拟社区的存在基础是人们希望满足兴趣、关系、幻想和交易四种基本需求。作为社会化的动物，家庭和工作场所并不能实现个人社会交往的全部需求，单向性的大众媒体也缺乏互动渠道，而虚拟社区则可以对此提供某种程度的补偿。①

有许多虚拟社区是以兴趣为出发点而形成的，其参与者大多拥有共同的兴趣爱好，他们在社区中分享与兴趣相关的信息、讨论兴趣相关话题以及进行其他的日常生活感受交流，这些活动在现实生活中往往难以实现。从目前虚拟社区的发展来看，虚拟社区的成功与否取决于是否能够满足主要目标用户的信息和情感需求，塑造一个内容丰富、气氛良好的沟通环境和信息平台。

以计算机技术为依托的虚拟社区最早发源于 1978 年的 CBBS 软件，此后的类似信息系统被称为 BBS (Bulletin Board System)，即电子公告牌，用户通过在同一页面中留言进行非即时的信息交流。随着 20 世纪 80 年代个人电脑和调制解调器的普及，美国虚拟社区的数目迅速增多。20 世纪 90 年代以来，借助因特网和万维网在全世界的发展，虚拟社区逐渐成为许多人生活中的一部分，并与门户网站、搜索引擎等平台结合。

---

① 熊熙，曹伟，周欣，等. 社交网络形成和演化的特征模型研究 [J]. 四川大学学报（工程科学版），2012，44（04）：140-144.

国内最早的虚拟社区产生于 20 世纪 90 年代初期，主要形式是 BBS 类型，即非即时交互传播。近年来，随着社交网络的发展，基于各种即时通信工具和 Web 技术虚拟社区大量涌现，虚拟社区发展呈现出即时化、个人化的趋势。时至今日，微博、百度贴吧等虚拟社区在网络事件和网络舆论中的角色日益显著；淘宝、京东等商业虚拟社区成为人们电子商务活动的重要场所。在中国社会转型走向深入的当今，虚拟社区为思想日趋开放的国人提供了能够自由、平等、民主交流的平台，并从而进一步影响人们的思维方式和价值观念。经过数年的发展，伴随着虚拟社区成长起来的中国年轻人正在成为中国社会的主流群体，虚拟社区传播方式对其思想、观念的影响也将渗入社会主流思潮。

虚拟社区涌现即在社交网络中虚拟社区从无到有的过程，其最重要的特征是网络聚集现象。影响网络聚集现象的主要因素有周期闭包和偏好连接。所谓周期闭包，是指网络节点倾向于和自己在网络中的邻居建立连接关系而形成的结构。该机制是导致虚拟社区形成的主要因素。实验表明，三元闭包的出现概率随着两个节点之间测地距离的增减呈指数递减。偏好连接是指在很多真实网络中，新增加的边并不是随机连接的，而是倾向于和具有较大度数的连接。

8.2　虚拟社区的演化

虚拟社区演化是指社交网络的拓扑结构随着时间的推移在不断发生变化的过程，关注不同时刻的社区拓扑结构的差异变化。

虚拟社区结构会随着时间变化而动态改变，节点会经历增加和减少，连边可能会出现和消失，这些变化都会导致社区网络结构上的变化。在线社交网络虚拟社区演化过程非常复杂，影响因素有很多。如何挖掘虚拟社区演化中的关键性因素成为社交网络研究中一个重要而有挑战性的课题，用户个体的累积效应、结构多样性和结构平衡性三个基本因素对虚拟社区演化都存在影响。

虚拟社区的网络演化研究分为两大类：第一类是描述网络结构特征随时间推移的变化，第二类是构建网络演化模型。

8.2.1　虚拟社区网络结构特征随时间推移的变化

随着虚拟社区的日渐兴盛，网络数据使研究社区演化具备了可行性和科学性，对度分布、集聚系数等复杂网络的特征以及在不同时间点上的变化情况也能较好地进行分析，并反映实际网络情况。这类研究的结果为解释和预测虚拟社区的网络演变提供了最基本的描述性信息。[①]

2003 年，霍尔姆（Holme）研究了瑞典一个大型在线交友网 Pussokram 的动态特性，分析了消息回复时间以及人际关系的持续时间的分布，研究结果发现，消息回复时间服从幂律分布，人际关系的持续时间服从指数衰退。2004 年，霍尔姆又分析了 Pussokram 中的四种通信交流方式组成网络的节点数和平均度值、度异配性、累积度分布、平均路径长度、集聚系数等随时间的演化特征。2006 年，Backstrom 等分析了 Live Journal 的友情链接关系和 DBLP 的作者协作关系社区的演化特征，发现个体加入社区与社区结构有着密切的关联，还研究了演变如何影响潜在的社交网络结构等属性。2007 年，Ahn 等学者对 Cyworld、MySpace、Orkut 三个社交网站进行了比较研究，分析了不同时间点网络的聚集系数、度分布、度相关系数以及平均路径长度，他们运用滚雪球抽样的方法，获得了 MySpace 和 Orkut 的局部网络拓扑图，并用 Cyworld 的数据评估了这种方法的有效性。2009 年，维斯瓦纳特（Viswanath）研究了 Facebook 中的活动性网络的演化，发现底层的活动性网络演化速度非常快，随着时间的累积，用户发生的变化显而易见。2012 年，邢小云以豆瓣网好友关系为基础分析了在线社会网结构演化对信息传播的影响，并对网络结构演化过程进行分析，得出网络的节点数和边数变化曲线与许多学者提出的在线社交网络 S 型生长曲线的前部分相似。

8.2.2　网络演化模型

网络演化模型的构建有以下两个目标：

（1）描绘网络演化过程，在分析网络中节点间连接情况的演化基础上，探索出网络演化的关系形成、维系、消失等过程的一般性规律。

（2）预测网络演变的趋势，强调的是网络节点间关系建立的概率，可用于预测网络结构特征变化。

2002 年，多罗戈夫采夫（Dorogovtsev）和门德斯（Mendes）为了回答"线性增长是否广泛存在于现实网络中"这一问题，他们对一些众所周知的网络数据

① Kumar R, Novak J, Tomkins A. *Structure and evolution of online social networks* [M]. Springer New York：Link Mining：Models, Algorithms, and Applications, 2010.

包括万维网、因特网、科学文献引用网络和合著网络等进行了实证分析，将一个整体网络规模增长作为一个全局属性值，建立了全局加速的模型。2008年，朱尔·莱斯科维奇（Jure Leskovec）等研究了在线社交网络的微观演化，对Flickr、Del. icio. us 和 Yahoo! Answers 详细研究了在线社交网络结构的强弱、网络大小等随时间的变化情况，建立了演化模型，并通过对实际网络与仿真模拟所得网络的度分布进行对比分析，得出三角关系闭合，成功地揭示了网络演变，三角关系闭合是导致网络演变的主要微观动力。2010年，古玛（Kumar）研究了 Flickr 和 Yahoo! 360 的结构和演化特性，移去了 Flickr 与 Yahoo! 360 的单向连接，得到两个无向网络，其网络密度随时间变化均表现出初始时逐渐增大并达到峰值，而后逐渐减小，最后稳定地增长的特征。① 基于这些描述性统计分析，学者提出了详细的网络演化结构特征，以及具有这方面特征的一个简单的网络增长模型，并进行仿真，仿真结果显示，该模型能够很可靠地再现真实网络的演化过程。2012年，姚灿中基于 Wiki 票选管理员的行为网络构建大众生产虚拟社区合作网络，分析结果显示虚拟社区合作网络的出度服从幂律分布，入度服从双段幂律分布，并得出大众生产虚拟社区合作网具有小世界网络特性，最后采用复杂网络链路预测方法分析了大众生产虚拟社区的动态演化机制。②2013年，Liu 等人从三个 Facebook 的顶级应用中收集用户活动数据，对用户活动数据进行了分析，并基于 SIR 模型，③ 设计了一个状态转换模型来代表基于在线社交网络一些应用中的用户行为，这个动态演化模型并没有用任何底层网络，引入新节点的速度也不依赖于当前的节点数量。仿真结果表明，这种模型可以准确预测伴随应用程序最初的增长高峰、成熟衰退、疲劳阶段转换的活跃用户数量，以及不同演化阶段真正的网络结构。④

　　如图8-1所示，社区演化中的事件形式主要有以下六种：1. Growth 形式；2. Merging 形式；3. Birth 形式；4. Contraction 形式；5. Splitting 形式；6. Death 形式。⑤

① 戴荣杰. 在线社交网络虚拟社区发现及演化技术研究［D］. 成都：西南交通大学，2017.
② 吴斌. 虚拟社区发现及演化分析研究［J］. 科技纵览，2017（12）：70-71.
③ 吴渝，肖开洲，刘洪涛，等. BBS 虚拟社区的演化规律探索及仿真［J］. 系统工程理论与实践，2010，30（10）：1883-1890.
④ 张毅. 虚拟社区及其演化的自组织分析［D］. 重庆：重庆大学，2010.
⑤ 董子凡. 虚拟社区的用户特征研究［D］. 北京：中国人民大学，2008.

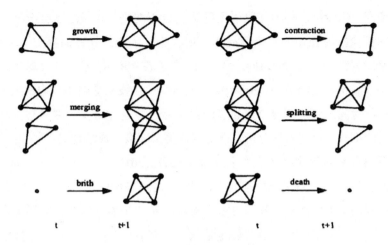

图 8-1　社区演化中的事件形式

随着 IT 科技的进步以及显卡性能的大幅提升，虚拟社区已经逐步从 2D 演化到了 3D，目前国外比较著名的有 Second Life，国内比较著名的有 HiPiHi（海皮士）、uWorld（由我世界）以及 Novoking（创想王国）、hapworld（哈啪世界）、ChianQ、mworld 等。用户通过下载客户端可以进入这些虚拟社区，在这些虚拟社区里，每个用户都有一个虚拟化身，用户完全可以像在现实世界里一样进行面对面的交流、游戏，甚至交易，极大地增强了网络虚拟社区的真实感和亲切感。①

8.3　演化虚拟社区的发现

演化社区发现算法有两种形式：第一种是动态社区发现算法，区别于静态社区发现算法，该算法主要是基于上一个时间点对社区进行划分。第二种主要是根据社区发现算法先对每个时间片进行社区发现，然后根据事件监测方法发现社区机构变化过程，包含着出现、消失、合并、分裂和生存等事件。两种形式都是对多时间片网络演化研究的方法。

---

① 卢华玲，周燕，唐建波．基于复杂网络的虚拟品牌社区演化研究［J］．图书馆学研究，2014（13）：13-31，36.

现在已经提出了很多演化算法，如基于相邻时间片相似度对比的社区发现方法，这是一种最直接的方法；基于演化聚类分析的社区发现方法，其优势为演化过程考虑了快照质量和历史成本；基于派系过滤的社区发现方法，使用算法使这种方法识别更为准确。关于演化虚拟社区发现目前已有大量的研究资料，以下五种是比较成熟的算法模型。

8.3.1　基于相邻时刻相似度直接比较的演化虚拟社区发现

基于相邻时刻相似度直接比较的演化虚拟社区发现方法是确定动态网络演化虚拟社区序列最直接的方法。该算法采用的思路如下：首先，对相邻时刻（分别记为 t 时刻和 $t+1$ 时刻）的网络分别利用静态网络虚拟社区发现算法确定各自的社区划分。其次，对所发现的相邻时刻网络中的社区进行比较，确定在 t 时刻的网络与 $t+1$ 时刻发现的社区 C_{t+1} 满足一定相似条件的社区 C_t，并将 C_{t+1} 加入 C_t 所在的演化虚拟社区序列当中。

8.3.2　基于演化聚类分析的演化虚拟社区发现[①]

基于相邻时刻相似度的演化虚拟社区发现主要对相邻时刻的网络快照独立地进行社区发现，从而得到虚拟社区的演化序列，这种方法可能导致社区的演化序列中相邻时刻的社区结构存在显著变化，这种显著变化可能并不是网络动态演化导致的。[②] 针对 8.3.1 分析方法的这个缺陷，2006 年在 KDD 会议上克拉巴尔蒂（Chakrabarti）提出借鉴进化聚类的动态社区发现，在静态网络社区发现的聚类方法基础上提出了演化聚类分析框架，可以对规模不变的动态网络序列进行演化虚拟社区发现。演化聚类的基本原则：根据当前时刻网络结构以及前一时刻网络的社区划分来确定对当前时刻网络的社区划分，该方法既保证对当前网络进行较好划分，又保证与前一时刻网络的社区划分差异较小。[③]

2008 年 WWW 会议上发表了另一个基于进化聚类的框架：FacetNet。由于每

---

① Chakrabarti, Deepayan, Ravi Kumar, et al. Evolutionary clustering [J]. *Proceedings of the 12th ACM SIGKDD international conference on Knowledge discovery and datamining. ACM*, 2006：556.

② Lin, Yu-Ru. Facetnet: a framework for analyzing communities and their evolutions in dynamic networks [J]. *Proceedings of the 17th international conference onWorld Wide Web. ACM*, 2008：112.

③ Hopcroft, John. Tracking evolving communities in large linked networks [J]. *Proceedings of the National Academy of Sciences*, 2004：5249-5253.

个人在网络中的角色和社会地位的变化及个人研究兴趣的变化，社区可能会随着时间的推移而演变，学者提出一个创新的算法，摒弃了传统的两步分析社区演变法。在传统的方法中，首先对每个时间片检测社区，然后进行比较以确定对应关系。该框架提出者认为这种方法不适用于有噪声数据的应用程序，而提出 FacetNet 框架，通过一个健壮的统一过程来分析社区和其演化。在这个新的框架中，社区不仅产生演化，还通过演化的时间平滑性对其进行正则化。该框架拟合当前和历史数据以发现最优社区，依赖于以非负矩阵因子分解的形式对问题进行表述，其中社区和其演化以统一的方式进行分解。在此基础上，提出一种迭代算法，该算法具有较低的时间复杂度，并保证收敛到最优解。

　　基于演化聚类技术的演化社区分析把对网络最优社区划分的探测和演化社区序列的成员确定结合起来又同时进行。所得演化社区序列结果既保证了序列中相邻时刻社区之间的紧密联系，又确保了其对网络划分的准确度。但该方法得到的是网络社区整体结构的演化序列，不是某个社区的具体演化分析。①

8.3.3　基于拉普拉斯动力学方法的演化虚拟社区发现②

　　2008 年提出一种社区在拉普拉斯动力学因子影响下的稳定性。利用拉普拉斯动力学方法对多层网络的研究方法比之前在静态网络上的研究方法有更广泛的应用空间，可以允许同时对网络在多个时间维度下、多个 resolution 参数值下，以及多种链表类型的条件下进行社区划分并量化划分的质量。

8.3.4　基于派系过滤算法的演化虚拟社区发现

　　基于派系过滤算法（CPM）提出一个新的演化社区发现算法。该方法设计初衷之一是针对前述直接比较方法中由于社区间重合导致的演化社区序列成员的误判问题。该方法虽然也是考虑社区相似度最大，但不是直接比较相邻时刻的网络社区，而是通过先将相邻时刻网络进行组合，再实施分解。③

① Greene, Derek, Donal Doyle, et al. Tracking the evolution of communities in dynamic social networks [J]. *Advances in social networks analysis and mining (ASONAM)*, 2010*international conference on. IEEE*, 2010: 1116.

② Lambiotte, Renaud, J-C. Delvenne, et al. Laplacian dynamics and multiscale modular structure in networks [J]. *arXiv preprint arXiv*, 2008 (0812): 1770.

③ Palla, Gergely, Albert-Laszlo Barabasi etal. Quantifying social group evolution [J]. *Nature* 446. *arXiv*, 2007, 0704 (0744): 664.

8.3.5 基于节点行为趋势分析的演化虚拟社区发现

基于节点行为趋势分析的演化虚拟社区发现方法的核心思想如下：将虚拟社区的动态演化归因为节点的行为作用，通过分析节点行为对网络的影响来确定虚拟社区的可能演化。研究发现，加大的虚拟社区成员之间有动态变化的声明周期更长。与之相反的是，在小规模的虚拟社区中，当社区成员之间相对稳定时，生命周期更长。通过分析虚拟社区形成后社区内部成员与外部成员之间的关系可以预测社区的生命周期。

基于节点行为趋势分析的演化虚拟社区发现并非主要针对演化虚拟社区预测，而更多的集中于对节点行为特征的分析。但从根本上来说，网络及虚拟社区的动态是由节点的演化行为促成的，如由于节点从虚拟社区的退出而导致虚拟社区在下一时刻结构发生变化。因此，如果能够清楚节点这些与虚拟社区相关的行为特征，则可以对下一时刻虚拟社区结构的可能变化做出预测。可以预期，这种通过对节点行为趋势的分析来确定网络中虚拟社区的可能演化结构的思路，将促成新的演化虚拟社区发现方法的提出。

在线社交网络中存在着大量显性或者隐性的虚拟社区结构，这些虚拟社区结构并不是永恒不变的，随着事件变化，社区结构也在不断演变。虚拟社区具有一系列自组织的基本特征：开放性、自发性、非线性、涨落和突变。分析动态的虚拟社区结构演化有助于理解整个社交网络的演化过程，所以有重要的研究价值。相对于静态网络的虚拟社区发现算法，在线社交网络是随时间推进发生动态变化的，网络中的虚拟社区可能随时间推进而发生涌现、解体、合并、分裂等事件，这些事件将导致虚拟社区的结构发生动态演化。因此，如何识别随时间推进发生动态演化虚拟社区是虚拟社区研究中的重要问题。总的来说，演化虚拟社区发现的任务就是要确定所有时刻整体的虚拟社区划分或者某个时刻某个虚拟社区在下一时刻的可能结构形态。通过演化虚拟社区的发现方法最终识别出动态网络中全部的演化虚拟社区序列。

第三篇　社交网络群体行为形成与互动规律篇

第九章 用户行为分析

本章旨在通过对社交网络中存在的用户行为进行详尽的描述、挖掘和分析，深入探究影响用户行为的关键性因素，用较为准确的模型来刻画用户的行为，为实际的应用提供支持。

用户行为分析是在线社交网络研究的重要内容之一。随着研究的不断展开，可以将对于用户行为的研究大致分为两个主要方向：一是研究用户在使用在线社交网络时的采纳、拒绝行为，测算用户忠诚度；二是通过研究用户使用行为，对其所反映的特征和规律进行总结，进而为改进社交网络的服务和应用质量提供方向。

9.1 用户采纳与忠诚

近年来，社交网络类应用得到了迅猛发展，对于社交网络中用户的行为的研究也成为学术界研究者广泛关注的对象。社交网络中的用户采纳是指用户基于他们自己的需求、社会影响和社交网络技术来采纳某种社交网络服务的意愿和行动。目前，学界关于社交网络的用户采纳已有相对成熟的研究，提出了基于技术接受模型的用户采纳模型（Technology Acceptance Model，TAM）和基于计划行为理论的用户采纳模型（Theory of Planned Behavior，TPB）。用户忠诚是对于已经开始使用某一社交网络的用户，持续使用该服务的行为的刻画。到目前为止，基于期望确认理论的用户忠诚模型（Expectation Confirmation Theory，ECT）和基于心流体验理论的用户忠诚模型（Flow Theory）是实际应用中最为广泛采用的模型。

9.1.1 基于技术接受模型的用户采纳模型

（1）理论发展

基于技术接受模型的用户采纳模型①是由美国学者戴维斯（Fred D. Davis，1986）根据理性行为理论（Theory of Reasoned Action，简称 TRA）在信息系统、计算机技术领域发展而来，主要用于解释和预测人们对信息技术的接受程度。该模型在评判用户面对一个新技术的接受程度时，会引入两个变量，即技术使用者的感知有用性和感知易用性，进而探究用户接受新信息系统或技术的影响因素。研究者可以通过分析影响因素及各变量之间的关系，从而对信息系统或信息技术进行适当的修正工作。通过技术接受模型，我们可以探讨外部变量对用户使用信息系统或技术的内部感知、态度及意向的影响。

（2）理论内涵

在技术接受模型中，感知的有用性（Perceived ease-of-use，PEOU）指的是用户在使用某一特定系统时，主观认为能够为其减少劳心费神的程度；感知的易用性（Perceived usefulness，PU）指的是用户在使用某一特定系统时，主观认为能够带来的工作绩效的提升程度。一般而言，用户的感知易用性越高，其使用态度倾向越积极，同时其感知有用性也越大。

技术接受模型认为个体对新系统或技术的行为意向决定其使用行为；个体对该系统或技术的行为意向是由个体的使用态度和感知有用性共同决定；个体对该系统或技术的感知有用性和感知易用性是其使用态度的主要影响因素；外部变量和个体对该系统或技术的感知易用性是感知有用性的主要影响因素，其中外部变量包括个体特征，如性别、职业、年龄等，以及系统或技术的客观存在因素。该模型可以用如下的框图进行表示。

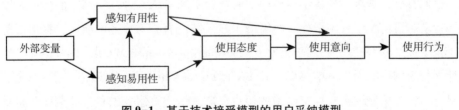

图 9-1　基于技术接受模型的用户采纳模型

---

① Davis, Fred D. Perceived usefulness, perceived ease of use, and user acceptance of information technology [J]. *MIS quarterly*, 1989: 319-340.

（3）国内研究现状与应用

随着信息技术的发展，技术接受模型已经成为研究互联网技术、电子商务网站等新系统和技术的理论基础。基于此模型，研究者可以探究外部变量对新信息系统或技术使用行为的影响，以及对用户使用态度和使用意向的影响。朱丽娜基于技术接受模型，将主观规范、感知娱乐和感知风险三个变量引入模型中，充分结合网上购物的特点，整合出影响消费者网上购物的合理因素，构建了消费者网上购物意向的实证模型，并通过实证研究证明，消费者对网上购物的使用意向决定其使用行为。① 常亚平基于技术接受模型，为研究消费者网上购物行为，在构建研究模型时引入消费者创新性变量，并通过研究发现消费者创新性会显著影响其网上购物意向。② 周波在智慧旅游背景下，整合技术接受模型和技术意愿变量，构建了游客技术意愿和接受模型，并通过实证研究发现游客的感知有用性和易用性都会影响游客对增强现实技术的使用态度，而游客对增强现实的使用态度则是通过影响游客的使用意愿来间接影响游客的旅游意向。③

针对不同的研究对象和侧重点，学者提出了相应的外部变量，对模型进行扩展，使之适用于不同的场景。

9.1.2　基于计划行为理论的用户采纳模型

（1）理论发展

计划行为理论（Theory of Planned Behavior，TPB）是由伊塞克·艾奇森（Icek Ajzen）基于其 1973 年提出的理性行为理论（Theory of Reasoned Action，简称 TRA）的基础之上，进行改进发展而来的行为决策理论，主要用于预测和了解人类的行为。由于理性行为理论假定个体的行为产生是出自完全的自愿控制，而忽略了个体内心的个人的决定（可能包含道德、伦理、控制观等因素）还会受到执行行为过程中的条件和能力等因素的限制。于是，艾奇森在 1988 年在原有理论的基础上增添了第三个预测变量：知觉行为控制（Perceived behavioral control，PBC）。新变量丰富和扩展了预测行为的准确性，并且修正了

① 朱丽娜．消费者网上购物意向模型研究［D］．南宁：广西大学，2006.

② 常亚平，朱东红．基于消费者创新性视角的网上购物意向影响因素研究［J］．管理学报，2007，（06）：820-823.

③ 周波，玲强，吴茂英．智慧旅游背景下增强现实对游客旅游意向影响研究——一个基于 TAM 的改进模型［J］．商业经济与管理，2017（02）：71-79.

理性行为理论的缺陷，由此发展出了计划行为理论。① 1991 年，艾奇森又在态度、主观规范、知觉行为控制的前方分别加入了行为信念（Behavioral beliefs）、规范信念（Normative beliefs）、控制信念（Control beliefs）形成了目前的计划行为理论模型。②

（2）理论内涵

信念是人们根据原有认识，对某种行为、思想、事物等产生判断与决定是否付诸行动的一种内心活动，是指个体对于某种预期为真的可能性的判断。在计划行为理论中，信念可以分为行为信念、规范信念和控制信念，他们分别决定了行为态度、主观规范和知觉行为控制。2001 年，阿米蒂琪（Armitage）和康纳（Conner）对这三类信念与其对应的要素间的相关性进行了探究，结果表明行为信念可以解释行为态度的 25% 的方差变化，规范信念可以解释主观规范的 25% 的方差变化，控制信念可以解释知觉行为控制的 25% 的方差变化。相比之下，其他影响因素，如年龄、性别、经验、智力水平、人格或者文化背景、语境、信息等外部因素必须通过影响个体信念，间接实现对于行为态度、主观规范和知觉行为控制的影响，并最终影响行为意向。③

并且在一个个体的多个信念中，并不是每一个都可以被研究者捕捉，在特定的时间和环境下，只有少部分能够被捕捉。在计划行为理论中，这些可以被捕捉的因素被称为突显信念，这是研究影响计划行为理论模型的重要指标④。

一般而言，行为模式可以分为三个阶段：行为决定于个人的行为意图；行为意图决定于对行为的态度、行为主观规范与认知行为控制三者共同或部分的影响；外生变数会对行为的态度、行为主观规范及认知行为控制产生影响。该模型可以用如下的框图进行表示。

① Ajzen, Icek. From Intentions to Actions: A Theory of Planned Behavior. Action Control [D]. HOWARD J. Heidelberg: Springer Berlin Heidelberg, 1985.

② Organizational Behavior and Human Decision Processes Journal of Intercollegiate Sport, 1991, 50 (2): 179-211.

③ Armitage C J, Conner M. Efficacy of the theory of planned behavior: A meta-analytic review [J]. *British Journal of Social Psychology*, 2001 (40): 471-499.

④ Fishbein M, Ajzen I. Belied, attitude, intention, and behavior: An introduction to theory and [D] research reading, MA: Addison-Wesley, 1975.

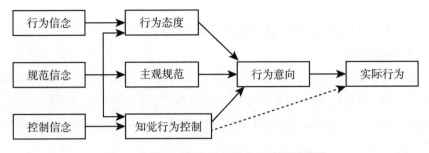

图 9-2　基于计划行为理论的用户采纳模型

（3）国内研究现状与应用

我国在 20 世纪 90 年代开始引入计划行为理论，较早的一篇论文由李京诚于 1999 年发表，20 多年来，我国公开发表的关于计划行为理论研究相关的论文已达到数百篇，其中大部分研究主要关注如何通过影响模型的各个因素来预测个体的行为，涉及领域包含社会心理学、营销学、临床医药和健康传播等方面。如沈苏彦基于计划行为理论建立模型，通过问卷调查与结构方程模型来验证游客旅游意向或出行规划的预测模型；① 讳飞等人也基于该理论，实现关于影响志愿服务意向的主要原因的探究；② 王大海等学者在计划行为理论的基础上建立消费者信用卡使用意向模型，发现使用信用卡的态度和感知行为控制对消费者信用卡使用意向有重要影响，其中主要决定消费者使用意向的因素是信用卡的便利性。③

但与国外相比仍处于综述介绍阶段，实证研究或干预研究较少，同时计划行为理论的问卷编制不规范、不标准，并且部分实证研究甚至没有进行问卷编制，大大降低了行为预测的信度与效度。

---

①　沈苏彦. 国外基于计划行为理论的旅游者行为研巧综述［J］. 商业经济，2011（14）：24-26.

②　徐讳飞，李彩香，姜香美. 计划行为理论：（TPB）志愿服务行为研究中的应用［J］. 人力资源管理，2012，11：102-104.

③　王大海，姚飞，郑玉香. 基于计划巧为理论的信用卡使用意向分析及其营销策略研究［J］. 管理学报，2001，11：1682-1689.

9.1.3 基于期望确认理论的用户忠诚模型

（1）理论发展

基于期望确认理论①的用户忠诚模型是由理查德·L.奥利弗（Richard L. Oliver）在 20 世纪 70 年代的一系列论文中逐渐发展出来的。该理论早期被应用于心理学和市场营销学中，后来在消费者研究、信息系统等科学领域得到较为广泛的认可。

（2）理论内涵

基于期望确认理论的用户忠诚模型由期望（Exceptions）、感知性能（Perceived Performance）、信念不确定性（Disconfirmation of Beliefs）和满意度（Satisfaction）四个部分组成，每部分的含义如下。

期望（Exceptions）：描述用户对于产品、服务或者技术等对应实体的属性或特质的预期。在这一模型中，期望被直接假定为直接影响感知性能和信念不确定性的因素，并被假定可以间接地影响满意度。购买前和拥有后的期望构成了最终评判产品、服务或者技术的基础。

感知性能（Perceived Performance）：用户对产品、服务或者技术的实际性能的感知。根据期望确认理论，感知性能直接受到期望的影响，并且将直接影响用户对于信念不确定性和满意度的评判。同时，感知性能还可以通过信念不确定性间接影响购买后或使用后的满意度。

信念不确定性（Disconfirmation of Beliefs）：与用户对于产品、服务或者技术的评估和判断相关。这些评估和判断又与用户的原始期望有关。当产品、服务或技术的实际性能高于用户的原始期望，该指标是积极的，进而可以增加购买后或采用后的满意度；反之，当实际性能低于用户的原始期望时，该不确定性是消极的，进而可降低购买后或使用后的满意度（即增加不满意度）。

满意度（Satisfaction）：描述用户在购买后或使用后对于产品、服务或者技术感到满意或者满足的程度。根据期望确认理论，满意度直接受到信念不确定性和感知性能的影响，并且期望和感知性能均可间接作用于满意度。

这些概念及其关系如图 9-3 所示。一般来说，如果产品的实际绩效由于用户的原始预期、用户的购前期望得到确认，则用户会产生对于该产品的满意度，

---

① Bhattacherjee, Anol. Understanding information systems continuance: an expectation-confirmation model [J]. *MIS quarterly*, 2001: 351-370.

进而会导致用户再次购买该产品。

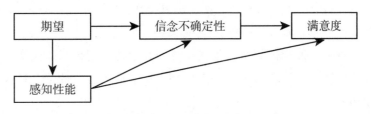

图9-3　基于期望确认理论的用户忠诚模型

（3）国内研究现状与应用

舒杰基于期望—确认理论研究了政府内部办公系统用户持续使用意愿的影响因素和作用机理。研究结果表明，期望确认与当前系统和用户工作业务的匹配程度相关，并通过感知有用性、感知易用性和满意度进而影响持续使用政府内部办公系统的意愿。同时，持续使用意愿还会受到用户所使用计算机的效能的影响。[①] 刘勃勃等则基于期望—确认理论研究了老年人对互联网应用的持续使用意愿，并结合老年人的群体特征，构建了老年人互联网应用持续使用理论模型。满意度、感知有用性、感知有趣性这三个变量是老年用户持续使用互联网的关键前置变量。由于老年人的焦虑和身体机能下降，其对互联网应用易用性的感知会受到影响，并且感知易用性会和期望不确认一起影响老年用户使用过程中的满意度。[②] 从这些研究中可以发现，期望—确认理论在解释用户创新技术中止或持续使用行为上有非常强大的解释力，其有效性在不同的研究中均得到了证实。

9.1.4　基于心流体验理论的用户忠诚模型

（1）理论发展

"心流（Flow）"一词是积极心理学领域的专业名词，指的是一种重要的积极情绪，是由匈牙利裔美籍心理学家米哈里齐克森·米哈里（Mihaly Csikszent-mihalyi）于1975年在探究人的创造力的时候首度提出的。通过对受访者的采访和观察，他发现虽然受访者从事不同的活动，但都表达了活动顺利进行时候的

---

① 舒杰. 政府内部办公系统用户持续使用意愿影响因素研究［D］. 杭州：浙江大学，2011.

② 刘勃勃，左美云，刘满成. 基于期望确认理论的老年人互联网应用持续使用实证分析［J］. 管理评论，2012，24（5）：89-101.

一种非常相似的经历——全神贯注投入其中，情绪兴奋而达到忘我和忽略时间和周围事物的状态。由于这种状态就像水流一样，因此米哈里齐克森·米哈里称这种情绪体验为"流"，并对其进行定义。

心流本身是一种积极的情绪体验，身处其中的人们会感受到高效、兴奋、充实。经过后续多位学者多年的深入研究，逐渐形成心流理论（Flow Theory）和各种模型①。

（2）理论内涵

基于心流体验理论（Flow Theory）的用户忠诚模型正是基于心流体验而产生的。心流较早就被人们感知到，这里的定义是指一种将个人注意力完全投注在某种活动上的感觉；心流产生时同时会有高度的兴奋感及充实感等正向情绪。当人们处于心流状态，可能会出现以下四个特征。

①自动运转：事情做起来顺手不需多加思考，身体自动发挥。

②时间流逝：觉得时间过得特别快。

③不觉他物：专注投入事物之中，导致不易察觉像是饥饿、手机震动等感觉与刺激。

④感到愉悦：在事情完成后，感受到愉悦、满足、成就感等正向情绪。

在任意给定时刻，每个人能注意的信息是有限的，并且除天生的体内感觉（如饥饿、疼痛等）外，人们能够自主决定如何分配自己的注意力。但在心流状态，人完全沉浸在手头的任务上，没有多余的可分配注意力，因而失去了对其他事物（如时间、人、分心的事，甚至基本身体需要等）的感知。因此，该状态被称为"最佳体验"状态，沉浸其中的人可以从中获得极大的满足。通过提升感知有用性、互动性、娱乐性和涉入度四个因素，可以促进心流体验出现，使用户黏性增强。该模型可以用如下的框图进行表示。

---

① Csikszentmihalyi, Mihaly. *Beyond boredom and anxiety*［M］. Bass：Jossey-Bass，2000.

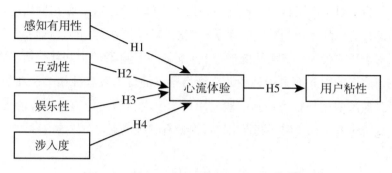

图9-4 基于心流体验理论的用户忠诚模型

（3）国内研究现状与应用

目前，学界对于心流理论应用的研究主要集中于促进学习效果提升和增强用户体验两个方面。而对于学习效果的影响主要集中于对英语这一学科学习效果的提升，李凤荣通过分析体验式大学英语教学过程中心流的产生过程，深入探讨心流体验对英语学习能力的提高机理后发现，在英语教学中，可以通过情境体验、教学参与、学用交互等方式产生心流体验，进而促进能力的提升。[1] 马宁在高中生物实践课中的基于项目学习的教育游戏设计与开发研究中，也通过心流理论实现角色和情节的融合，让学生能够更好地获得用户体验。[2] 闫晶在企业微信营销的问卷研究中发现，微信用户感知平台质量、信任、整体满意对持续使用意愿和用户黏性均产生影响，心流体验对整体满意会产生影响但并不直接影响持续使用意愿。[3] 在实际应用中，不同研究人员也常常将心流理论模型与其余相关理论模型结合使用，以获得对于用户行为更好的刻画。

9.2 用户个体使用行为

随着在线社交网络的快速发展和在线用户的快速增长，促使以交友、信息共享为主要目标的社交网络成为信息传递、商品推荐、观点表达和影响力产生

---

① 李凤荣，刘勃含. 心流理论体验式教学对英语语言能力培养的作用 [J]. 现代营销（学苑版），2012（07）：317.

② 马宁. 基于项目学习的教育游戏设计与开发 [D]. 长春：东北师范大学，2018.

③ 闫晶. 企业微信营销的用户黏性影响因素研究 [D]. 长春：吉林大学，2016.

的理想平台。对于不同类型的社交网络技术、服务和应用，使用网络的用户选择合适的行为以满足他们社交、娱乐和获取信息的不同需求。目前，学界普遍认为，对于用户行为的定义是指基于个人需求、社会影响力和社交网络技术等影响用户意愿的因素而采用某种社交网络服务的行为及各种相关活动的总和。其中较为典型的用户行为包括一般使用行为、内容创建行为和内容消费行为。因此，这也是基于社交网络进行用户行为分析时应该主要关注的内容。

9.2.1　一般使用行为

用户可以在社交网络上执行各种各样的操作，如浏览、点击、分享/转发、关注、点赞、收藏等。不同类型的社交网站所涉及的活动不同，贝内维努托（Benevenuto）曾对 Orkut 用户的一般使用行为进行研究，Orkut 是 Google 推出的社交服务网络，它是一个在线社区，其主要目的是让社交生活变得更加生动，此社交网络不但可以帮助用户通过图片和留言来保持现有的社交关系，而且帮助用户与素未谋面的人建立新的社交圈。基于 Orkut，一般使用行为可以分为以下几种。①

①浏览：这通常是用户最广泛使用的行为，根据有关调查显示，所占比例可以达到 90% 以上。

②关注：对于某个话题或者用户的关注。

③点赞：对于用户发表的内容的支持态度。

④收藏：可以收藏自己感兴趣的内容。

⑤搜索：一般通过设置搜索框，允许使用者看到社交网站上其余用户的个人简介、主页等详细信息。

⑥发送消息或私信：这是一种私有通信方式，默认情况下任何人可以彼此间发送私信，但一般用户可以通过设置选项选择是否接收陌生人私信或收到私信后是否提醒等设置。

⑦评论：用户可以在自己可见的分享链接后添加自己的评论，评论的形式为文字或图片，该评论一般是对所有用户可见。

⑧推荐信：只能由用户的朋友撰写，默认情况下为任何人都可以查看，用户可以通过设置选项将查看权限设置为仅好友可见。

---

① Benevenuto F, Rodrigues T, Cha M, et al. *Characterizing User Behavior in Online Social Networks* [M]. New York, ACM, 2009.

⑨分享：用户可以分享的类型包括文字、照片和视频，默认情况下为任何人都可以查看和评论。

⑩主页管理和好友管理：主页中包含用户最近发布的一些消息集合、用户的关注列表和好友列表，有时也会显示最近访问者列表。默认情况下为任何人都可以查看，用户可以通过设置选项进行查看权限的设置。

⑪社区：任何注册用户，在满足要求的情况下，均可建立讨论社区。社区可以看作针对一个主题或者话题的讨论区域，该主题或话题本身可以涉及提问、游戏等多个方面的内容。用户加入或退出社区是自由的。

9.2.2 内容创建行为

用户在社交网络通过写博客、微博、发帖、评论等行为生产内容。对内容创建行为的研究主要关注于创建内容的动机、创建内容时的主题选择偏好以及内容创建时的语言表述等。有调查显示，在社交网络的所有应用行为中，位居前三位的分别是"记录自己的生活状态""发布自己的观点和评论"和"回复他人的留言"。社交网络以人为本，丰富的用户生产内容（UGC，User-generated Content）不仅是社交网络中信息的主要组成部分，还可以通过用户之间的交互行为得以传播。从广义上讲，社群是由一个处于较小地理范围内或频繁交互的人群组成的群体，可以被分为现实社群和虚拟社群①。社交网络因其自身的特性，成为虚拟社群的载体。虚拟社群中的成员往往是由具有共同的话题或者相似的兴趣偏好而组成的群体，为了探究群体用户之间的关系，主流学者从主体入手，研究群体用户的内容创建行为。一般而言，是采用 LDA 主体模型，对用户的微博内容信息进行挖掘和分析，结果表明，在微博用户语料库比较大的情况下，能够得到较为准确的热点主题分布。

9.2.3 内容消费行为

用户在使用社交网络中通过浏览、分享和评论来满足其社交需求。内容消费行为可以按照不同的维度进行划分。

（1）按照信息传递到用户的方式划分，社交网络内容的消费可分为主动消

---

① Germonprez M. HovorkaD. S. Member engagement within digitally enabled social network communities：new methodological considerations ［J］. *Information System Journal*，2013，23（6）：525-549.

费和被动消费。

①被动消费，即"浏览"，有研究表明，社交网络中高达92%的行为都是浏览行为；

②主动消费，即"社交搜索"，如搜索朋友的信息以及向社交圈内好友提问等等。

（2）按照消费的形式来划分，可将内容消费划分为基于导航的消费、基于个性化推荐的消费和基于SNS（Social Networking Services）属性的信息消费。

①基于导航的消费：如常见的官方号，这类账号往往有专业运营保证内容的质量，并通过色彩、交互、路径跳转、图文等运营策略来保证效果。监控效果时，可以参考的指标通常有用户量、访问量、业务指标（下单量、业务漏斗转化率、浏览量）等。

②基于个性化推荐的消费：首先利用大数据技术构建海量内容库和搜索引擎，通过垂直领域的、草根级的大V和PGC（Professionally-generated Content，专业生产内容）来保证内容新鲜度，进而提升内容品类的质与量。同时，在推荐算法上，也会在传统的搜索推荐中加入用户互动部分，充分利用用户属性和行为，进行二次推荐。目前，此种形态的消费已经逐渐成为主流。

③基于SNS（Social Networking Services）属性的信息消费：社交是更高级的内容消费形态，可以在原有基础上实现几何式增长。通过添加社交元素，如分享、评论和点赞等方式，可强化与用户的互动，加之在运营层面的引导，即可实现沉淀流量和外部回流。监控效果时，可以参考的指标通常有留存率、评论数、分享率、回流独立访客（UV，Unique Visitor）/访问量（PV，Page View）等。基于SNS的内容消费关键在于内容的质量，内容的表现形式也从文字向图片、视频过渡，加之VR等技术手段的应用，此种形态的消费日趋生动，生产和传播效率也逐渐提高。

9.3 用户群体互动行为

社交网络中的用户行为分析可以按照研究对象所包含用户数量的大小划分为用户个体行为和用户群体行为。前文中，我们对用户个体行为进行了划分和阐释，本部分我们主要探究用户群体互动行为的一些特征。用户群体互动行为指的是由某种条件激发，之后多个个体加入一个群体中并彼此产生行为交互①（如共享信息），以达到某种程度的一致，从而表现出一种群体行为。② 网络群体的互动行为可以分为三类——个人与个人、个人与群体、群体与群体的互动，互动的主要方式是网民以网络作为媒介，通过信息传播而产生的相互影响的社会交流活动。

9.3.1　群体互动关系

群体互动的主体是两个或者两个以上的人或者群体，可以是发生在个体之间或者群体之间，并且在群体的内部也会有不同层次的社会互动。网络互动的关系可以看作现实社会互动在互联网环境下的扩展和延伸，与传统的群体互动有区别又有联系。群体互动的形态是丰富多样的，从互动关系的不同角度来看，可以划分为不同的互动类型。

（1）按照互动主体不同进行划分

群体互动的主体可大致分为个人和社会群体，因此可以按照互动主体不同，将群体互动分为人际互动和群际互动。人际互动的主体是个人，大多数情况下双方是一对一、直接完成互动。群际互动是群体与群体之间展开，目的性和意识性往往较为强烈，但实际互动也是通过群体成员之间的互动来实现的。例如，在社交网络中，因为对某一个话题看法不同而产生的不同群体成员之间，会通过发帖或回复的方式进行互动。

（2）按照信息流向不同进行划分

人们参与社交网络活动往往有不同的目的，按照互动的利益关系，可以将群体互动划分为单向互动和双向互动。单向互动的主要目的是获取信息，参与其中的用户通过单向接受或者浏览信息，完成信息的获取过程。例如，在不同推荐算法下，网民按照自身的需求选择浏览符合自己需求的资讯。双向互动不仅要求网民接收互动信息，还需要主动反馈表达自己的观点。

---

① 张锡哲，吕天阳，张斌．基于服务交互行为的复杂服务协同网络建模［J］．软件学报，2016，27（2）：231-246.

② FANG B，XU J，LI J，et al. Online social network analysis［J］．*Publishing House of Electronics Industry*，2015，30（2）：187-199.

（3）按照时效性不同进行划分

网民互动以互联网作为载体，因此可以突破时间和空间的束缚，使双方无须在同一时间同一地点完成互动。根据时效性的不同，可以将互动划分为实时互动和异步互动。实时互动多指基于在线聊天、即时通信软件为载体的互动，网民可以实现一对一、一对多和多对多的群体互动行为。异步互动主要指的是网民彼此间互动存在延时，以论坛、博客、电子邮件等方式进行的互动。

9.3.2 群体互动内容

参与互动的主体需要对互动行为中所传递信息的含义有充分的了解，即传递的信息必须是各方达成共识的语言或者非语言符号。基于互动，可以实现表达某种特定含义和价值的功能，也可以实现双方的理解和认同。群体互动是一个相互作用和相互影响的过程，互动双方通过信息传递自己的观点，并在接收和解读对方信息的基础上，不断进行自我调节，使互动主体之间的关系产生变化。这种变化的方向可以是更为友善的，如更加亲密、信任；也可以向着反方向发展，如不信任、冲突和矛盾等。

随着互联网技术的发展，许多社会互动是在互联网的基础之上实现的，如信息交流、交友、交易、表达等。鉴于互联网的匿名性、自由性、去中心化和跨时空等特点，网络群体互动内容呈现出以下特点：

（1）互动内容与互动的社会属性关联较弱。在网络互动中，人们关注的焦点是互动过程中传递的信息。而信息主要是通过网络符号完成传递，在互联网背景下，较少涉及传递信息的主体的年龄、性别、社会地位、外貌等社会属性。

（2）互动符号多样化、网络化。与传统的面对面交流相比，网络群体互动除使用语言符号外，还可以采用表情、音调、手势等非语言符号进行表达。而这些互动符号往往通过网络化的符号传递信息，在形式上也呈现出多元化的特点，可以利用文字、图片、声音、视频等多种方式实现互动交流。

9.3.3 群体互动周期

生物体都有自己的生命周期，企业和社会组织的发展也不例外。在研究群体互动的时间规律时，可以借鉴生命周期理论已有的研究成果，将网络群体互动周期划分为不同的阶段，逐一探究其特点及影响因素。群体互动的生命周期是指网络群体从诞生到消亡的过程。大致可以从群体规模、群体目标、成员结构、群体规范等角度，将群体互动的周期分为萌芽期、成长期、成熟期和衰退期四个阶段。

（1）萌芽期：群体互动的初期来源于参与互动主体有着共同的目的或爱好，自发而产生聚集的趋势。当群体数量达到一定规模时，网民之间的互动会逐渐频繁，群体意识也逐步形成。处于此时期的群体规模相对较小，成员之间的关系比较简单，群体目标和群体规范尚未形成，群体成员对群体的"忠诚度"较低，因而较为脆弱。

（2）成长期：度过了艰难的萌芽期，群体互动在成长期呈现快速扩张的趋势。此阶段群体成员数量增长最快，规模不断扩大，群体结构日趋完善，群体边界也逐渐清晰，群体目标和群体规范逐渐形成。此时群体成员具有较为强烈的归属感和责任感，成员之间的互动也向着复杂化和多元化的方向发展。此时的群体充满活力，对内对外都呈现出频繁的交流趋势。

（3）成熟期：此阶段的网络群体在各方面都达到一个相对稳定的状态，群体规模达到顶峰并维持在一个相对稳定的状态；群体目标和群体规范也逐渐清晰明确，并在群体成员的选择下得到认同和固定下来；群体成员形成强烈的归属感，彼此之间的交流也会增多。互联网技术发展程度的提升会促进网络群体进入成熟期。

（4）衰退期：网络群体如果不能在成熟期维持稳定，就会步入此阶段。如果无法控制衰退期的发展，网络群体将会逐渐走向消亡。此时，群体的目标对群体成员的吸引力下降，导致群体成员逐渐沉默或者退出群体。衰退期也并非意味着群体即将面临消亡和解散，也可能在变化中寻找到新的群体目标，重新焕发生机。

9.4 实例

9.4.1 微博营销中融合行为分析的重要用户发现方法

用户活跃度、用户忠诚度以及用户影响力等因素是影响重要用户发现的关键因素。冯勇团队在充分考虑这些影响因素的基础上，提出了一种重要用户发现方法。该方法的主要思想是以原始的 PageRank 计算模型为基础，形成以用户为节点、关注关系为有向边的有向图，将微博营销所涉及的用户活跃度、用户忠诚度以及用户影响力三方面因素整合进计算模型，使新的计算模型能够按照每个用户的权重大小分配重要度。即首先求得用户活跃度、用户忠诚度以及用户影响力的权重，之后对以上权重进行求和得到整合后的权重，再利用此权重对用户的概率转移矩阵进行加权，得到加权后的概率转移矩阵，之后利用矩阵迭代得到最终的用户重要度排名。具体方法如图9-5所示。

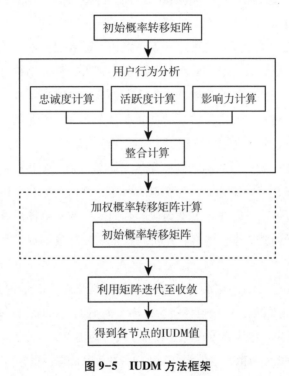

图 9-5　IUDM 方法框架

9.4.2　社交网络水军用户的动态行为分析及在线检测

利用社交网络用户的静态行为特征识别水军用户，无法检测水军用户的动态行为且难以应用于在线检测的环境中。李岩等学者在重新构建社交网络用户的动态行为特征下，结合社交网络用户的动静态行为特征以及半监督学习模型，分析正常用户和水军用户的差异，建立在线社交网络水军检测模型，模型结构如图9-6所示。

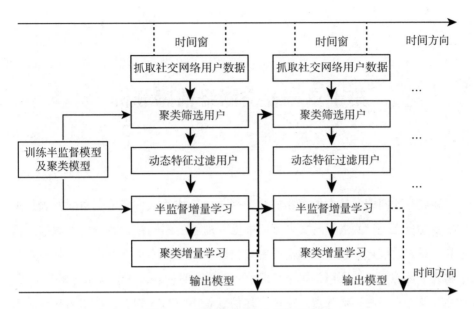

图 9-6　在线社交网络水军检测模型

该模型在初始阶段通过标记用户的静态行为特征训练半监督模型和聚类模型，对于每个时间窗抓取的未标记用户数据，先使用用户的静态行为特征聚类以剔除离群或噪声数据，再计算用户的动态行为特征过滤数据，通过筛选用户数据，将其静态行为特征放入半监督学习器中进行增量学习。若半监督学习器性能下降，则放弃本次学习；若半监督学习器性能提升，则将增量学习过程学到的标签与对应特征放入聚类模型进行增量学习，不断循环此训练过程。

在每个时间窗训练期结束后，将半监督模型输出以供其他系统调用。通过聚类以及动态行为的过滤筛选，使半监督学习器能够充分利用最有价值的未标记用户数据学习，且基于增量训练适应在线检测环境，通过聚类模型增量学习最有价值的用户数据，使其能够适应下一时间窗数据的变化和分布。

第十章　社交网络情感分析

随着互联网相关技术的不断进步，网络已经成为人们获取信息、发表意见的主要途径之一。网络中的文本可以根据其内容的不同被大致分为客观描述信息和主观表达信息。客观描述信息主要指的是一些事实类文本，是对某一客观事物或事件的描述性文档，如操作指南、产品说明书等，一般指陈述相关事实，不会涉及主观的情感或观点。主观表达信息是用户对人物、事件或某一产品的主观感受，如评论。相对于客观描述信息而言，主观表达信息文本较为灵活，表达方式多样，具有非结构化、信息量丰富的特点，主要表达用户的各种情感色彩和倾向，如"支持""反对""中立"等。通过数据挖掘技术，深入挖掘主观表达信息中的情感信息，对于分析和了解社交网络具有重要意义。因此，本章从情感分析技术入手，探究社交网络情感分析相关技术及其在不同场景下的应用。

10.1　文本情感分析技术

文本情感分析，即文本意见挖掘，主要是对文本中可能包含的情感信息、观点、意见等要素进行挖掘、分析、归纳、总结，最后获得整个文本的情感倾向。随着自然语言处理技术的不断发展，文本情感分析日益受到人们的重视。从研究粒度上看，现有情感分析大致被分为词语级、短语级、句子级和文档级四个部分。目前，学者对文本情感进行分析的时候，主要采取的方法有三种：一类是基于语义规则的情感分析方法，该方法主要依赖于特定的语义规则，构造情感词典进行情感分析；第二类是基于监督学习的情感分析方法，这类方法首先通过人工标注文本情感的极性，然后将此作为训练集，通过机器学习（朴素贝叶斯，支持向量机、最大熵等）的方法对目标文本进行情感分类；最后一类为基于话题模型的情感分析方法。本部分将逐一展开介绍。

10.1.1　基于语义规则的情感分析方法

（1）语义分析法

基于语义的方法需要先对文本进行处理，找到文本中所包含的情感词，根据规则为情感词赋予情感权重值，构造情感词典，最终通过加权求和的方法得出一个句子或整个文本的情感值。基于语义规则的分析技术是计算评价词和情感词典中已经标注倾向性词语的距离，从而达到情感分类的目的。

目前，最经典的算法是情感倾向点互信息算法（SO-PMI，Semantic Orientation Pointwise Mutual Information）。该算法的基本思想是通过计算词语之间的语义相似度来判断情感倾向：当词语在文本中的共现率越高，二者之间的语义相似度就越高，关系也越密切。具体的实现过程：选用一组褒义词（Pwords）和一组贬义词（Nwords）作为基准，用某一词语分别与褒义词组、贬义词组的点间互信息之差作为判断该词语情感倾向的依据。计算公式如下：

$$SO - PMI(Word) = \sum_{pword \in Pwords} PMI(word, pword) - \sum_{nword \in Nwords} PMI(word, nword)$$

（式10-1）

上式中，$Pwords$ 为正向基准词组，$Nwords$ 为负向基准词组，$word$ 为候选词，$pword$ 为正向基准词组中的一个褒义词，$nword$ 为负向基准词组中的一个贬义词。

当 $SO - PMI(word) > 0$ 时，为正面倾向，该词语为褒义词。

当 $SO - PMI(word) = 0$ 时，为中性倾向，该词语为中性词。

当 $SO - PMI(word) < 0$ 时，为负面倾向，该词语为贬义词。

（2）情感词典

在基于语义的方法进行文本情感分析的研究中，情感词典是整个研究工作的基础。文本情感分析的效果与情感词典是否合适、准确及其覆盖范围相关。一个情感词典是由具有情感倾向的情感词构成的。

①情感词：情感词带有情感色彩，传递情感信息，一般分为正向情感词（褒义词）和负向情感词（贬义词）两类。常见的包含正向情感的情感词如快乐、开心、兴高采烈、满足，包含负向情感的情感词如悲伤、绝望、闷闷不乐

等。情感词可以为形容词（最常见）、名词、副词或者短语。一般而言，通过情感词可以直接判断出文本的情感倾向。

②情感倾向：情感倾向描述的是主体对某一客体的感情偏离程度，可以按照方向性划分为正向、负向、中性；也可以按照倾向的强度不同划分不同的等级。文本情感分析中的情感倾向被认为是对于主题态度、观点的一种判断。

（3）研究现状

早在 1997 年，里洛夫（Riloffe）等人就基于部分语料，构建了简单的词义词典。[①] 近年来，很多学者已经建立一些通用情感词典，如 General Inquirer,[②] SentiWordNet,[③] 基于知网的情感词典等，这些词典往往以手工或半自动化的方式生成，其规模和领域适应性受到限制。此外，有些情感词在不同领域中具有的情感倾向不同，甚至在同一领域中，修饰不同产品的时候也会具有不同的情感倾向。为了解决此问题，郗亚辉提出了一种两阶段的领域情感词典构建方法，首先利用情感间的点互信息和上下文约束关系，使用基于约束的标签传播算法构造一个基本的情感词典；第二阶段利用情感冲突的频率来识别领域相关情感词，完善已有情感词典。该方法在实际产品评论数据集上取得了较好的效果。[④]

由于通用领域的情感词典无法准确迁移到不同领域，准确描述特定领域的情感倾向。因此，构建领域情感词典和如何全自动或半自动地构建情感词典成为近年来的研究热点。

10.1.2 基于监督学习的情感分析方法

（1）监督学习方法

监督学习（supervised learning）的任务是学习一个模型，使模型能够对任意给定的输入，对应给出一个较好的输出预测。每个具体输入的实例通常用特征

① Riloff E, Shepherd J. A Corpus – Based Approach for Building Semantic Lexicons ［J］. *Computer Science*, 1997：117-124.

② P Stone, D dunphy, M Smith, et al. *The General Inquirer：A Computer Approach to Content Analysis* ［M］. Cambridge：MIT Press, 1966.

③ S Baccianella, A Esuli, F Sebastian. SENTIWORDNET3.0：An Enhanced Lexical Resource for Sentiment Analysis and Opinion Minning ［C］. //Proceedings of the Seventh Conference on International Language Resources and Evaluation, 2010：2200-2204.

④ 郗亚辉. 产品评论中领域情感词典的构建 ［J］. 中文信息学报, 2016, 30（05）：136-144.

向量进行表示。基于监督学习的方法首先通过人工标注文本的情感极性，然后将此作为训练集，通过机器学习的方法对目标文本进行情感分类。常用方法有朴素贝叶斯（Naïve Bayes，NB）、支持向量机（Support Vector Machine，SVM）、最大熵（Maximum Entropy，MaxEnt）等。在众多的文本情感分析方法中，基于监督学习的方法是目前最具代表性，同时是最成功的一种方法。然而，此种方法在处理情感的歧义性、组合性和隐含性等方面却存在或多或少的不足。

早期基于监督的机器学习方法主要关注词语级、句子级和文档级的情感倾向分析，采用的特征主要有 Unigram、Bigram、Bag-of-Words 等词语特征，在不同的领域取得了不同的研究成果。但是，由于自然语言具有灵活性和复杂性的特点，基于词语特征的情感分析存在歧义性问题。比如，"苹果手机的性能比较高，但是价格也比较高"这句话中，重点想表达的意思应该为"但是"之后的部分，前一个"高"是对于产品性能描述的积极词汇，后一个"高"是对于产品价格描述的消极词汇，综合来看，整个句子的倾向性应该为消极。但当句子中短语的顺序发生改变，即变为"苹果手机的价格比较高，但是性能也比较高"，新句子的倾向性变为积极。

针对这类问题，学界和产业界的研究者给出了改进方案。比如，在词语级特征的基础上，混合短语级特征进行综合判断；构造相反极性短语的情感组合词典分析相反极性短语的规律，最后用有监督学习方法判断出情感倾向等。各级文本情感分析实例如表 10-1 所示。

表 10-1　各级文本情感分析实例

粒度	实例
词语级	给力、精彩、赞
短语级	性价比高、经济实惠、物美价廉
句子级	配置顶级，不解释，手机需要的各个方面都很完美。
文档级	院线看电影这么多年以来，这是我第一次看电影睡了。简直是史上最大烂片！没有之一！侮辱智商！大家小心警惕！千万不要上当！再也不要看了！

（2）分类器

分类是数据挖掘中常用的一种非常重要的方法。从人工智能的角度看，文本情感分析是一个分类问题，即利用某种算法在训练数据上进行学习，得到相应的规则或模型（分类器），然后利用该分类器对测试数据进行分类，对于给定的文档或句子，根据事先学习的规则进行情感倾向性判断。

我们通常所属的分类器（Classifier）指的是一个分类模型或分类函数，该函数或模型能够把数据按照一定的规则映射到某个已知类别中，从而在数据预测中得到应用。总而言之，分类器是数据挖掘中对于样本进行分类的方法的统称，包含决策树、逻辑回归、朴素贝叶斯、神经网络等算法。

以决策树分类器为例，决策树是一种从无次序、无规则的样本数据集（训练集）中推理出其表示形式的分类规则方法。它采用自顶向下的递归方式，在决策树的内部节点进行属性值的比较并根据不同的属性值判断从该节点向下的分支，最终在决策树的叶节点处得到结论。因此，从根节点到叶节点的一条路径就对应着一组规则表达式，整棵决策树就对应着一组表达式规则。决策树方法示意图如图 10-1 所示。

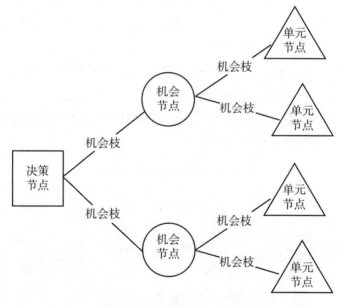

图 10-1　决策树方法示意图

（3）研究现状

Pang 是比较早利用监督及其学习的方法对评论进行情感分类的学者。他提取 uinigram、bigram、词性信息和位置作为特征，采用朴素贝叶斯分类器、最大熵分类器和支持向量机三种算法实现的对评论的分类①。Yu 面向句子级的主观分析分类中，采用 uinigram、bigram、trigram、POStag 和情感倾向性词汇数量等特征，使用基于朴素贝叶斯模型和多朴素贝叶斯模型实现分类②。Choi 提出一种基于组合语义学的子句情感分类方法，首先对子句表达式成分的极性进行评估，然后递归运用一套相对简单的逻辑推理规则表达式，将其作为启发式规则进行学习③。张磊在研究篇幅较长的长文本情感分析时，对比分析了基于情感词典和基于机器学习方法对简单句进行情感分析的差异，提出了一种基于条件随机场的长文本情感分析算法。通过条件随机场算法（Conditional Random Field Algorithm）提取核心句并计算相应的情感权值，利用权值合成算法来预测最终的情感倾向性④。总体来看，基于监督学习的方法在句子级情感分析预测中取得了较好的效果。

10.1.3 基于话题模型的情感分析方法

（1）话题模型

基于话题模型的情感分析方法主要针对文档级的文本。一般常用的话题模型有两个：PLSA（Probabilistic Latent Semantic Analysis）模型和 LDA（Latent Dirichlet Allocation）模型。话题模型能够实现从大规模、离散数据集里自动提取隐含语义信息的生成概率模型，在文本分类、图像分类、热点事件监控、自动文摘、推荐系统等领域获得广泛应用。

LDA 主题模型是一种基于贝叶斯概率的文档主题生成模型，基本思想是假设语料库中有若干个独立的隐含主题，根据这些主题的概率分布生成语料库各文档中的全部词语，从而将文档理解成特定隐含主题的分布。因此，它可以用来识别语料库中潜藏的主题信息，并提取其中的主题词。该模型包含三层结

① Bo Pang, Lillian Lee. Shivakumar Vaithyanathan：Thumbs up? sentiment classification using machine learning techniques ［C］. Proceedings of the Conference on Empirical Methods in Natural Language Processing，2002：79-86.

② HongYu and Vasileios Hatzivassiloglou. Towards Answering Opinion Questions：Separating Facts from Opinions and Identifying the Polarity of Opinion Sentences ［C］. Proceedings of the 2003 Conference on Empirical Methods in Natural Language Processing（EMNLP-03），2003.

③ Yejin Choi，Claire Cardie. Learning with Compositional Semantics as Structural Inference for Subsentential Sentiment Analysis ［C］. Proceedings of the 2008 Conference on Empirical Methods in Natural Language Processing（EMNLP），Honolulu，Hawaii USA，2008：793-801.

④ 张磊. 基于机器学习的情感分析方法研究 ［D］. 成都：电子科技大学，2018.

构——文档、主题和词，文档到主题服从多项式分布，主题到词服从多项式分布。使用该主题模型可以克服基于传统向量空间模型（Vector Space Model，VSM）建模时文本位数过高且极度稀疏、忽略文本语义信息等缺陷，其基本流程如图 10-2 所示①。

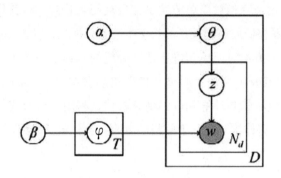

图 10-2　LDA 主题模型

其中，φ 表示词的分布，θ 表示主题的分布，α 是主题分布 θ 的先验分布（即 *Dirichlet* 分布），β 是词分布 φ 的先验分布参数，z 表示模型生成的主题，w 表示模型最终生成的词，Nd 表示文献的单词总数，D 表示文献总数。最终模型输出为 K 个主题，每个主题下均有 W 个主题词及其对应的概率。

（2）研究现状

由于传统的监督学习模型在语料库的获取以及跨领域的情感分析方面存在一定的缺陷，因此学者通过扩展 LDA 话题模型来提高情感分析的效果。Lin 通过在文档和主题层之间构建一个情绪层，构造了一个情感—主题联合模型（Joint Sentiment-Topic Model，JST）来实现主题间相关情感信息的发现②。孙艳提出的主题情感统一模型（Aspect and Sentiment Unification Model，ASUM）关注于句子级情感分类，将文本句子作为情感分析作为分析的最小单位，进一步细化了情感信息的表达粒度③。在领域情感分析中，陈永恒等学者提出了一种基于主题种子词的情感分析模型，该模型可以自动构建领域主题的种子词，在此基

① Borgatti S P，Everett M G，Freeman L C. UCINET［A］//Alhajj R，Rokne J. *Encyclopedia of Social Network Analysis & Minning*［M］. 2014：2261-2267.

② Lin C，He Y，Everson R，et al. Weakly supervised joint sentiment-topic detection from text［J］. *IEEE Transactions on Knowledge and Data Engineering*，2012，24（6）：1134-1145.

③ 孙艳，周学广，付伟. 基于主题情感混合模型的无监督文本情感分析［J］. 北京大学学报（自然科学版），2013，49（01）：102-108.

础上通过监督学习，利用主题种子词监督的情感分析模型（SAA_ SSW）可实现主题及其关联情感的联合发现。实验结果表明，该模型能够较好地完成情感主题发现，并且具有较高的分类精度①。

LDA 模型作为一种对文本信息进行语义抽取的主题模型，为科研人员进行文本主题挖掘提供了一种新方法。该模型本身存在一定的不足，因此学术界从词汇、主题演化、主题层次、情感分析、短文本、标签、比较性文本挖掘等方面对元模型进行扩展，并在主题探索、推荐系统、预测系统、文本过滤和图像处理等方面得到广泛应用。

10.2 社交网络情感分析技术

互联网的飞速发展带来了社交网络的繁荣，各种各样的社交网络平台每日产生数量巨大的信息，这些信息正以爆炸式的速度增长，如何有效地获取、保存和利用这些信息是当今大数据时代的重要课题。由于社交网络自身的独特性，使社交网络情感分析与传统的情感分析相比，会面临一些新的挑战和新的视角，如海量的数据对情感分析算法的影响。由此也催生了一些针对社交网络进行情感分析的技术，这些技术关注于海量、短小文本的处理，社交网络中群体间相互作用，关于社交网络中垃圾用户和垃圾意见的垃圾数据处理等方面。本部分将聚焦于社交网络情感分析所采用的相关技术。

10.2.1 面向短文本的情感分析技术

在互联网时代的海量信息中，用户在各种社交网络平台中发布的信息增长尤为迅速，这些社交网络中的信息文本较短、用户语言较为随意、文本语法不规则，充斥着大量噪声，一般被统称为"短文本"，具有代表性的短文本有微博、商品评论、论坛帖子等。短文本的出现给传统的情感分析工作带来许多机遇与挑战，如何充分利用短文本丰富的信息量、广阔的维度等特殊性，有效地从中分析出情感的倾向性成为一个研究热点。

---

① 陈永恒，左万利，林耀进. 基于主题种子词的情感分析方法［J］. 计算机应用，2015，35（09）：2560-2564，2615.

（1）商品评论情感分析

传统的情感分析工作通常在文档粒度（document-based granularity）或者句子粒度（sentence-based granularity）下进行，将文档或者句子作为最小评价单位进行情感倾向性抽取。但在商品评论中，用户对于某个商品的评价可能会涉及多个维度，如外观、质量、价格、物流等。如果仍然将一条商品评论文本作为一个最小评价单位进行情感倾向性分析，显然不适用于挖掘用户对于商品不同属性的评价，因此传统的情感分析方法不适用于此种场景。例如，商品评论文本"宝贝物美价廉，性价比很高，就是物流太慢了！"用户对于商品的外观和质量持有褒义评价，而对于物流持贬义评价。面对挑战，郑立洲从商品评论的特殊性入手，提出了多维度情感分析方法。首先，对每一个句子中的情感评价单元进行识别，再以情感评价单元作为最小单位进行情感分析。具体来说，就是将商品评论长句进行切分，将每个切分后的短句映射到对应的商品维度中，间接实现情感评价单元的抽取。在真实电子商务网站用户商品评论数据集上的实验证明了该分析框架的有效性①。

（2）新浪微博情感分析

微博作为信息技术飞速发展的新产品，受到了数以亿计用户的青睐。从海外的 Twitter、Facebook 等平台，到国内的新浪微博、搜狐微博、网易微博等，都实现短时间内微博服务用户规模的扩大。通过对微博用户的评论进行分析，可以全面挖掘舆情信息和用户兴趣等多方面内容，在用户评论分析与决策、舆情监控、信息预测等领域。我国的微博领域情感分析主要集中在新浪微博数据集上，此类数据通常具有不同于传统长文本的特点。主要包括以下内容。

①数据不完整：微博文本通常只有一个句子或短语，长度在 140 个字符以内。

②表达不规范：微博文本的表达方式多为口头形式，经常出现一些拼写错误，并且常常会包含单词、表情符号和 URL 链接。

③实时性强：微博形式简洁，通常只需要几句话、照片或者视频即可发布，无须审批，因此任何新闻或事件都可以在微博中形成热门话题。

④标点符号用途广泛：微博中的标点一般具有两种用途，一种是符合日常

---

① Lizhou Zheng, Peiquan Jin, Jie Zhao, et al. Multi-dimensional Sentiment Analysis for Large-Scale E-commerce Reviews [J]. *The 25th International Conference on Database and Expert Systems Applications*, 2014：449-463.

用语的标点符号；另一种非标准的标点符号的使用，如多个问号"????"或多个标点符号的连用往往表达了微博用户的强烈情绪。

⑤频繁出现新词汇：微博的大部分文本都是生动形象，多运用日常口语表达，常常有来自电影、热点和某社会现象下的新词汇产生并融入微博文本中，用来表达情感。例如，"双击666"可以表示支持、称赞等积极的情感倾向。

新浪微博情感分析主要采用的方法有基于规则的方法和基于机器学习的方法。国内不同学者从不同的维度入手展开对新浪微博的情感分析。王文凯在卷积神经网络的输出端融入树型的长短期记忆神经网络（LSTM），利用句子结构特征加强深层语义学习，进而构造出一种微博情感分析模型（Att-CTL），并通过实验验证了该模型的有效性①。邓佩提出了一种基于转移变量的图文融合微博情感分析方法，该方法将图片影响因素、特殊符号信息以及上下文信息等影响因素考虑其中，在测试数据集上得到了较高的准确率，能够更准确地预测微博情感倾向②。常曹育在统计情感词的基础上，结合情感影响因子和语义规则，加入表情特征，优化文本情感加权计算方法，通过实验分析，验证了此种方法在提高情感判断准确率上是有效的③。

从近年来的研究成果上看，文本与图片等用户数据相结合的研究方法将成为未来研究的热点。与此同时，深度学习作为机器学习中的一个新领域，会随着计算能力的不断提升和数据量的不断增加，在自动抽取情绪特征、减少人工标记工作等方面发挥重要作用。

10.2.2　基于群体智能的情感分析技术

（1）群体智能理论

群体智能起源于对社会性昆虫和哺乳动物的觅食群体行为研究，最早被用于描述细胞机器人系统。1991年，意大利学者多里戈（Dorigo）提出蚁群优化（Ant Colony Optimization，ACO）理论，④标志着智能群体这一理论的正式提出。

① 王文凯，王黎明，柴玉梅. 基于卷积神经网络和Tree-LSTM的微博情感分析［J］. 计算机应用研究，2019，36（05）：1371-1375.

② 邓佩，谭长庚. 基于转移变量的图文融合微博情感分析［J］. 计算机应用研究，2018，35（07）：2038-2041.

③ 常曹育，吴陈. 多层次语义规则和表情特征下的微博情感研究［J］. 信息技术，2019（03）：116-120.

④ Colorni Alberto，Dorigo Macro，Maniezzo Vittorio. Distributed optimization by ant colonies ［J］. *Proceedings of the first European conference on artificial life*，1991：134-142.

1995年，肯尼迪（Kennedy）等学者基于此提出粒子群优化算法（Particle Swarm Optimization，PSO），该理论吸引了广大学界和产业界人士的关注和研究，目前大多数研究工作都是围绕着蚁群优化算法和粒子群优化算法进行的。

用户在社交网络中表达意见会受到其社交关系的影响，情感也会沿着社交关系进行传播，因此对于社交用户之间关系的研究可以用来提高情感分析的准确度。但针对微博公众情感预测研究大多基于数学统计的方法，并没有充分考虑微博用户以及微博社交网络，基于群体智能的微博公众情感预测方法应运而生。在市场营销、政治选举和热点话题提取等领域中，转发使信息蕴含的观点、情感和事件得以迅速到达受众，庞大的微博用户社交网络和简单的社交关系使得微博信息的传播具有前所未有的深度和广度，也为公众情感的预测研究提供了基础。

（2）研究现状

在这一方面的研究，国内学者田野利用微博平台的海量博文资源，抽取出特征数据，对传统研究中比较难以量化的事件发展趋势这一社会内容进行了计算和分析，并基于样本范围内数据的趋势，建立相应模型，由此来预测范围外事件的关注度趋势和情感极性趋势①。崔安顾将微博话题标签行为作为发现微博热点事件的线索，通过标签分类发现微博热点事件，此方法不依赖于文本内容，和传统方法相比，在识别微博中的突发热点事件、流行在线话题或广告营销内容上有着较好的效果。此外，针对微博中表达情感的基本形式，提出基于情感记号（包括广义表情符号、重复标点现象、重复字母词等多种情感表达单元）的情感词典构造与情感分析方法，利用情感记号在微博文本中的同现关系，通过迭代传播方式自动构造情感词典，完成事件的情感分析②。Zhou 提出了一种无监督的标签传递算法来解决中文微博中观点目标提取的问题，从全部微博消息中提取出观点目标基于类似的微博消息可能集中于类似的观点目标，并且微博话题的识别是基于标签或者利用聚类算法，最终实验验证了其所提出框架和算法的有效性③。阿苏尔（Asur）主要利用微博信息预测电影的票房成绩，利用基于相关电影微博消息的发布速度构建的简单模型进行实验。实验结果表明，

①　田野. 基于微博平台的事件趋势分析及预测研究［D］. 武汉：武汉大学，2012.

②　崔安顾. 微博热点事件的公众情感分析研究［D］. 北京：清华大学，2013.

③　Zhou Xinjie, Wan Xianjun, Xiao Jianuo. *Collective Opinion Target Extraction in Chinese Microblogs*［M］. Seattle：EMNLP, 2013：1840–1850.

所提出的预测模型结果的有效性。并且阿苏尔进一步展示了如何利用由微博中获取的情感信息提高社交媒体的预测能力①。

现有的情感分析研究主要集中于文本信息本身，并没有充分利用用户以及其社交网络关系，因此基于群体智能的情感分析将是未来研究的重点。

10.2.3　社交网络的垃圾意见挖掘技术

随着互联网技术的高速发展，社交媒体已经从一个基于用户关系的通信工具，逐渐演变成了人们获取信息的主要渠道。随着社交媒体中信息传播主体的多元化，人人都可以是信息的制造者、传播者与接收者，也使信息可以轻易跨越国界、产业、社群等方式的限制，得到快速的传播。但近年来，社交网络信息的可信度问题受到了相当大的关注。社交网络中的不良意见，包括水军、谣言、广告等信息的扩散可能给人们的生活和社会带来严重的负面影响。社交网络的不良意见挖掘技术也成为目前比较热门的研究方向，通过对不良意见的挖掘，能够有效区分有效信息和不良信息，从而提高用户体验。

微博谣言检测识别属于可信研究的范畴，随着微博谣言泛滥以及其危害性日益严重，这使对微博谣言的研究成为互联网可信度研究热门方向之一。目前国内外对于微博谣言问题的研究，相关工作主要有两个方面：一个是微博谣言传播分析，另一个是微博谣言检测。本部分主要关注基于情感分析的微博谣言检测相关技术研究。对于微博谣言的检测，国内外已有的研究中，大多都将其看成一个二分类的有监督学习过程，其中最重要的环节就是选取有效特征，目前，研究者多关注于用户特征、文本内容特征和传播特征等浅层次的特征选取，以此建立分类器实现微博谣言的检测。对微博谣言的识别检测研究尚属于一个新兴的领域，传统的研究方法虽然已经取得了一定的成果，但是仍然有很多需要改进之处，如对评论情感倾向以及传播结构等更深层特征的挖掘。

通过观察，我们可以发现，当一个用户发布一条谣言，它的评论列表或者转发信息中包含的多是疑惑、忧虑、质疑、恐惧等负面情绪，远远多于正常信息中的比率。在充分考虑这些特征的基础上，李巍胤提出了一种将微博评论的情感倾向性特征加入微博谣言识别的特征属性之中，并将微博转发过程模拟成

---

①　Asur Sitaram，Huberman Bernardo A. *Predicting the feature with social media* [M]. Toronto：2010 IEEE/WIC/ACM International Conference on Web Intelligence and Intelligent Agent Technology，2010：492−499.

传播树结构，通过图核函数计算传播树的相似性，用一种基于情感极性的混合核支持向量机分类器（Sentiment-based hybrid kernel SVM，SHSVM）完成对微博谣言的识别。① 郭凯在情感分析技术对谣言检测的影响的基础上，提出了基于评论情感的谣言检测方法。首先对情感词汇进行汇总，将一万三千多个情感词进行分析，构建情感词汇本题库。在情感倾向分析上，将常见的正面、负面和中性词语用喜、怒、哀、乐等具体的分类标准进行划分，最终通过 SVM 分类技术，将提取到的综合特征应用到分类器模型的训练中。② 秦雨萌提出了一种基于记忆的文字蕴涵 Kterm Entailment 算法与访问外部数据相结合的方法，实现社交媒体数据流中的实时谣言检测③。

　　总而言之，目前，微博谣言自动识别与检测方向上的研究仍处于起步阶段，特别是中文环境的相关研究为数不多。该领域的学者都将谣言检测问题作为一个机器学习的分类任务进行处理，并致力于寻找有效的特征却忽略了检测的延时。无论国内外学者的研究都表明，在谣言检测方面的研究趋势在于自动化、准确高效、快速实时完成谣言检测任务。

10.3　社交网络情感分析的应用

10.3.1　商品推荐

　　推荐系统最早期是搭载于用户量较多的电商平台和其他网站之上的，用来帮助那些犹豫不决的用户确定自己的行动决策。推荐系统的本质在于挖掘用户的网络历史购买数据，将其综合分析，然后根据一定的规则将用户的个人偏好抽取出来，再以此为用户推荐商品信息。目前流行的电商平台的商品项目数量增长十分迅速，用户浏览大量的无关信息和相关产品，淹没在信息超载的漩涡中，如果不能及时找到自己需要购买的商品，无疑会造成大量的用户流失。

----

① 李巍胤. 基于情感分析的微博谣言识别模式研究［D］. 重庆：重庆大学，2016.
② 郭凯. 基于评论情感的微博谣言检测研究［D］. 大连：大连理工大学，2014.
③ Yumeng Qin, Dominik Wurzer, Victor Lavrenko, et al. Spotting Rumour via Novelty Detection［J］. *arXiv preprint*，2016：1611.

同样为解决信息超载问题，搜索引擎和推荐系统有着很大的区别。诸如 Google① 和百度等搜索引擎已经被人们广泛使用，搜索引擎的使用关键是用户必须提供搜索关键词，随后搜索引擎通过内置索引算法等给出搜索结果。搜索引擎最大的问题就在于整个搜索过程必须依赖于用户所给的关键词，如果用户不能提供准确的关键词，那么搜索引擎也难以为用户提供所需信息。而推荐系统并不需要用户提供类似关键词这样的输入数据，它完全是根据用户的历史网络行为进行处理分析，通过推荐算法模拟出用户选择，然后主动将推荐结果呈现给用户，所以推荐系统也成为各方关注和发展的热点。简要地说，推荐系统由三部分组成：目标用户信息、推荐项目和配套推荐算法。目标用户信息部分将用户信息进行抽取描述，然后对应的具体推荐算法通过计算等一系列流程使推荐系统将用户模块中的需求信息和推荐项目部分进行特征匹配，并且筛选出用户可能的需求对象，最后再推荐给用户。

国外对于推荐算法的研究最早追溯到 20 世纪 90 年代中期，在相关技术专家的不断研究下，与推荐算法相关的技术日趋成熟，至今已演变成为一门独立学科。按照现在的最流行的分类方法有以下几种推荐算法：基于内容推荐（Content-based Recommendation）②、协同过滤推荐（Collaborative Filtering Recommendation）③、基于知识推荐（Knowledge-based Recommendation）④、基于关联规则推荐（Association Rule-based Recommendation）⑤、组合推荐（Hybrid Recommendation）。

---

① Das A S, Datar M, Garg A, et al. Google news personalization: scalable online collaborative filtering [C] //Proceedings of the 16th international conference on World Wide Web. ACM, 2007: 271-280.

② 唐瑞. 基于内容的推荐与协同过滤融合的新闻推荐研究 [D]. 重庆：重庆理工大学，2016.

③ 张应辉，司彩霞. 基于用户偏好和项目特征的协同过滤推荐算法 [J]. 计算机技术与发展，2017, 27 (01)：16-19.

④ 张澍扬. 位置推荐系统中数据发布隐私保护研究 [D]. 西安：西安电子科技大学，2017.

⑤ 张勇杰，杨鹏飞，段群，等. 基于关联规则的商品智能推荐算法 [J]. 现代计算机（专业版），2016 (10)：25-27.

表 10-2　几种推荐算法的优势和缺陷对比

推荐方法	优势	缺陷
基于内容的推荐	1. 不需要相关知识 2. 推荐结果都有所属的解释	1. 冷启动问题 2. 对于复杂对象难以分析提取 3. 很难进行跨领域推荐
协同过滤推荐	1. 易于实现跨领域推荐 2. 良好的数据处理能力 3. 可进行个性化推荐	1. 冷启动问题 2. 数据稀疏性问题 3. 用户兴趣漂移问题
基于知识的推荐	1. 无冷启动问题 2. 推荐结果均有配套解释	1. 推荐知识库的建立 2. 交互机制的选取 3. 很难进行跨领域推荐
基于关联规则的推荐	1. 不需要相关知识 2. 推荐转化率比较高	1. 冷启动问题 2. 很难实现个性化推荐 3. 很难获取关联规则

　　目前，各大网络服务网站已搭建了各自的推荐系统，不仅是在购物应用服务方面，其他平台诸如音乐、游戏、电影、教育等行业都有涉及，在手机应用App上，也都能看到推荐系统的身影，例如外卖平台、游戏推荐等。最近几年，推荐系统俨然已经成为一个研究焦点和热点。伴随着机器学习的兴起，以及大数据和数据挖掘技术的繁荣，如何设计和搭建高效的推荐系统是现在一个重要的学习研究方向。

10.3.2　舆情监控

　　舆情是"舆论情况"的简称，是在一定的社会空间，围绕着中介性事件的发生、发展和变化，以民众作为主体对以企业、社会管理者、个人以及其他各种组织为客体对其社会、政治、道德等方面持有的社会态度。它是较多的群众对于社会中各种问题、现象所表达的态度、信念、意见和情绪等表现的总和。①② 对于舆情的研究经历了传统社会舆情分析、网络舆情分析与大数据舆情分析这三个阶段。政策、法律以及热点事件对社会舆情的影响是传统舆情的研究重点③，海量网络舆情研究成为目前的热点④。

完整的对于大数据舆情分析的体系结构，学术界至今为止尚未形成一致意见，目前主要使用网络舆情分析的技术再结合网络时代大数据的特性进行相关分析和处理⑤。舆情技术可应用于六类领域：广告、产品制造、公关传播、政党安全、市场咨询、其他。在这些领域中，80%的技术处理方法是可以通用的。示意图如 10-3 所示。

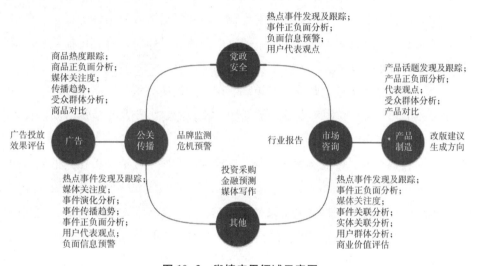

图 10-3　舆情应用领域示意图

（1）党政安全领域主要是危机事件预警和政府公信力监测。舆情分析的侧重点是热点事件发现及跟踪、事件正负面分析、负面信息预警和用户代表观点。

①　Jennifer Bachner, Kathy W. Hill. Advances in Public Opinion and Policy Attitudes Research [J]. *The Policy Studies Journal*, 2014：556.

②　Ceron A, Curini L, Iacus S M, et al. Every Tweet Counts? How SentimentAnalysis of Social Media Can Improve Our Knowledge of Citizens Political Preference with An Application to Italy and France [J]. *New Media&Society*, 2014, 16（2）：340-358.

③　Power D J. *Decision Support Systems：Concepts and Resources ForManagers* [M]. Greenwood Publishing Group, 2002.

④　Chen H, Chiang R H L, Storey V C. Business Intelligence and Analytics：From Big Data to Big Impact [J]. *MIS quarterly*, 2012, 36（4）：1165-1188.

⑤　张春华. 网络舆情社会学的阐释 [M]. 北京：社会科学文献出版社, 2012.

党政安全工作流程中，舆情作用于事前舆论发现、事中动态跟踪事件发展情况，和事后输出舆情报告。

（2）公关传播领域主要是对品牌监测，对品牌危机进行预警；侧重于热点事件发现及跟踪、媒体关注度、事件演化分析、事件传播趋势、事件正负面分析、用户代表观点和负面信息预警。公关传播工作中，舆情贯穿于物料收集、公关执行和效果验收全流程。

（3）市场咨询领域主要是产出行业或产品报告，进而提供发展决策；侧重于热点事件发现及跟踪、事件正负面分析、媒体关注度、事件关联分析、实体关联分析、用户群体分析、商业价值评估。

（4）广告领域主要关注于投前的渠道选择和投后的效果追踪与评估。舆情分析的侧重点是商品热度跟踪、商品正负面分析、媒体关注度、传播趋势、受众群体分析和商品对比。

（5）产品制造领域主要用于对市场、用户的调研分析，进而获取产品的改版建议和生成方向，其侧重点是产品话题发现及跟踪、产品正负面分析、代表观点、受众群体分析和产品对比。

（6）投资采购、金融预测、媒体写作等领域均属于舆情分析在其他领域的应用。

现阶段我国的舆情监控主要以基于关键词进行检索、分类、过滤，达到舆情预警的目的，对于信息所包含的情感倾向却鲜少应用，而舆情中所表达的感情倾向正是舆情分析的核心。因此，充分利用情感因素实现舆情监控是未来研究的热点。

10.4　实例——面向多源社交网络舆情的情感分析算法研究

随着互联网技术的快速发展，社交媒体的多元化也应运而生，因此如何有效分析多源社交网络舆情成为当前研究的热点。彭浩在研究中结合舆情信息的抓取、分词、过滤停用词等三个核心处理模块，基于舆情的情感及趋向性分析，提出了一种面向多源社交网络舆情的情感分析算法，并进行仿真验证。仿真的数据通过自行编写的 Python 爬虫程序获得。选取浙江高考改革、王宝强妻子马蓉出轨、鹿晗公布和关晓彤恋情三个事件做仿真，分别抓取了新浪微博、微信公众号 100 篇文章、搜狐新闻做情感分析，同时结合实际，得到以下两类分析结果。

第一类：浙江高考改革，鹿晗公布和关晓彤恋情为第一类，在该类别中，各个源头的数据客观符合实际，分析结果也切合实际。

第二类：王宝强妻子马蓉出轨事件分析为第二类。在该类别的分析中，能够发现个别源头的数据和实际会有所出入，但是整体的分析结果符合事实。

各个事件的分析汇总结果如图 10-4 所示。

舆情事件	微博		微信		搜狐新闻		综合情感
马蓉出轨事件	1000 条微博	正:2044.5 负:3873.2	100 篇推文	正:3742.6 负:3233.7	200 条新闻	正:1518.4 负:1673.1	正:2435.5 负:2926.7
鹿晗关晓彤公布恋情事件	1000 条微博	正:1716.9 负:1190.2	100 篇推文	正:4109.2 负:2274.6	200 条新闻	正:4466.2 负:2182.7	正:3431.1 正:1882.5
浙江高考改革事件	1000 条微博	正:2110.8 负:729.5	100 篇推文	正:13468.8 负:3842.3	200 条新闻	正:9977.4 负:2586.0	正:8519.3 负:2386.0

图 10-4　多源事件分析结果示意图

由分析结果可知，针对王宝强妻子马蓉出轨事件的微信公众号分析结果显示，正向情感略多于负向情感，这显然与事件的事实并不符合。进一步分析原因可以发现，王宝强妻子马蓉出轨事件发生的时间在 2016 年，而抓取的微信公众号文章数据大多是 2017 年的，也就是在事件发生以后较长一段时间内的文章，这些文章大多是针对马蓉出轨事件做的分析，内容相对客观，同时情感的指向性不够明确，所以导致在该单源数据下的分析结果和实际有所出入。但是在综合微信、微博和新闻多源的情况下，分析的结果符合客观事实，也充分说明了多源分析的必要性和准确性，同时论证了本章情感分析算法具有一定的准确性和实用性。

第十一章　个体影响力分析

　　社会影响力是指个人由于社会地位、社会联系以及社会财富等因素，具有的改变他人思想或行为的能力。社会影响力在日常生活中无处不在，小到看一场电影、大到选择学校与就业，人们的各种选择与决策无不受到家人、同学、同事、朋友，甚至普通大众的影响。近年来，随着社交网络应用平台的不断发展，应用平台在社交网络规模与用户规模上都呈现爆炸式增长，产生了以 Facebook、LinkedIn 为代表的社交网站，以 Twitter、新浪微博等为代表的微博平台和以 Amazon、淘宝等为代表的线上购物平台等。基于大量真实数据基础的社交影响力量化、建模与分析，在商品推荐、微博营销、谣言检测、舆情管理等领域得到了广泛的应用。因此，对于社交网络个体影响力分析的研究更具有重要的理论价值和实际意义。如何在异构、多属性的社交网络中发现高影响力用户，进而分析用户之间的影响是在当今的网络信息时代进行决策的关键。

　　总体而言，本章关于个体影响力分析主要涉及三方面的内容：首先是个体影响力的识别，主要关注于如何从繁杂的因素中鉴别影响力和相关要素的区别与联系；其次是个体影响力的度量，该方向主要关注于在社交影响力定性识别的基础之上，针对复杂多变的社交关系，应如何设计和选择既具有一定普适性，又能充分发掘社交网络特性的度量方法；最后是个体影响力的评估方法，该方向主要研究社交影响力的动态传播特性，对分析社交网络演化、社会行为特征、信息传播模式等诸多问题都有重要价值。

11.1 用户之间的影响强度

探究个体影响力首先需要对用户之间的影响强度进行度量。所谓的用户之间的影响强度，指的是社交网络中的两个不同个体之间相互影响的程度，受到网络举例、时序行为模式等属性的影响，可以用社交网络中边的定量大小来表示。如图 11-1 所示，个体 v3 和 v4 之间的影响强度被定量描述为 0.5，个体 v5 和 v8 之间的影响强度被定量描述为 0.25。

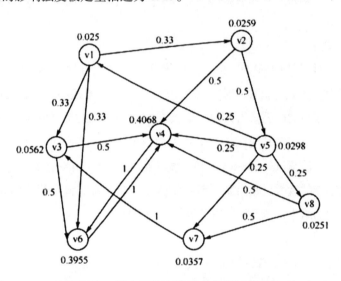

图 11-1 社交网络个体影响力分析示意图

关于影响强度的计算满足如下定义：给定网络 $G = (N, E)$ 中，任意两个用户 u 和 v，定义 $I_u(v) \in R$，代表了用户 v 对用户 u 的影响强度。如果边 $e_{uv} = 1$，用户 v 对用户 u 的直接影响强度用 $I_u(v)$ 表示；如果边 $e_{uv} = 0$，用户 v 对用户 u 的间接影响强度用 $I_u(v)$ 表示。由于社交媒体网络的影响强度满足有向性的要求，故用户 v 对用户 u 的影响强度与用户 u 对用户 v 的影响强度并不相等，即 $I_u(v) \neq I_v(u)$。

在此基础上，影响力个体的度量就是根据社交网络中个体自身影响力的排名技术，将任意个体节点的影响强度进行定量描述。如图 11-1 所示，个体 v7 的影响力被定量描述为 0.0357，个体 v8 的影响力被定量描述为 0.0251。

11.2 基于网络拓扑结构的个体影响力计算

社交网络的拓扑结构是分析影响力最直接的数据来源，除此之外，活跃行为模式等属性也是分析个体自身的影响力的重要影响因素。早期研究中，关于社交网络中个体之间的影响强度的计算方法往往仅考虑网络结构，利用共同邻居数目、边介数、转载频度等因素进行度量，随后发展出了基于网络拓扑的个体影响力计算方法。以下介绍基于邻节点中心性的方法，主要内容在前文中已有叙述。

（1）度数中心性

度数中心性是评判网络中处于核心位置的网络成员的指标，用来描述节点自身的交流能力。拥有高度数中心性的成员处于网络的核心位置，是中心人物，在网络中具有很高的声望，当其他的成员在收到中心人物提供的信息时，会改变自己的观点，即能够对其他成员产生较大的影响。在一个有向网络中，度数中心性分为入度中心性（in-centrality）和出度中心性（out-centrality）。节点的度数中心性通常是节点的度数反映出来，节点的度数是指直接与该点相连的其他节点的个数。在有向网络中，节点的度数分为入度和出度。

（2）中间中心性

节点的中间中心性描述的是一个节点对资源或其他节点的控制能力，是衡量个体作为媒介者能力的指标。当节点的中间中心性越高时，它的媒介能力就会越高，占据交通枢纽的位置可能性越大，对资源具有掌控性。它如果拒绝做媒介者，那么其他成员之间就无法沟通，资源就不能很顺利地在网络中传递。

（3）接近中心性

接近中心性是描述节点传递信息的能力。不受他人控制的测度，接近中心性较高的节点在知识流动的过程中对其他节点的依赖性较低。弗里曼学者根据点与点之间的"距离"来测量"接近中心度"，当它与其他成员距离越近时，说明它具有很高的接近中心性；与其他成员距离远时，具有较低的接近中心性。

（4）研究现状

中心性分析是一个社交网络分析中常用的一种方法，它根据节点在网络中的位置来评估节点的影响力，具有简单直观的特点。中心性分为度数中心性、中间中心性、接近中心性三种，通常也被称为度数中心度、中间中心度和接近中心度。它是一个重要的个体结构位置指标，也是评价个体重要与否、衡量地位优越性，以及个体声望等常用的指标①。

博纳奇（Bonacich）利用度中心性，考察网络中节点的直接邻居数目实现影响力节点的识别。Chen 等人利用半局部中心性，考察网络中节点四层邻居的信息，降低了计算的复杂性，较好地实现了在大规模网络中识别具有影响力的节点。查·米扬（Cha Meeyoung）等学者在度量 Twitter 中用户个体影响力时，先分别计算了关注网络、转发网络和提及网络的点度中心度，再采用斯皮尔曼相关系数计算三种不同方法得到的影响力个体的相关性②。我国学者方明慧利用中心性分析方法对"协作学习"文献的引文网络进行分析，量化每篇文献的中心性指标，并在此基础上判断文献在网络中对知识的流动起到的作用。③ ClusterRank 在同时考虑网络中节点的度和聚类系数的基础上，提出了一种局部排序算法。实验结果表明，该种识别方法在有向网络和无向网络中均有较好的效果。顾亦然等学者提出了一种基于介数中心性和节点贡献度的个体对群体影响力算法，将影响力看作一种能够在网络连边传递的能量，并完成了相关的验证工作。

综上所述，点度中心度可以比较直观地衡量一个节点的影响力，计算开销相对较小，但针对大规模网络，会存在忽略部分影响力个体的情况发生；接近中心度可以衡量一个节点的间接影响力，但是由于其需要计算网络中所有节点对之间的最短路径，计算开销相对较大；中间中心度虽然也需要计算网络中所有节点对之间的最短路径，计算开销较大，但优点在于找到网络中的中介节点。

11.3 基于用户行为的个体影响力计算

在社交网络中，用户的行为特征与用户影响力大小密切相关。常见的具有

---

① 罗家德. 社交网络分析讲义（第二版）[M]. 北京：社会科学文献出版社，2010.

② P. Bonacich. Factoring and weighting approaches to status scores and clique identification [J]. *Journal of Mathematical Sociology*, 1972, 2 (1)：113–120.

③ 方明慧."协作学习"文献的引文网络研究 [D]. 长沙：湖南师范大学，2012.

代表性的用户行为包含转发、回复、复制、阅读等多种用户行为。

以微博为例，用户 A 对用户 B 的影响可以划分为以下几种：

（1）用户 B 在自己的微博中明确使用了类似"RT @ A"或"via @ A"的符号来表示自己的微博是从用户 A 所发微博转发的。

（2）用户 B 在自己的微博中使用了类似"@ A"符号来表示自己的微博是对用户 A 所发微博的回复。

（3）用户 B 在自己的微博中，虽然没有明确使用类似"RT @ A"或"via @ A"的转发标签，但是其微博内容是对用户 A 所发微博的复制。

（4）用户 B 阅读用户 A 的微博。

由此可知，用户之间的影响网络并不是单一形式的，而是一个多关系网络（Multi-Relational Network）。基于用户之间的不同用户行为，可以构建出转发网络、回复网络、复制网络和阅读网络等多关系网络。

基于用户行为所形成的多关系网络的个体影响力计算是对于用户在话题层面上影响力的分析，可以挖掘某一特定话题层面的影响力个体。在实际使用中，需要先在话题的基础上确定多关系网络的数量和关系，用户在多个关系网络之间的内部表现可以用随机游走过程进行描述，进而可以基于多关系网络的随机游走模型来发现影响力个体。对此，丁兆云等人提出了基于多种个体行为网络的影响力分析方法的算法，并用微博数据进行验证。近年来，也有研究人员使用个体在社交网络中的行为日志来分析影响力，并提出基于用户历史行为的个体影响力计算方法。

11.4　基于交互信息的个体影响力计算

11.4.1　基于信息内容的度量

社交网络中信息的载体包括文本、图片、视频等多种形式。目前已有的影响力测算主要使用网络结构或表层特征的相关数据进行计算，主要用到的指标参数包括点赞数、评论数、转发数，以及事件主帖中是否包含图片、视频、链接、特殊字符等。但由于这些计算方法对于社交网络事件的文本内容分析不足，容易忽略文本语义中的关键信息。为了更准确地计算个体影响力，就必须对社交网络事件包含的文本信息进行分析。其中，最重要的信息包括事件中涉及主体的提取以及文本的类别。冯俊龙使用了命名实体识别方法以及文本分类技术等相关文本处理手段，根据事件的主帖文本内容，提取出事件的主体集合，并以分别计算主体的影响力作为该事件的主体影响力，实现了结合信息内容的个体影响力度量；设计并实现了一个包含新浪微博、Twitter、Facebook 三个社交网络平台的热度预测系统。

11.4.2 基于话题信息的度量

在人们日常的社交活动中，信息的产生和传播和话题有很强的相关性。[①] 根据有关调查显示，同一个用户在不同话题中的影响力大小通常存在差异。因此，基于话题的影响力强度计算可以从多个角度对用户的影响力进行度量。在建立影响力强度计算模型时，直接采用话题内容和用户对话题的参与度等相关指标进行用户影响力的度量，可以计算出一个用户的隐性影响力。相比之下，采用用户之间好友关系和被关注等行为建立的社交网络拓扑结构所计算出的个体影响力属于显性影响力。

Tang Jie 等人提出了一种基于话题的个体影响强度计算方法，该方法定义了一种话题因子图，模型包含社交网络结构、用户之间的话题相似性对比和话题信息的分布情况等与话题影响力分析相关的因素。基于 Tang Jie 团队的研究成果，Liu Lu 等人将相关的思想用于异质网络中，实现了基于话题的社交影响力的分析和建模，并利用文本内容相似性对用户之间的隐性影响进行挖掘，预测用户的行为。E. E. Luneva 等人使用基于话题的影响力分析方法，对特定领域的用户数据进行分析，并完成其用户影响力分析和建模工作。

综上所述，基于话题信息的个体影响力计算方法在社交网络结构上，融合了以话题为基本单位的用户交互信息，通过分析话题信息内容和用户之间的关系，为更准确地度量用户影响力的产生和变化过程提供了解决思路。

---

① D. Chen，L. Lü，M. S. Shang，et al. Identifying influential nodes in complex networks ［J］. *Physica A*，2012，391（4）：1777-1787.

11.5 影响力评估方法

随着 Web 2.0 的发展，在线社交网络已逐渐成为互联网中最流行的交流平台。社交网络中的海量用户及用户发布的信息具有巨大的商业价值和研究价值，这吸引了越来越多的研究者从不同的角度研究社交网络。评估社交网络节点影响力是社交网络研究的热点方向之一。

目前，在社交网络节点影响力的评估方法主要可以分为三类：基于静态统计量的评估方法、基于链接分析算法的评估方法和基于概率模型的评估方法。众学者在静态统计量的方法上，结合不同社交网络中相关信息，借鉴链接分析法以及建立概率模型来评估节点影响力，对社交网络节点影响力可以做到更有效的评估。

通过评估社交网络节点影响力可以发现社交网络中的高影响力人物，对广告投放、信息管控和用户行为分析具有重要意义。以微博网络为代表的新型大规模在线社交网络中的高影响力节点，对信息在网络中的传播起着至关重要作用。快速高效地找出这些节点不仅有助于研究舆情控制以及网络个体关系，还有助于促进网络中的信息更有效地传播。

11.5.1 基于静态统计量度量方法

基于静态统计量度量方法主要是通过网络中节点的一些静态属性来简单直接地体现节点的影响力，如根据网络中节点的度中心性作为评估影响力的指标，主观认为节点的重要性取决于该节点与其他节点连接数，即一个节点的邻居节点越多，影响力越大。在有向网络中，根据边的方向，可以分为入度和出度；在有权网络中，节点的度可以看作强度，即边的权重之和。

这种度量方法很直观，也具有一定合理性，但面对社交网络中复杂信息以及不同平台，并不一定能有效地度量不同社交网络中节点影响力。同时，社交网络中用户间关系的建立具有一定偶然性，而且不同的用户之间的关系强度也有所不同。度中心性没有考虑节点最局部的信息，虽然对影响力进行了直接描述，但还是具有一定的局限性，并没有考虑周围节点所处位置以及更高阶邻居。

众学者在静态统计量的方法上，结合不同社交网络中相关信息，借鉴链接分析法以及建立概率模型来评估节点影响力，对社交网络节点影响力可以做到更有效的评估。

11.5.2　基于路径中心性的方法

社交网络中用户之间存在各种社交关系，如好友关系、同事关系、校友关系、同学关系、家庭关系等，基于这些关系，用户之间往往在行为、决定、思想、情绪等方面产生相互影响。例如，你的一个很要好的朋友向你推荐一个电影，出于你和朋友有着共同的兴趣爱好或者说是朋友的信任，你很可能会选择接受这个推荐，去电影院或在家观看这部电影。但是，在生活中，朋友的推荐并不总是得到认可，例如，你的一个不太懂股票的朋友推荐你购买某支股票，这时候你就很可能不会接受他的建议。这就说明了不同的社交好友对你的社交影响程度是不同的，在实际研究中应该区别对待。

基于路径中心性的影响力度量方法考察了节点在控制信息流方面的能力，并刻画节点的重要性，主要包括子图中心性、数中心性及其演化算法。

社交网络可以用图进行表示，即 $G = (V, E, W)$。其中 V 代表的是网络的节点集合，如用户。E 代表的是节点之间关系的集合，如好友关系、同学关系等；这种关系可以是有向的，也可以是无向的。W 表示节点之间关系的权重矩阵。例如，G 代表用户之间的偏好网络，那么 W 就代表用户之间的相似矩阵，如果 G 是无向网络，那么矩阵 W 就是一个对称矩阵；如果 G 是有向网络，那么矩阵 W 就是一个非对称矩阵。

社交影响力传播路径示意图如图 11－2 所示，图中有方向的箭头代表了社交影响的传播方向，w 代表节点之间的关系权重，且满足 $w \in W$，即 w_{BD} 代表了节点 B 和 D 之间的关系权重。SI（Social Influence）代表了节点的社交影响力大小，即 SI_D 表示了节点 D 的社交影响力。

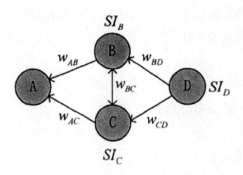

图 11-2　社交影响力传播路径示意图

假设 $P_{u,v}$ 代表了节点 u 和节点 v 相连的全部的路径集合，那么 $P_{u,v}^k \in P_{u,v}$ 就代表了集合中的第 k 条路径，即 $P_{u,v}^k = \{(u, v_1)，(u, v_2)，(u, v_3)，\cdots，(u, v_n)\}$，此时两个节点之间的社交影响力可以表示为：

$$SI_{u,v} = \prod_{(v_i, v_j) \in SP_{u,v}^k} (w_{v_j v_j} * SI_i) \qquad (式 10-1)$$

其中，$SI_{u,v}$ 表示的是节点 u 对于节点 v 的社交影响力，也就是说，节点 u 和节点 v 在不具有直接相邻的关系时，两个节点之间也可以通过社交传播产生社交影响。(v_i, v_j) 表示的是两个节点 u 和 v 之间的第 k 个路径上的一条边，$w_{v_j v_j}$ 表示的是两个节点之间的关系权重，SI_i 代表节点 v_i 的社交影响力。可以得出，社交影响在传播的过程中，决定两个节点之间社交影响关系强度的不仅与节点本身的社交影响力有关，还与这两个节点之间的社交关系紧密程度有关，即节点影响力越大，节点之间关系越紧密，那么节点之间的社交影响越强烈。

11.5.3　基于链接分析算法的方法

（1）概述

链接分析算法（Link Analysis）主要应用在万维网中，用来评估网页的流行性。链接分析算法主要用于评估万维网中网页的流行性。如果把一个网页看成是一个节点，万维网中的网页可以通过超链接形成一个网络，同时这个网络具备了小世界网络的特征。作为在线社交网络平台代表的微博平台，关注和粉丝关系与网页的链入与链出十分相似，也可以利用链接分析法的思想，对微博社交网络中节点影响力进行评估。因此，很多研究者在度量在线社交网络中节点影响力算法时往往采用链接分析法。

在度量社交网络中节点影响力的相关研究中，主要用到的影响力评估经典算法是 PageRank[①] 和 HITS 算法（Hyperlink-Induced Topic Search）[②]。

（2）PageRank 算法

PageRank 算法模型由拉里·佩奇（Larry Page）和谢尔盖·布林（Sergey Brin）于 1998 年提出并发表，是 Google 在搜索引擎中对搜索结果网站排名中使用的核心算法。PageRank 算法的核心思想是通过计算页面链接的数量和质量来确定对网站重要性的粗略估计，也就是说，节点的得分取决于指向它的节点的数量和这些节点的本身得分，即有越多的优质节点指向某节点时，它的得分越高，同时这些指向它的节点本身的得分越高时，这些链接就更具有价值，被指向的节点的得分也相应地越高。在 PageRank 算法中，每个节点得分的值用 PR 值表示，每个节点的 PR 值都被均匀地分配到它指向的节点，经过多次迭代，网络中每个节点的 PR 值将达到稳定收敛的状态，从而可以得到每个节点最终的 PR 值，实现每个页面排名得分的计算。

PageRank 算法中，计算节点排名得分的具体公式如下：

$$PageRank(u) = \frac{1-d}{N} + d \sum_{v \in M(u)} \frac{PageRank(v)}{L(v)} \qquad （式 10-2）$$

其中，$M(u)$ 为网络中指向节点 u 的所有节点的集合，$L(u)$ 是节点 v 的出度，即从节点 v 指出的边的数量。N 为网络中节点总数。d 为阻尼系数，通常设置为 0.85，可防止节点之间的连接构成环时导致的 PR 值过高。为了避免入度为 0 的节点 PR 值为 0，每个页面最小 PR 值为 $\frac{1-d}{N}$。根据上式迭代计算至收敛即得到网络中每个节点 PR 值。

目前，很多学者在度量社交网络中节点影响力时都使用了该算法的思想。一般方法就是结合社交网络中用户之间的交互行为或者用户发布的信息等来计算两个节点的影响力强度，并将计算结果作为两个节点间的边的权重。在使用 PageRank 算法时，计算节点 PR 值时，根据边的权重来分配指向节点的 PR 值，最终得到每个节点的影响力得分。

Weng 等学者在考虑用户发布 tweet 的文本内容、数量和用户关系网络结构

---

① Page, Lawrence, Brin, et al. The PageRank citation ranking ［C］// Bringing Order to the Web. Stanford Info Lab. 1998：1-14.

② Kleinberg J M. Authoritative sources in a hyperlinked environment ［J］. *Journal of the ACM*, 1999, 46（5）：604-632.

提出的基础上，提出了 TwitterRank 算法来计算 Twitter 中用户基于某个主题的影响力。① Blei 等学者使用 LDA 模型，计算用户在某个主题下的兴趣度，并且认为用户间的影响力受到用户间兴趣的相似度影响，根据得到的用户间影响力，使用 PageRank 算法得到全局影响力分数②。

（3）HITS 算法

HITS 算法是由乔恩·克莱因伯格（Jon Kleinberg）于 1997 年提出。在 HITS 算法模型中，网络中的节点被分为两类：权威（Authority）节点和枢纽（Hub）节点。权威节点是网络中具有高权威性和高影响力的节点，枢纽节点是具有很多指向网络中权威节点的边的节点。该算法的目的是通过计算网络中每个节点的权威值和枢纽值来寻找高权威性的节点。

由于权威值较高的节点会有很多枢纽值较高的节点指向它，而一个枢纽值较高的节点会有很多指向高权威值的边，因此 HITS 算法根据权威值和枢纽值之间的关联关系进行迭代计算，在每轮迭代中计算更新每个节点的权威值和枢纽值，直到得到每个节点的得分达到稳定收敛的状态。

HITS 算法中，计算每个节点权威值和枢纽值的具体公式如下：

$$a_p = \sum_{q, q \to p} h_q \qquad\qquad （式 10\text{-}3）$$

$$h_p = \sum_{q, p \to q} a_q \qquad\qquad （式 10\text{-}4）$$

其中，a_p 为节点的权威值，hp 为节点的枢纽值，$p \to q$ 表示网络中存在由节点 p 指向节点 q 的边。在迭代计算过程中，每个节点的权威值和枢纽值的初始值均为 1，迭代计算直到所有页面的得分值收敛。

（4）小结

当前，很多学者在度量社交网络中节点影响力时都使用了 PageRank 算法的思想，通过结合社交网络中的信息，如用户间的交互行为及用户发布的信息等来度量两个节点间的影响力强度，将这个影响力强度作为两个节点间的边的权重，再使用 PageRank 算法，在计算节点 *PR* 值时将指向其的节点的 *PR* 值，根据边的权重来进行分配，最终得到每个节点的影响力得分。在实际使用过程中，

① Weng J，Lim E P，Jiang J，et al. Twitter rank：finding topic－sensitive influential twitterers［C］//Proceedings of the third ACM international conference on Web search and data mining. ACM，2010：261-270.

② Blei D M，Ng A Y，Jordan M I. Latent dirichlet allocation［J］. *Journal of machine Learning research*，2003，3（Jan）：993-1022.

还会综合考虑主题、领域、时间、转发关系等影响因素。

还有一些研究者借鉴 HIST 算法的思想，将社交网络中节点的影响力与其他因素相互关联起来。基于多数研究者的研究成果可以看出，将链接分析法与社交网络特性相结合，可以更好地对用户影响力进行评估。由于技术的快速发展和社交网络的多变性，如何将社交网络中的复杂数据和用户行为与相关算法进行结合，仍是未来需要深入研究的方向。

11.5.4 基于概率模型的方法

基于概率模型的方法指的是通过建立概率模型对节点影响力进行预测。Liu L 在度量影响力时融合了用户发布信息的主题生成过程，认为兴趣相似或经常联系的用户间影响力较强，且用户的行为不仅受其朋友的影响，同时受其个人兴趣的影响。[1] 基于这些假设，结合文本信息和网络结构对 LDA 模型进行扩展，在用户发布信息的基础上，提出了一种生成式的图形模型，利用网络中各节点的异构链接信息和文本内容来挖掘主题级的直接影响力。Zibin Yin 的研究不同于已有很多学者通过分析网络特性或者转发率的方式，对用户影响力进行衡量。他为用户间影响力越大、被影响用户的活跃度和转发意愿越高，则其转发另一个用户的信息的概率越大。于是，利用用户活跃度、用户转发意愿和用户之间的影响等因素构建了基于转发概率的微博用户交互模型，并用新浪微博数据集对模型进行拟合，最终结果表明，该模型不仅可以实现对于影响力的准确预测，还可以用来预测转发率，寻找有影响力的用户。Qianni Deng 认为转发概率同样可以体现用户间的影响力，并提出了一种基于贝叶斯理论的转发概率估计模型。由于用户建立关注关系的动机，可能与关注者的兴趣相合，也可能是受到用户影响力影响[2]。为了进一步分析，Bin Bi 提出了基于 LDA 算法模型的扩展算法模型 FLDA 模型（Followship-LDA），该模型将基于用户的主题建模和基于主题的影响力评估相结合，并在同一个生成模型中进行计算[3]。

[1] Lu Liu, Jie Tang, Jiawei Han, et al. Mining topic-level influence in heterogeneous networks [C]. Proceedings of the 19th ACM international conference on information and knowledge management, 2010: 199-208.

[2] Qianni Deng, Yunjing Dai. How Your Friends Influence You: Quantifying Pairwise Influences on Twitter [C]. International Conference on Cloud and Service Computing, 2012: 185-192.

[3] Bi, Bin, et al. Scalable Topic-Specific Influence Analysis on Microblogs [C]. Proceedings of the 7th ACM international conference on Web search and data mining, 2014: 513-522.

11.6 实例

11.6.1 基于社交网络分析视角的校园欺凌问题研究态势分析

面对频发的校园欺凌事件，中国人民公安大学法学与犯罪学学院的黄冬等学者以"校园欺凌""校园霸凌"等为主题词，从中国学术期刊网络出版总库中进行检索，获得1032篇期刊类文献，并以此作为样本，基于社交网络分析的视角，探析我国校园欺凌问题的研究态势。该研究基于文献题录统计分析工具（SATI）将校园欺凌问题研究领域的关键词进行抽取，并生成关于校园欺凌问题的高频关键词矩阵，如表11-1所示，从而构建关于校园欺凌的关键词网络。

表 11-1 校园欺凌问题的高频关键词矩阵

关键词	频次	关键词	频次	关键词	频次
校园欺凌	871	美国	30	调查	17
校园	858	心理	27	政策	17
对策	98	法治	27	初中	15
治理	89	机制	26	媒体	15
中小学	82	青少年	25	教育行政组织	14
现象	77	小学	25	比较	14
预防	77	安全	23	中国	14
教育	65	农村	22	留守儿童	14
成因	62	日本	22	实证研究	13
学校	60	网络欺凌	21	欺凌特征	13
校园暴力	59	规制	19	英国	13
校园霸凌	57	立法	19	社会工作	13
学生	51	儿童	19	道德	13
法律	49	社会	18	芬兰	13
干预	40	初中生	17	女生	13

续表

关键词	频次	关键词	频次	关键词	频次
现状	38	未成年人	17	教师	13
影响	35	防范	17		

在数据分析部分，运用社交网络分析方法中的密度分析、可达性分析、派系分析、中心性分析等方法对高频关键词组成的关键网络进行分析。其中，绘制的高频关键词网络如图11-3所示，并运用社交网络分析方法，从宏观、中观和微观三个层次，对高频关键词网络进行分析。其中，公关层面主要是对整体网络的密度、可达性等进行测量；中观分析从派系分析和核心—边缘结构分析入手，微观分析包含度数中心度、中间中心度和接近中心度的相关分析。

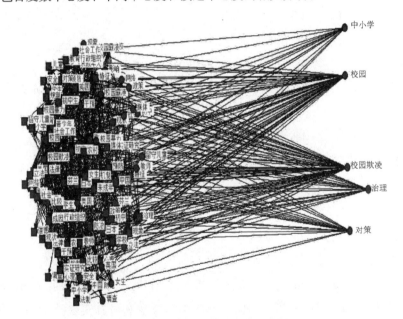

图11-3 高频关键词网络示意图

最终的研究结果表明，当下我国校园欺凌问题研究以理论研究为主，具有多样化的研究视角，但存在的问题是研究内容比较分散，深度不够，相关学者的信息交流与研究合作的力度需要进一步加强。

11.6.2 社交网络中个体对群体影响力分析

当前，在线社交网络发展迅速，社交平台用户之间会因为现实关系或共同的

175

价值观逐渐形成一个个不同的网络群体，在群体影响力的相互作用下，网络群体间的行为更为紧密。例如，在由微博构成的社交网络中，由于兴趣等关注点的不同，一个用户可能隶属于不同社团；又由于亲密关系的不同，一个用户可以在不同社团中进行消息的传递，那么这样的节点实际上成为不同社团间信息传播的桥梁，具有控制网络信息传播的能力。其传播的影响力不仅仅是按照最短路径产生作用，也会受到亲密关系的影响。因此，影响力的传递作用不仅和社交网络的拓扑结构有关，还和社会关系的因素有关。

基于此，马德营提出将影响力看作一种能够在网络连边传递的能量，认为个体影响力的大小为传递能量的程度，通过结合介数中心性和节点贡献度的算法，探究个体对群体影响力的算法。

个体对群体影响力算法描述可以用如下的过程表示。

输入：$G = (V, E)$。

输出：节点 v_i 对群体 R 的影响力 。

步骤：

（1）通过广度优先搜索算法获取节点 v_i 到集合 V_i 中节点的路径与距离表 D_path。

（2）计算网络节点间贡献度矩阵 C_n。

（3）计算网络每节点介数中心性的值。

（4）计算节点 v_i 到集合 V_i 中每个节点的影响力 $f_n(i, j)$。

（5）将每条路径影响力相加，求得 F_{iR}。

其中，$F_{iR} = \sum_{j \in V_i} f_n(i, j)$。

（6）结束。

随后，对 Email 网络进行 F_{iR} 分析，并用 BC（betweenness centrality）、PageRank 和 k-shell 算法进行对比，Email 网络参数和仿真实验结果如表 11-2 所示。

表 11-2　Email 网络参数详情

网络	节点数	连边数	平均度	网络直径	平均聚类系数	平均路径长度
Email	1133	10902	19.244	8	0.254	3.606

首先，筛选出 Email 网络中各类算法模拟排名前三的节点，结果如表 11-3 所示。

表 11-3 Email 网络中排名前三的节点

排名	F_{iR}	BC	PageRank	k-shell
1	105	333	105	299
2	333	105	23	389
3	23	23	333	434

由表 11-4 可以看出，四种算法中，排名第一为的节点的 105、299、333 号节点，进行传播结果的仿真如图 11-4 所示。

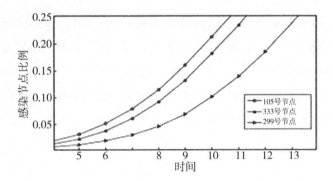

图 11-4 Email 网络中 105、333、299 号节点传播结果

由图 11-5 可以看出，F_{iR} 计算出来的 105 号节点在传播初期明显优于其他影响力指标得出的节点。基于上述的思想，将 F_{iR} 计算出来的 23、333 号节点以及 k-shell 算法中排序第二的 389 号节点进行传播仿真实验，结果如图 11-5 所示。

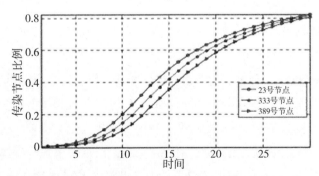

图 11-5 Email 网络中 23、333、389 号节点传播结果

从图 11-5 中也可以看出，在整个传播仿真过程中，23 号节点的传播优势比 333 号节点和 389 号节点更具优势。因此，F_{iR} 算法能够较为准确地衡量个体对群体的影响力。

第十二章　群体聚集及影响机制分析

本章主要涉及群体极化现象及相关的模型。群体极化现象的典型表现为群体内的个体不经过个人思考而同意大多数人的观点。主要的分析模型有基于博弈论和委托—代理理论的从众行为模型，基于信息瀑的群体一致性模型和基于元胞自动机群决策模型等。通过对分析模型的构建和参与者行为的仿真，可以完成对社交网络中出现的群体极化现象的研究。

12.1　主要理论研究

12.1.1　社会比较理论

社会比较理论最初发展于社会心理学领域，这一领域主要研究人类行为的因果关系。1950 年，费斯廷格（Festinger）、斯坦利·尚克特（Stanley Schanchter）和库尔特（Kurt Back）合著了《非正式群体的社会压力》一书。通过整合以往的研究结果，费斯廷格和蒂鲍特（Thibaut）于 1951 年提出了社会实体（social reality）这一概念。经过进一步研究后，于 1954 年提出社会比较的概念和理论，被称为"经典的社会比较理论"。目前，这一理论已被用来解释群体极化现象。尚克特进一步拓展了 Festinger 的经典社会比较理论，将其维度从能力、观点扩展到情绪领域，他认为社会比较的内容来自与人类自我有关的各个方面，范围广泛，且过程包括认知、情感和行为等不同部分。随后，很多学者又从社会比较过程的动机因素和评估结果入手，围绕自我知觉的确定性问题展开深入研究。社会比较理论也发展成为自我评价相关的最具代表性的理论之一。

根据社会比较理论，群体极化是由于其中的个体希望获得群体的接纳和被群体感知的一种方式，以一种社会所希望的方式去感知和呈现自己。首先，人们会先将自己的想法与群体中其他人的想法进行对比，并且通过自己对群体其他成员的观察来评估整个群体的价值观和偏好。为了获得群体的认可，他们会采用与群体大多数人相似，但是稍微有一些不同的立场。在这一过程中，个体会支持整个团队的信念，同时仍然表现出自己的不同特质。因此，在团体中具有极端观点或态度的成员并不会进一步加速群体的两极分化。① 社会比较过程是一个自动化过程，十分普遍，而且难以引起人们的意识。近年来的研究表明，群体规范性会受到决策、公众决策、以人为本的群体成员理念等方面的影响。

12.1.2 信息影响理论

信息影响理论（Informational Influence）是目前被心理学家广泛认可的一种理论。该理论认为，当人们听到新颖的或支持自己立场的论点时，会强化自身对原有观点的相信程度。该理论假设，每个小组成员都能够意识到有利于双方的信息或论据，但决策时会倾向于拥有更多信息的一方。也就是说，个体最终的决策是通过权衡记忆中赞成和反对论点所占数量来完成的。当群体中对某一问题的观点具有倾向性时，有关这一倾向的所有信息将得到更为充分的展示和讨论，这同时为以前尚未关注到相关领域的成员提供了更多信息和理由。小组讨论改变了论据的重要性，因为每个小组成员都表达了他们的观点，阐明了许多不同的立场和观点。

社会影响可以分为三类：从众、顺从与服从。"从众"指个人改变或维持本身的行为，以和群体的标准相一致；"顺从"是个人同意他人提出的要求而采取与群体相同的行为，但其思想并未改变；而"服从"是个人追随来自认知上的合理权力指挥②。

群体影响的过程大体可以被划分为信息性和规范性两种。"信息性"的影响指的是个人从他人那里接受有关真实确切的信息时候产生的影响，此类影响的产生与群体的专业程度有关，当群体的专业性越高时，即群体成员是专家的比例越高，群体越能对个人发挥信息性影响。"规范性"的影响指的是个体遵循他

---

① Van Swol L M. Extreme members and group polarization [J]. *Social Influence*, 2009, 4 (3): 185-199.

② Lippa, R. A. *Introduction to Social Psychology* [M]. California: Wadsworth, 1990.

人或群体期望时的行为，此类影响的产生与群体的规模有关，当群体的人数越多时，群体越能够对个人发挥规范性影响。

由此可知，信息影响是社会影响的一种形式。研究表明，信息影响会受到智力水平、正确决策的群体目标、任务导向型群体成员数量、个人反应等因素的影响。信息的共享程度、信息量和说服力都对群体极化现象有影响。

12.1.3　群体决策

（1）群体共识

群体共识，即全体意见一致，可以看成是群体意见的收敛或者努力达成一致的过程。一般而言，群体决策的最终目的就是对选择方案的最终评价达成群体共识，这一过程中，需要不断进行沟通、讨论、妥协和合作。在群体共识决策中，通常需要一个领导者，其作用是担当一个群决策者之间的桥梁。领导者有权力对群体决策过程进行干预，并且作用时间贯彻群体决策的全过程。共识决策中的领导者负责收集大家的意见并督促相关的决策者进一步修改其偏好，进一步减少群体分歧，保证共识决策过程的顺利展开。研究表明，在合作的背景下争论对解决问题是有益的。争论主要产生于三个方面：表述观点、寻求理解和整合观点。

群共识的理想状态，即完全共识，在现实生活中很难实现。在现实群决策过程中，由于决策者的异质性，针对同一问题不可避免地产生不同的理解和看法，从而得到不同的决策意见从而产生决策分歧，通过某种方式进一步修改决策者的偏好信息，从而实现群体共识。因此，目前群决策理论研究的重要内容是如何协调决策者的不同意见从而实现群体共识问题。

（2）群体决策过程

群决策是决策科学、管理科学和信息科学中一个重要和热门的研究领域。然而，在实际的社会生产和活动中，普遍存在的不确定、随机或者模糊因素在很大程度上限制了群决策理论和方法的发展。

在群决策过程中，事先确定好备选方案，每个决策成员基于自己的理解，运用熟悉的决策工具给出自己对于备选方案的决策信息。提高个体一致达到满意要求后，融合个体信息得到群体的决策信息，基于此实施群体共识达成算法，该过程往往需要几轮的沟通、协调和妥协后才能达到群体共识。

群体决策的基本框架如图 12-1 所示。由于群体决策参与成员的价值观、决策目标及拥有的信息上存在差异，为了得到更好的决策结果，群体决策通常要坚持以下几个原则：第一，努力创建一个不同领域的人才参与的群体结构，以使组织中的每个个体均可获得更为全面的知识；第二，鼓励每个成员积极探索，增强成员间的合作氛围，便于产生更好的决策方案；第三，创造轻松的、压力较小的群体决策环境，培育成员之间相互鼓励的群体风格；第四，努力追求群体之间的共识，在难以达成共识的情况下促成"软共识"。①②

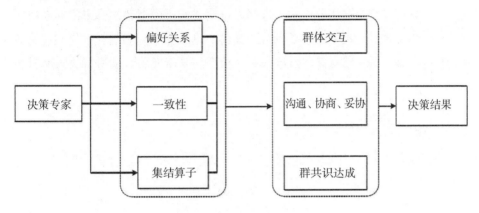

图 12-1　群体决策基本过程

12.1.4　群体极化

群体聚集及影响机制分析部分主要涉及群体极化（Group Polarization）的概念。这一概念最早是 Finch 于 1961 年在麻省理工学院提出。群体极化作为一个社会学术语，指的是在一个组织群体中的个人在决策时，容易受到群体观念倾向性的影响，相比独自一个人决策时，更容易做出加强群体中已存在的倾向性的决策，使一种观点或态度从原来的平均水平上升至具有支配性地位的社会现象。群体极化往往表现为群体内的个体不经过个人思考而同意大多数人的观点。也就是说，如果个人最初的意向是要冒险，那么群体的决定会更加冒险；而如果个人最初的想法趋于谨慎的话，那么群体的决策会更加谨慎。社会学经典著作《乌合之众》中所提到的大众心理状态就是群体极化的体现。

① M. Fedrizzi. A "soft" measure of consensus in the setting of partial（fuzzy）preferences［J］. *European Journal of Operational Research*，1988，34（3）：316-325.

② Herrera-Viedma，F. J. Cabrerizo，J. Kacprzyk，et al. A review of soft consensus models in a fuzzy environment［J］. *Information Fusion*，2014，17：4-13.

一般而言，群体极化产生的条件可概括为四点：第一，必须有激发事件出现；第二，群体内的个人能看到前人的选择；第三，群体信息缺乏；第四，群体有一定的同质性。

网络社会群体行为是指网络个体就某个时间在某个虚拟空间聚合，相互影响、作用，以及有目的地以类似方式进行的行为。基于社交网络的信息传播也涉及个体与群体之间、群体与群体之间的信息传递，并且这种信息传递可以迭代进行。在在线社交网络分析中，人们通过建立分析模型和仿真来研究在线社交网络中的群体极化现象。主要的分析模型有基于博弈论和委托—代理理论的从众行为模型、基于信息瀑的群体一致性模型和基于元胞自动机群决策和行为仿真。

12.2　基于博弈论和委托—代理的从众行为模型

12.2.1　博弈论

1944 年，约翰·冯·诺伊曼（John von Neumann）和奥斯卡·摩根斯（Oskar Morgenstern）在合著的 *Theory of Games and Economic Behavior* 一书中建立了博弈论的基本分析框架，将二人博弈推广到 n 人博弈结构并将这一理论系统地应用到经济领域，这是现代博弈论理论依据的来源。

博弈论通常有三个基本组成要素：博弈者、策略和收益。博弈者，即参与者，每个参与者都具有独立思考和执行的能力，能够承担自己行为的责任，参与者在博弈过程中都享有平等的权力，每个参与者会根据自己所做的决策，争取在博弈中利益取得最大化，每一次博弈中参与者的数量需要在 2 个或 2 个以上。策略指的是每个参与者在参与博弈的过程中，根据自己对博弈局势的判断所采取的能够实现对自己有利的行动，即参与者在某个时刻所做出某种决定，这些决定组合在一起就是策略集。收益指的是在某一个特定的策略集中，博弈者在博弈过程中的收益与损失情况。收益通常是可以量化的，但并非所有的收益都可以量化，如在某次博弈中所获得的成就感、荣誉感、自豪感等是无法量化的。

从行为的时间序列性上看，博弈论可以进一步分为静态博弈和动态博弈。当参与者同时进行策略选择或非同时进行策略选择，但后选择的参与者并不知道先行动的参与者具体的行动信息时，可以看作静态博弈。如"囚徒困境"就是经典的静态博弈。当参与者的行动具有先后顺序，且先行动的参与者的行动可以被后行动的参与者观测到时，动态博弈产生了。当博弈开始后，每个参与者在博弈中的行动都会将有关自己类型的信息传递出来，这样后行动的参与者可以观察前者的部分信息。根据观察到先行动的参与者的信息，后行动的参与者会不断修正自己的先验概率，最后得到后验概率。比较典型的例子就是棋牌类游戏。

12.2.2　非对称信息

非对称信息（Asymmetric Information）是指某些参与者拥有的，而其他参与者并不知道的信息。20世纪60年代开始，与信息不对称的有关学术研究成果成为经济学理论的重要突破，对经济学的各个分支产生了深远影响。

按照不同的分类标准，可以将非对称信息按照非对称发生的时间和非对称信息的内容进行划分。从非对称发生时间上看，非对称性可能发生在参与人达成共识之前（事前非对称），也可能发生在参与人达成共识之后（事后非对称），因此一般用逆向选择模型和道德风险模型分别对两种行为进行刻画。从非对称信息的内容上看，非对称信息可能是涉及某些参与人行为，也可能是涉及某些隐藏的信息，因此一般用隐藏行为模型和隐藏信息模型分别对两种行为进行刻画。

12.2.3　委托代理理论

委托代理问题最早出现于亚当·斯密的著作《国富论》中，但是由于当时的社会处于工场手工业时期，股份公司不是企业普遍存在的形式，因此委托代理问题并不为人们所普遍重视[1]。20世纪30年代，美国经济学家伯利和米恩斯在《现代企业与私有财产》一书中系统论述了现代企业中的委托代理问题，由此开创了委托代理理论（Principal-Agent Theory）。该理论建立在非对称信息博弈论的基础上，倡导企业经营权和所有权的分离，企业所有者保留剩余索取权，

---

[1]　亚当·斯密. 国富论（下卷）［M］. 郭大力，王亚南，译. 北京：商务印书馆，2014：312.

而让渡经营权，并成为现代公司治理的起点。一般而言，标准的委托—代理理论有三个基本假设：一是代理人具有"私人信息"，其行为不易被直接观测到；二是委托人不直接介入生产活动，与代理人的信息不对称；三是代理人是"经济人"，追求自身效用最大化。其中，最根本的在于信息不对称。

委托代理理论研究的核心是在委托代理关系中由于委托人和代理人的目标函数不一致、信息不对称而产生的"委托代理问题"，其中心任务是研究在利益相冲突和信息不对称的环境下，委托人如何设计最优契约激励代理人。委托代理理论认为，信息不对称会产生两种严重后果：一是逆向选择，在这种情况下，卖方（即代理人）拥有比买方（即委托人）更多的关于产品质量的信息，因此典型的买方只愿意根据平均质量支付价格，这样一来，质量高于平均水平的产品就会退出市场，造成"劣币驱逐良币"现象的发生；二是道德风险，即契约的代理人利用其拥有的信息优势采取契约的委托人所无法观测到的作为或不作为，从而导致委托人损失或代理人获利的可能性。在这种情况下，建立激励约束机制就成为解决由于信息不对称而产生的委托代理问题的一种重要的制度安排。

委托代理理论最早的模型化方法是由威尔逊（Wilson）[①]、罗斯（Ross）等人提出的状态空间模型化方法。这种方法虽然能够将每种技术关系进行直观表述，但无法得到经济学上有信息量的解。在对非对称信息下最优激励合同的研究中，莫里斯（Morris，1974）和霍姆斯特姆（Holmstrom）提出了"一阶条件方法"，得出了激励理论一般模型的最优解，但该方法并不能保证最优解的唯一性。[②] 后来的学者进一步发展出"分布函数的参数化方法"，保证了一阶条件方法有效性的条件[③]，成为一种标准化的模型。另一种模型化方法是"一般分布方法"，这种方法最抽象，它虽然对代理人的行动及发生的成本没有很清晰的解释，但却可以得到非常简练的一般化模型。近年来，委托代理理论的模型方法发展迅速，伴随着动态分析的引入，得到更多的关于委托代理理论的结论。

---

① Wilson, R. *The structure of Incentive for Decentalization under Certainty* [M]. LA Decision, 1969.

② Holmstrom B. Moral Hazard and Observabilite [J]. *Bell Journal of Economics*, 1979（10）：74-91.

③ Grossman&Hart. An analysis of the principal-agent problem [J]. *Econometrica*, 1983（53）：1357-1368.

12.2.4 从众行为模型

巴奈吉（1992）等学者用博弈论和委托—代理理论研究了由个别人的行为所导致的集体行动的机制，建立了从众行为模型。在他们构造的序列决策模型中，假如每个决策者在观察到前面决策人的行动后做出决策，并得出试图最优化自己行为的决策者所采用的决策规则具有从众行动的特征，即每个人的行为会忽视私人信息的内容，呈现出与群体中其他人所做事情相同的趋势。

假设有数量为 N 的个体组成的群体，每个个体具有相同的风险中性的 VNM 效用函数，目标是效用最大化。这群参与者面临的选择的集合为 $\{A, B\}$，元素 A 和 B 分别代表了任意两种不同的选择，这两种不同选择能给参与者带来不同效用。设想一开始这 N 个人中有 $N-1$ 个人收到的信息都是选择 A 优于选择 B，但由于那位收到"选择 B 优于选择 A"信息的人处于序列的第一位。在做选择的过程中，第一个人依据自己的信息会选择 B。第二个人自己所拥有的信息是 A 优于 B，但观察到第一个人的行动后，知道第一个人得到的信息是 B 优于 A。在假定每个人拥有相同质量的信息的前提下，第二位行动者会放弃自己的私人信息，根据先验概率选择了 B。第二个人的行动并没有为排在序列里的下一个人提供新的信息，第三个人面临和第二个人一样的处境，因此他也会做同样选择。依次类推，序列决策模型中的每一个人都会选择 B 而不是 A，尽管被加总的信息显示 A 实际上比 B 更应该受到偏好，这样便产生了从众行为。

巴奈吉的研究表明：一个决策者利用已经行动的人所释放出来的信息的做法看似不理性，实际上是个体理性的，因为已经行动的人可能拥有该行动者并不知道但很重要的信息。但是，依据这样的规则行动所导致的结果对群体来说却是无效的。从众模型的建立，解释了不同于囚徒困境的另一种集体非理性行为，即从个体理性出发导致的群体一致性行为。

12.3 基于信息瀑的群体一致性模型

12.3.1 网络外部性

网络外部性是指产品使用者来自消费该产品的效用会随着其他使用相同产品

人的数量的增加而增加的效应。这一规律最早是杰弗里·罗夫斯（Jeflrey Rohlfs）于 1974 年在研究电信服务中发现的，后来迈克尔·凯特（Michael Kats）等经济学家将电信产品的这种特性命名为"网络外部性"。随着研究的深入，网络外部性具有更为广泛的含义，即指的是当采取同样行动的代理人的人数增加时，该行动产生的净价值增量。网络外部性可以为正也可以为负，即产品使用效用会随着其他使用相同产品的人数的增加而增大，导致正网络外部性；消费者也可能随着其他使用相同产品的人数的增加而增加外部成本，导致负的网络外部性。

网络外部性的存在说明人们的行为之间在很大程度上呈互补关系。网络外部性这一经济学术语目前已经成为标准化和一般化的经济学范式。凡是人们从某个行动中的所得，与采取同样行动的人的数量成相关性的情况都是网络外部性。

12.3.2　信息瀑和 BHW 模型

信息瀑是指当一个人观察到他前面的人的行动后，忽视自己的信息，而跟随他前面的人的行动。信息瀑具有正负之分，正的信息瀑指的是所有个体会采取某行为；负的信息瀑指的是所有个体都拒绝某一行动。

BHW 模型是由比坎德尼等人基于信息瀑这一概念做出的序列决策模型。该模型解释了人们为什么会采取一致行动，为什么行为趋同可能是异质且脆弱的（即最终会有不稳定的多重均衡出现），是对网络外部性和从众行为理论的一个重要发展。BHW 模型认为，已有理论解释了四种机制可以保证一致的群体行为：对离开者的惩罚、对外部性的正的支付、一致偏好和沟通。BHW 模型中的决策也是序列行动，在某阶段，决策者会无视自己的私人信息，仅仅依赖从前面决策人那里得到的信息而采取行动。一旦到达这样的阶段，对他人来说，其决定本身就是信息（即给他后面的人提供了如何行动的信号）。因此，下一个决策者从他前面的决策者过去的历史中得到相同的推理，如果他掌握的信号和前面决策者掌握的信号是独立分布的，该行动者就会放弃自己的私人信息而采取前面的决策者所采取的行动。在缺少外部扰动时，后面的行动者依次跟进，信息瀑就产生了。不管对于群体来说结果如何，将其他人的行动纳入推理过程是完全理性的。

这一模型的数学表达式为，如果投资的结果 $v \in V = \{-1, 1\}$，其中 $v = 1$ 表示好的投资结果，$v = -1$ 表示坏的投资结果，在第一期开始之前随机决定。假设

投资结果取值为 $v = 1$ 的概率为 $\mu = \dfrac{1}{2}$；当且仅当所有的投资者都做出投资决策后，才可得到最终的投资结果。在做出投资决策之前，每个投资者都能得到一个与投资结果相关的私人信号，且每个私人信号在投资结果的条件下是独立分布的。将第 i 个投资者获得的私人信号记为 $s_i \in S = \{-1, 1\}$，其中 $s = 1$ 表示好信号，$s = 1$ 表示坏信号。除了私人信号，每两个投资者还可以观察到前面投资者的投资决策，因此每一个投资者的信息集合是他自己掌握的私人信号和前面所有投资者投资历史的综合，即 $\{s_i, a_1, a_2, \cdots, a_{i-1}\}$，其中，$a_j$ 表示第 j 个投资者的投资决策$(0 \leqslant j < i)$；投资历史 $h_i = (a_1, a_2, \cdots, a_{i-1})$。在这个模型中，每个投资者的投资决策$\alpha_i \in A = \{0, 1\}$，其中 $\alpha = 1$ 表示投资，$\alpha = 0$ 表示不投资。

投资者 i 的投资决策和投资的结果决定了他的投资收益 $u_i(a_i, u)$，表达式如下。

$$u_i(a_i, u) = \begin{cases} 0, & \alpha_i = 0 \\ v, & \alpha_i = 1 \end{cases} \qquad (式12-1)$$

在其余条件不确定的情况下，投资者的收益是在其决策信息集下对投资收益的预期值，表达式如下。

$$E u_i\left(\alpha_i, \frac{v}{h_i}, s_i\right) = \begin{cases} 0, & \alpha_i = 0 \\ E\left(\dfrac{v}{h_i}, s_i\right), & \alpha_i = 1 \end{cases} \qquad (式12-2)$$

其中，$E\left(\dfrac{v}{h_i}, s_i\right) = P\left(v = \dfrac{1}{h_i}, s_i\right) * 1 + P\left(v = -\dfrac{1}{h_i}, s_i\right) * (-1)$。

在这个决策模型中，模型的结构和贝叶斯理性是大众信息。每个投资者在观察到其他投资者的决策后，都使用贝叶斯法则更新自己对投资结果的信念，并据此做出投资决策。

巴奈吉等人的从众行为模型和比坎德尼等人的 BHW 模型都是研究个人的行动如何最终演变成群体一致行动的理论。和从众行为模型相比，BHW 模型的不同之处在于通过动态模型将模仿的决策过程视为信息瀑而非"从众行为"。现实中广泛存在的各种协调失灵就是发生信息瀑而产生的结果。

12.4 基于元胞自动机的群决策模型

12.4.1 元胞自动机理论

元胞自动机（CA，Cellular Automata）是 20 世纪 50 年代冯·诺伊曼（Von Neumann）和乌拉姆（Ulam）在生物系统中模拟自我复制时最先提出的一种时间和空间离散，元胞状态有限的数学模型。该模型可以实现，在给定准确的输入编码和足够长的运行时间的情况下，模拟任何复杂的系统。但在该理论提出的早期，受制于计算机硬件条件的限制，有关研究主要停留在理论层次上面。目前，元胞自动机已经应用到了诸多的领域，对于认识和研究复杂性问题均有重要的作用。在结构上，元胞自动机是一个由元胞、元胞空间、邻居、元胞状态集和演化规则五个基本组成部分构成的五元组。其中元胞分布在元胞空间的网格点上，是元胞自动机中的基本单元，也是演化模型中的模拟对象；元胞空间是一种离散的空间网格，最常见的是一维和二维的，极少数情况下也会有三维及三维以上出现；邻居是对中心元胞下一时刻的值产生影响的元胞集合，在一维元胞自动机中，通常以半径 r 来确定邻居，即距离中心元胞在 r（包含 r）之内的元胞被认为是中心元胞的邻居，而在二维元胞自动机中，邻居的形式有很多种确定方式，如 Neumann 型、Moore 型等，具体表示方式如图 12-2 所示。

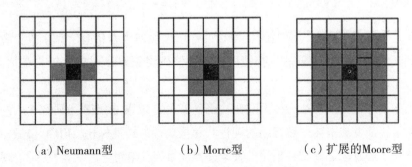

　　（a）Neumann型　　　　　（b）Morre型　　　　　（c）扩展的Moore型

图 12-2　二维元胞自动机常用的邻居形式

元胞状态集是考察元胞某方面的特征时的曲直，理想的元胞自动机只有一个状态变量，并且只能取有限个值；但在实际中，往往有多个状态变量。演化规则是一种改变元胞状态的转移函数，指的是一个从中心元胞的邻居状态到中心元胞下一时刻状态的映射。基于元胞自动机建立的群决策模拟模型主要是完成上述五个部分的确立和构建，其中最关键的在于元胞状态集和演化规则的构建。

12.4.2　演化模型

根据从众行为出现的必要条件，演化模型需要满足以下两个基本的假设。

假设 1：群体中其他决策者的决策是可观察的。

假设 2：各个决策有先后次序，而不是同时做出的。

基于以上假设和元胞自动机理论，可以构建演化模型如下：

$$A = (d, Ld, N, S, F)$$

其中，A 为演化模型；d 为元胞；Ld 为元胞空间，是由决策群体中的所有个体构成的网络，用一个 $n*n$ 的正方形元胞空间来表示；N 为邻居；S 为元胞状态集；F 为演化规则。网格中的每一个元胞均代表一个决策个体，元胞之间的距离表示专业差距或对其他元胞所拥有的决策资源或信息集的可获得性。应用元胞自动机理论建立实际系统的模型的主要内容是完成这五个部分的构建，其中最重要和最关键的是元胞状态集和演化规则的构建，因此下面着重给出这两个部分的相关规则。

（1）元胞状态集

元胞状态集可以分为两类：母状态集 S_m 和衍生状态集 S_c，其中衍生状态集 S_c 涉及母状态集 S_m 的函数，即 $S_c = f(S_m)$。母状态集 S_m 是由从众偏好 S_1 和中心元胞所拥有的决策资源即单元信息量 S_2 共同决定，可以表示为 $S_m = S_1 * S_2$。

已经有的研究成果表明，从众偏好可以被划分为三种类型：从众风险型 s_{11}、环境适应型 s_{12} 和独立型 s_{13}，即 $S_1 = (s_{11}, s_{12}, s_{13})$[①]。中心元胞所拥有的决策资源 S_2 可能的状态有 $\sum_{i=0}^{n} C_n^i$ 种可能性

衍生状态集 S_c 是由元胞在某一时刻的真实方案 S_3、元胞在某一时刻最终选择的方案 S_4 和元胞某一时刻的实际从众类型 S_5 组成。元胞在某一时刻的真实方案 S_3 可能是备选方案集 $\{Y_1, \cdots, Y_i, \cdots, Y_m\}$ 中的任何一个，故可以用 $(s_{31}, \cdots, s_{3i}, \cdots, s_{3m})$ 表示，其中 $s_{3i} = Y_i$，$i \in (1, m)$。元胞在某一时刻最终

---

① Lu J Q. An empirical study on the herd behavior of Chinese securities investors [J]. *Psychogogical Science*，2007，30(2)：431 - 433.

选择的方案 S_4 也有 m 种状态，可以用 $(s_{41}, \cdots, s_{4i}, \cdots, s_{4m})$ 表示，其中 $s_{4i} = Y_i$, $i \in (1, m)$。元胞某一时刻的实际从众类型 S_5 包括真实从众 s_{51}、虚假从众 s_{52}、真实不从众 s_{53}、虚假不从众 s_{54}，即 $S_5 = (s_{51}, s_{52}, s_{53}, s_{54})$。

在元胞状态集中，非独立型决策者的选择将影响邻居元胞的最终方案。真实方案是中心元胞每次吸收邻居元胞的信息后，形成的不受到邻居上一时刻最终方案影响的决策方案。非从众型决策者的选择将影响真实方案。

（2）演化规则

一般而言，下一个元胞 $t+1$ 时刻的状态受到 t 时刻其邻居元胞状态、自身状态和控制变量的影响。可以用以下公式表示：

$$S_r^{t+1} = F(S_r^t, S_{rL}^t; R) \qquad （式12-3）$$

$$S_{rL}^t = F(S_{rL(1)}^t, \cdots, S_{rL(k)}^t) \qquad （式12-4）$$

$$S \in S_1 * S_2 * S_3 * S_4 * S_5, \quad t = 0, 1, 2, \cdots \qquad （式12-5）$$

其中，S_r^{t+1} 表示元胞空间中位置为 r 的元胞在 $t+1$ 时刻的状态；S_r^t 表示元胞空间中位置为 r 的元胞在 t 时刻的状态；S_{rL}^t 为元胞空间中位置为 r 的元胞的邻居 L 在 t 时刻的状态，根据其在网格中的位置，t 时刻的邻居有 k 个，分别表示为 $S_{rL(1)}^t, \cdots, S_{rL(k)}^t$；$R$ 为控制变量；F 为元胞自动机的演化规则。

决策资源是指参与者在进行决策时所利用的信息元。在下文的演化规则中，将每个信息元看成是一个决策资源，并假设每个决策资源对决策目标的边际贡献率相同。假设可供群体选择的备选方案有 m 个，可以用集合 $\{Y_1, \cdots, Y_i, \cdots, Y_{im}\}$ 表示；进行决策所需 n 个决策资源，其中某个决策资源 i 对于 m 个备选方案支持的权重为计算机按照一定规则生成的，可以用 $\omega_i = \{a_{i1}, a_{i2}, \cdots, a_{im}\}$ 进行表示。则由所有决策资源的支持权重组成的权重矩阵可表示为：

$$\omega_{n*m} = \begin{pmatrix} a_{11} \cdots a_{1m} \\ \vdots \ddots \vdots \\ a_{n1} \cdots a_{nm} \end{pmatrix} \qquad （式12-6）$$

其中，权重矩阵列项和最大的项所对应的方案即为最优方案，可表示为：

$$max\left(\sum_{i=1}^{n} \omega_{i1}, \cdots, \sum_{i=1}^{n} \omega_{ij}, \cdots, \sum_{i=1}^{n} \omega_{im} \right), \quad j = 1, 2, \cdots, m$$

$$（式12-7）$$

中心元胞的初始状态即 $t = 0$ 时刻的决策资源由计算机生成，其 $t+1$ 时刻的 S_2 状态由 t 时刻的 S_2 状态和邻居 t 时刻的状态决定，即 $S_r^{t+1}(S_2) = f_1[S_r^t(S_2),$

$S_{rL}^t(S_2)$]。其中，$t+1$ 时刻的决策资源是由中心元胞及其邻居元胞在 t 时刻的决策资源总和构成，即 $f_1[S_r^t(S_2)，S_{rL}^t(S_2)]=S_r^t(S_2)+S_{rL}^t(S_2)$ 。

中心元胞 $t+1$ 时刻的 S_3 状态是由该元胞在 $t+1$ 时刻的决策资源决定的，即 $S_r^{t+1}(S_3)=f_2(S_r^{t+1}(S_2))$。设 $S_r^{t+1}(S_2)$ 为 k 条单元信息，则 $f_2(S_r^{t+1}(S_2))$ 为 k 条单元信息的权重矩阵的各列之和，表达式如下：

$$max\left\{\sum_{i=1}^k \omega_{i1},\cdots,\sum_{i=1}^k \omega_{ij}\cdots,\sum_{i=1}^k \omega_{im}\right\}, j=1,2,\cdots,m \quad （式12-8）$$

列项和最大的权重所对应的方案为 S_3。

中心元胞 $t+1$ 时刻的 S_4 状态是由中心元胞的从众偏好、中心元胞 $t+1$ 时刻的真实方案和邻居元胞 t 时刻的最终方案决定的，即 $S_r^{t+1}(S_4)=f_3(S_1，S_r^{t+1}(S_3)，S_{rL}^t(S_4))$。初始状态($t=0$) 时刻的最终方案默认为该期的真实方案，即 $S_r^0(S_4)=S_r^0(S_3)$ 。

设 $M*$ 为 $S_{rL}^t(S_4)$ 集合的众数，则

$$f_3(S_1,S_r^{t+1}(S_3)，S_{rL}^t(S_4))=\begin{cases} M^*, & \text{当} S_1=s_{11}, \text{或} S_1=s_{12} \text{且} S_r^{t+1}(S_3)\subseteq S_{rL}^t(S_4) \\ S_r^{t+1}(S_3), & \text{当} S_1=s_{13}, \text{或} S_1=s_{12} \text{且} S_r^{t+1}(S_3)\not\subset S_{rL}^t(S_4) \end{cases}$$

$$（式12-9）$$

中心元胞 $t+1$ 时刻的 S_5 状态是由元胞 $t+1$ 真实方案和最终方案以及邻居 t 时刻最终方案综合决定的，即 $S_r^{t+1}(S_5)=f_4[S_r^{t+1}(S_3)，S_r^{t+1}(S_4)，S_{rL}^t(S_4)]$。初始状态($t=0$) 时刻的实际从众类型默认为真实不从众，即 $S_r^0(S_4)=s_{53}$ 。最终的判定规则可以用如下的表达式进行表示。

$$f_4(S_r^{t+1}(S_3)，S_r^{t+1}(S_4)，S_{rL}^t(S_4))=\begin{cases} s_{51}, & \text{当} S_r^{t+1}(S_4)=S_{rL}^t(S_4) \text{且} S_r^{t+1}(S_4)=S_r^{t+1}(S_3) \\ s_{52}, & \text{当} S_r^{t+1}(S_4)=S_{rL}^t(S_4) \text{且} S_r^{t+1}(S_4)\neq S_r^{t+1}(S_3) \\ s_{53}, & \text{当} S_r^{t+1}(S_4)\neq S_{rL}^t(S_4) \text{且} S_r^{t+1}(S_4)=S_r^{t+1}(S_3) \\ s_{54}, & \text{当} S_r^{t+1}(S_4)\neq S_{rL}^t(S_4) \text{且} S_r^{t+1}(S_4)\neq S_r^{t+1}(S_3) \end{cases}$$

$$（式12-10）$$

该演化模型可以将每个决策者的行为用元胞自动机模型来模拟，每次决策变化的动机都由既定的规则控制，这样每个决策者在特定时刻的状态、所处环境和决策动机就能一一被记录下来，如它有多少信息，从邻居那里获得哪些信息，对外来信息的偏好，自己真实的方案，邻居的决策方案等。当这些信息被获得之后，就可以判断某次决策行为的从众类型。

12.5 实例

12.5.1 移动用户群体聚集行为模型研究

受到用户社会属性的影响，复杂蜂窝移动网络的业务特征和用户行为在时域、空域和内容等多维度上的分布都呈现出以群体为特征的聚集行为规律。但以往的网络资源配置方法停留在静态、孤岛式，造成了网络资源的巨大浪费，因此如何有效利用用户群体行为特征规律进行网络资源的分配将在资源利用率和效能方面存在巨大的提升空间。

杨坤①基于实际运营的蜂窝移动通信系统现实业务场景，提出了一种移动用户群体聚集行为模型。首先从空间、时间等多个维度对用户群体聚集行为进行了深入分析研究，可以得到基站流量在空域、时域和空—时联合的分布规律；其次，通过对空域和时域的联合分析，可以得到精准预测基站业务变化的空—时联合分布模型；最后，基于所提出的业务空—时模型和用户群体行为聚集模型，可以得出几种高能效的无线网络资源配置方法、传输控制方法和基站分级休眠策略，完成利用用户群体行为规律提升无线网络能效新途径的探索。

根据已有研究，用户群体空间维度聚集模型可以使用对数正态分布进行建模；用户群体时间维度聚集模型可以通过将实际数据进行快速傅里叶变换后，提取出主要的频点进行拟合建模。对于南京、香港和苏州三座城市不同网络制式下基站流量频域分析及时域拟合图如下。

---

① 杨坤，张兴，杨居沃，等. 移动用户群体聚集行为模型及其高能效资源配置方法［J］. 中国科学：信息科学，2017，47（05）：620-636.

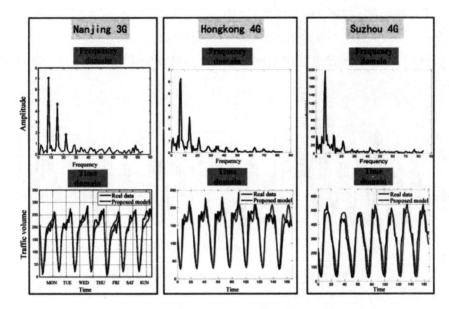

图 12-3　不同城市不同网络制式下基站流量频域分析及时域拟合图

从基站的空域和时域分析中可以看出，多个基站业务流量叠加之后在时域具有明显的周期性。也就是说，一定区域范围内基站叠加后才具备明显的周期规律；而单个基站流量在时域上的变化没有明确的周期性，且单个基站在一周之内的流量变化情况呈现随机性，没有明显的规律。传统模型不能反映这种随机性，因此其准确性不高。为了能更好地描述单基站的流量变化情况，本部分提出一种空—时联合建模方法。该分析方法能够精确建模基站模式下的流量变化情况。具体的建模过程如下。

（1）针对典型区域，利用正弦波叠加模型计算 t 时刻的平均流量：

$$m(t) = \frac{1}{N}\left\{ a_0 + \sum_{k=1}^{3} a_k \sin\left(2\pi \frac{kt}{24} + \varphi_k \right) \right\} \qquad (式 12-11)$$

（2）取典型区域的经验值参数 σ，计算模型参数 $\mu(t)$：

$$\mu(t) = log[\, m(t)\,] - \frac{1}{2}\sigma^2 \qquad (式 12-12)$$

得到基站 i 在时刻 t 的流量 $V_i(t)$：

$$V_i(t) = \frac{1}{t\sigma\sqrt{2\pi}} exp\left\{ -\frac{[\, lnt - \mu(t)\,]^2}{2\sigma^2} \right\} \qquad (式 12-13)$$

随后，通过对比公园、商业区和学校的实际流量与模型产生的流量之间的差异，可以验证空—时模型的准确性。

不同区域实际数据与模型预测对比如图12-4所示，实线为实际流量数据，圆点标记实线为模型产生的流量数据。通过对比可以发现，该模型的准确性可以达到93%以上，因此可以利用该模型对实际蜂窝网络时域和空域进行准确建模。

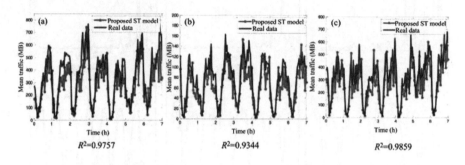

图 12-4　不同区域实际数据与模型预测对比图

12.5.2　结合流形密度的聚集行为模式分割算法

在视频监控和人群模式行为理解的重要应用中，如何识别分割场景中的集体行为仍然是一个极具挑战性的问题。王垆阳[①]受群体运动行为的流形拓扑结构的启发，提出了一种基于流形密度的集体聚类算法。该算法能够识别具有任意形状和不同密度条件下的集体行为的局部和全局模式。首先，一种新的流形距离度量方式被用于挖掘群体运动的深层行为模式，进一步可以定义集体聚集密度的概念，并通过基于聚集密度的聚类算法识别具有局部一致性行为的群组，这种策略在识别具有任意形状的聚类时具有优势。同时，子群组之间的复杂交互作用也被充分考虑，通过引入层次聚集合并算法可得到全局集体行为模式，有效地表征全局一致性关系。通过在多个复杂真实视频数据集中进行实验，证明了所提方法的有效性，并且此种方法相比于已有方法具有更高的识别精度。笔者通过 Collective Motion Database 视频监控数据集完成算法有效性的验证，并对实验结果进行了深入分析。

图12-5是本章提出的聚类算法在视频监控数据集下的识别效果，其中不同集体行为模式已经采用不同颜色特征圈出，噪声点用红色十字表示。

①　王垆阳. 基于流形密度的人群聚集行为分析方法研究［D］. 国防科技大学，2018. DOI：10.27052/d.cnki.gzjgu.2018.001446.

图 12-5 不同数据场景下流形密度算法的识别结果

　　从图中可以看出，本算法在不同场景、不同个体、不同交互的情况下都能有效地识别出正确的集体行为。另外，对于图中的一些特殊场景，由于异常个体与正常群体的规模存在较大的不平衡性且存在着复杂关系，会进一步增加集体行为的识别难度，如路口行人流穿行和异常个体穿过人群等场景。而实验结果则可以实现异常个体所对应的"小簇"与正常群体对应的"大簇"较为正确地分开，体现了算法模型的准确性及对于簇规模不平衡问题的鲁棒性。综上所述，该算法能够有效地识别出视频中的局部和全局集体行为，并且对于多密度和复杂结构下的场景自动确定群组数量并有效剔除噪声点。

第四篇　社交网络信息传播与演化机理篇

第十三章 在线社交网络信息检索

社交网络是在线社交网络（Online Social Network，OSN）的简称。社交网络服务是基于六度分隔理论，以互动交友，用户之间共同的兴趣、爱好、活动或者用户间真实的人际关系为基础，以实名或者非实名的方式在网络平台上构建的一种社会关系网络服务。目前社交网络主要以综合性的 Web 站点作为实现形式，向用户提供在线个人信息管理服务、人际关系管理服务，以及多模式的信息交流服务。2004 年 Facebook 上线，它基于真实的人际关系网向用户提供综合性的社交服务，被认为是第一个真正意义上的社交网站。自此以后，社交网络快速发展，综合性社交社区、专注特定领域的垂直社区、以信息流为主的社区相继出现。当今热门的 Facebook、Twitter、LinkedIn、微博、豆瓣网、知乎社区都属于社交网络，其为社交参与者建立、拓展、维系各类人际关系而进行的个人展示、互动交流、休闲娱乐等活动提供交流平台。截止到 2020 年年初，世界上最大的社交网站 Facebook 月活跃用户已突破 20 亿，其网络流量曾一度超过网络巨头 Google，超过 YouTube 的 15 亿、微信的 8.89 亿、Twitter 的 3.28 亿；同时，在国内，新浪微博的月活跃用户突破 4 亿，日活跃用户突破 2 亿。

信息检索（Information Retrieval）是从大规模非结构化数据中获取信息的过程，如搜索引擎就是典型的信息检索技术的应用。信息检索的过程就是基于用户需求，从待检索的数据对象集合中找出满足用户信息需求的信息，最后得到排序的输出结果并展示给用户。在线社交网络数据结构有其特殊性，以微博的"话题"（#话题名称#）为例，这种新型的信息组织方式是传统信息检索研究没有涉及的，所以对社交网络信息的检索成了一门研究课题。

13. 1 社交网络内容搜索

内容搜索是指给定查询，从大量信息中返回相关信息的过程。例如，在微博上搜索相关热点事件名称，能够返回关于热点事件的微博，内容搜索是信息搜索最经典的应用形式。比较实用的信息搜索模型有布尔模型、向量空间模型（VSM）以及概率模型等。

13. 1. 1 布尔模型

布尔搜索模型被用在最早的搜索引擎中并沿用至今，它又称为精确匹配搜索，因为被搜索到的文档都能精确匹配搜索需求，不满足的文档不会被搜索到。虽然这是一个排序的简单形式，但是布尔搜索不算是一个排序算法。①

布尔搜索模型假设在搜索到的集合中，所有文档关于相关性都是等价的，同时假设了相关性一个二元的，在搜索评价里只有两种输出结果（True 和 False），并且查询往往需要用到布尔逻辑操作符（*And*, *Or*, *Not*）。②

布尔搜索有很多优点，这个模型的结果很容易推断和向用户解释。布尔查询项的运算域可以是任何文档特征，而不只是词语，所以可能在搜索规范中融入元数据。从实现的角度来说，比多数搜索模型更有效，更容易实现。③

布尔搜索最主要的缺点是效率完全依赖于用户。由于缺少复杂的排序算法，简单的查询并不能很好地完成搜索任务。④ 包含特定搜索词的所有文档都会被搜

---

① Cordón O, Herrera-Viedma E, Luque M. Improving the learning of Boolean queries by means of a multiobjective IQBE evolutionary algorithm [J]. *Information Processing & Management*, 2006, 42 (3)：615-632.

② Smith M P, Smith M. The use of genetic programming to build Boolean queries for text retrieval through relevance feedback [J]. *Journal of Information Science*, 1997, 23 (6)：423-431.

③ Coello C A C, Lamont G B, Van Veldhuizen D A. *Evolutionary algorithms for solving multi-objective problems* [M]. New York：Springer, 2007.

④ Choi J, Kim M, Raghavan V V. Adaptive relevance feedback method of extended Boolean model using hierarchical clustering techniques [J]. *Information processing & management*, 2006, 42 (2)：331-349.

索到，并且这个搜索到的集合会被按照某种与相关性无关的顺序展现给用户①。

13.1.2 向量空间模型

向量空间模型是 20 世纪绝大多数信息搜索研究的基础，使用这个模型的论文也不断出现在各种会议中，这个模型由于简单、直观而很引人注目，其使用的框架便于进行词项加权、排序和相关反馈等工作。

文档和搜索词都被假设是一个 t 维的向量空间的一部分，其中 t 是索引词项的个数。一篇文档 D_i 表示为索引词项的一个向量：

$$D_i = \{d_{i1},\ d_{i2},\ \cdots,\ d_{im}\} \qquad （式 13-1）$$

其中表示第 d_{im} 个词项的全职。一个包含 n 个文档的数据集，可以表示为一个词项权值的矩阵如下，其中每一行表示一篇文档，每一列表示相应文档在相关词项上的权值大小。

$$
\begin{array}{ccccc}
 & term_1 & term_2 & \cdots & term_r \\
doc_1 & d_{11} & d_{12} & \cdots & d_{1r} \\
doc_2 & d_{21} & d_{22} & \cdots & d_{2r} \\
\vdots & \vdots & \vdots & \ddots & \vdots \\
doc_n & d_{n1} & d_{n2} & \cdots & d_{nr}
\end{array} \qquad （式 13-2）
$$

查询项采用和文档同样的表示，即查询表示为具有 t 个权值的向量。向量空间一个重要的优点是，可以采用简单的图形对文档的查询进行可视化，在一个三维图形中表示为一个点或者向量，基于这种表示，文档可以通过计算文档和查询点之间的距离来进行排序，通常使用相似度度量，得分最高的文档被认为与查询最相似。其中最为成功的是余弦相似度法，查询和文档向量夹角的余弦值，当所有向量被归一化后，所有向量等长，两个完全相同的查询和文档向量夹角余弦值为 1，两个完全没有公共词项的查询和文档的向量夹角余弦值为 0。向量空间模型图例如图 13-1 所示。

---

① Kraft D H, Bordogna G, Pasi G. An extended fuzzy linguistic approach to generalize Boolean information retrieval [J]. *Information Sciences-Applications*, 1994, 2 (3)：119-134.

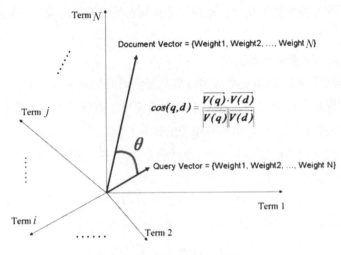

图 13-1　向量空间模型图例

　　向量空间模型经过多年的实验验证非常有效，但是作为一个搜索模型，虽然提供了计算的框架，它最大的缺点是对于加权和排序算法如何影响相关性，只提供了很少的详细说明。

13.1.3　概率模型

　　概率模型是基于概率排序原则的，概率排序原则是指如果一个参考搜索系统对每个查询的反馈都是数据集中所有文档根据和用户查询的相关性概率值降序排序的结果，并且其中的概率值都被尽可能精确地估计出来，那么该系统对于其用户的整体效果就是基于这些数据能够获得的最好效果。任何相关性假设为二元的搜索模型中，对每个查询都有两组文档：相关文档集合和非相关文档集合。给定一个新的文档，搜索引擎的任务可以描述为判断文档是否属于相关集合或非相关集合。采用某种方法计算相关文档的概率和非相关文档的概率，随后就能合理地将具有最高概率的文档进行划分。

　　当条件概率 $P(R \mid D) > P(NR \mid D)$ 时，认为文档是相关的，否则认为文档是不相关的，其中 $P(R \mid D)$ 是相关性的条件概率，$P(NR \mid D)$ 是非相关性的条件概率，这就是著名的贝叶斯法则，采用这种方式进行分类的系统叫贝叶斯分类器。条件概率的计算是利用贝叶斯法则，使用先验概率将条件概率问题转换为计算似然比率，采用似然比率作为分值，可以避免搜索引擎做出分类判断，只需要对文档评分排序，排序较高的是那些对于归属到相关集合具有较高似然值的文档。

类似的，二元独立模型是用于计算文档得分的模型，二元独立模型的假设是在这个模型中，文档表示为一组二元向量特征，且假设词项之间是独立的（朴素贝叶斯假设），意味着可以通过单独词项的概率乘积估计条件概率。

BM25 模型通过加入文档权值和查询项权值，拓展了二元模型的得分函数。其主要思想如下：对查询进行语素解析，生成语素 q_i；然后，对于每个搜索结果 D，计算每个语素 q_i 与 D 的相关性得分；最后，将 q_i 相对于 D 的相关性得分进行加权求和，从而得到查询与 D 的相关性得分。

这种拓展是基于概率论和实验验证的，并不是一个正式的模型。BM25 在 TERC 搜索实验上表现得很好，而且对包括网页搜索引擎的商业搜索引擎中的排序算法影响很大。

13.2　社交网络内容分类

面向文本的分类称为文本分类，社交网络内容分类同样是面向文本的分类。分类包括训练和测试两阶段。简单地说，训练是根据已标注类别的语料来学习分类规则或规律的过程，而测试是将已训练好的分类器用于新文本的过程。不管是训练还是测试，都需要将分类对象进行特征表示，然后利用分类算法进行学习或者分类。

13.2.1　文本特征选择

文本的特征表示，就是通过分析文本的格式、语义或者主题等，将文本表达成实值向量的形式，这里的实值向量又叫文本的特征向量。① 在机器学习以及自然语言处理（NLP）领域内，模型的输入不能是原生的文本语料，而是数值向量的形式②。

---

① Kontostathis A, Pottenger W M. A framework for understanding Latent Semantic Indexing (LSI) performance [J]. *Information Processing & Management*, 2006, 42 (1): 56-73.

② Harrington P. *Machine learning in action* [M]. Greenwich: Manning Publications Co., 2012: 56-57.

对于文本的特征向量化，一般基于 BOW（Bag-of-Words，词袋）模型的思想。该模型最早由 ZS Harris 于 1954 年提出：一条文本可看作所包含词语的无序集合，可形象地理解为"用一个袋子装着这些词语"。BOW 模型规定文本特征向量的维数即语料库中词汇的个数，每个向量的值对应文本中词出现的次数。而一般文本特征向量基于词向量的构建。词向量，就是将词转换为实值向量的形式。NLP 中传统的词向量表示方式是 One-Hot Representation（独热表达），它将语料库中的词按照顺序编号形成一个词汇表，词向量的维数即词汇表中词的数量，向量中该词编号对应索引位置上的取值为 1，其余皆为 0。One-Hot Representation 的构建简单而便捷，但此方法构建的文本向量不仅具有高稀疏性和维度灾难的缺陷，还无法捕捉词语或文本之间的语义关联性。[1] 1986 年，辛顿（Hinton）提出了词语的分布式表达（Distributed Representation）方式，其基本思想是将每个词表达成 n 维（n 一般小于 500）非稀疏且连续的实值向量。[2] 与 One-Hot Representation 相比，基于 Distributed Representation 构建的文本特征向量的优点在于其维度大大降低，且非稀疏的表达方式能捕捉到词语或文本之间的语义关联性[3]。

一般而言，文本特征向量构建方法主要分为两大类：基于 One-Hot Representation 的文本表示、基于 Distributed Representation 的文本表示。基于此，以下着重介绍基于 TF-IDF 的文本表示、基于外部格式的文本表示与基于 word2vec 的文本表示 3 种方法。

13.2.1.1　基于 TF-IDF 的文本表示方法

在 BOW 中，文本向量每个分量的取值是对应词在文本出现的次数或频率，而次数或频率并不能很好地衡量词在一篇文档中的"重要性"，即不能区分文本之间不同的关键词。为克服这个缺陷，统计学提出用词的 TF-IDF 值来代替 BOW 中的词频取值。

[1] Efron M. Query expansion and dimensionality reduction: Notions of optimality in Rocchio relevance feedback and latent semantic indexing [J]. *Information processing & management*, 2008, 44 (1): 163-180.

[2] Kumar A, Srinivas S. Latent semantic indexing using eigenvalue analysis for efficient information retrieval [J]. *International Journal of Applied Mathematics and Computer Science*, 2006, 16: 551-558.

[3] Gansterer W N, Janecek A G K, Neumayer R. *Spam filtering based on latent semantic indexing* [M]. London: Survey of Text Mining II. Springer, 2008.

　　TF-IDF 是一种统计方法，它用来衡量词在文本中的重要程度。在 NLP 中，TF-IDF 值通常用来找出一篇文本中的关键词。其中，TF（Term Frequency，词频）表示某个词在文本中出现的频率，其计算方法如公式 13-3。其中，$count(w_i)$ 为文本中词 w_i 出现的词数。

$$TF(w_i) = \frac{count(w_i)}{\sum_k count(w_k)} \qquad （式 13-3）$$

　　IDF（Inverse Document Frequency，逆文档频率）用来衡量词语的权重。其值需要在语料库中做统计计算，计算方法如公式 13-4：

$$IDF(w_i) = log\frac{|D|}{|D(w_i)|} \qquad （式 13-4）$$

　　其中，$|D|$ 为语料库中文本的数量，$|D(w_i)|$ 为语料库中含有词 w_i 的文本的数量。上式表明了某个词在语料库中出现的频率越低，IDF 值就越高。也就是说，若一个词在日常用语中越不常见，则它携带的信息量越多。

　　词的 TF-IDF 值即是将词的 TF 值和 IDF 值相乘，见公式 13-5：

$$TF - IDF(w_i) = TF(w_i) * IDF(w_i) \qquad （式 13-5）$$

　　由公式 13-5 可知，TF-IDF 的值与词在文本中出现的频率成正比，与词在整个语料库中出现的频率成反比。也就是说，若某个不常见的词在某篇文本中出现了很多次，那么这个词对这篇文本就很重要。用 TF-IDF 值来构建文本特征向量的原理：文本之间的区别通常是由在两个文本中都不太常见的词来衡量，因此需增加不常见词的权重，同时降低常见词的权重，便可达到区分文本的目的。不过 TF-IDF 值依然无法克服 BOW 模型的两个固有缺陷：其一，高稀疏性和维度灾难；其二，无法衡量词之间的语义相似性。所以，与 BOW 一样，基于 TF-IDF 的文本表示方法更适用于长文本的过滤，不适用于社交网络信息多出现短文本数据的过滤。

13.2.1.2　基于外部格式的文本表示方法

　　社交网络信息文本数据格式多样，以 Twitter 平台中的推文为例，推文不仅数量庞大，而且种类繁多，但由于其字数的限制，使得推文不仅具有短文本的特性，用户发推文的随意性也使其在外部格式上具有诸多特征。例如，为了呈现足够的信息量，很多新闻类推文会简述新闻主题，并在文末附上 URL 链接，点击 URL 链接即可获得详细的新闻描述，如推文"NY Times：Bob wins

Australian Open 2010. Read more at www. nytimes. com/. "。由于 Twitter 上绝大多数用户都是普通用户，这就决定了绝大多数推文均是记录个人状态或感受的文本消息，这类推文在外部格式上表现为含有大量的俚语、缩写词，甚至拼写错误的词。如推文"Bob：I am having severe headache … Shud call the doc later tonight！"。

经研究发现，推文的格式虽然庞杂，但相同主题类别的推文在外部格式上大致遵循着统一的规则。如新闻类的推文通常格式规范，不含俚语、网络语以及错别字，且含有 URL 链接，而个人观点类推文则一般含有第一人称代词、情感词、强调词、感叹号等。通过分析大量推文的外部格式特性及其对应的主题类别，基于外部格式将推文表示成特征向量的形式，可初步过滤掉一部分格式极不规范的不良推文。

以 Bharath Sriram 提出的 8F 模型为例，Bharath Sriram 通过观察和研究大量的推文，按照主题将其分为新闻类推文（News）、事件类推文（Events）、个人观点类推文（Opinions）、商业贸易类推文（Deals）、私人消息类推文（Private Messages）5 大类。通过考察这 5 大类推文在格式上的异同，提取了 8 类外部结构特征：推文作者类别（authorship information）、推文中是否存在缩写词与俚语、推文中是否存在时间与地点信息、推文中是否存在表个人观点词、推文中是否存在表强调的词（大写的词、含有 3 个以上重复字母的词等）、推文中是否存在货币和统计学术语、推文文首是否存在"@ username"、推文文中是否存在"@ username"。这 8 类特征中，除了推文作者类别的取值可以是很多种，如政界领导人、记者、社会名人、普通用户等，其余 7 类特征取值只能是 0 或 1，其中 0 表示不存在，1 表示存在。

基于外部格式的文本表示方法将特征向量的维度降低到了数十维，有效地克服了 BOW 维度灾难的缺陷。然而，外部格式并不能对社交媒体文本数据做精细的分类，即划分到同一类别的短文本集合在语义或主题上的差异化依然很大。此方法只适合对社交媒体文本数据进行初步的过滤。

13.2.1.3　基于 word2vec 的文本表示方法

word2vec 能高效地将大规模训练语料中的词表征为 Distributed Representation 形式的实值向量。word2vec 能把词映射为 K 维向量空间中的点，向量空间中点与点之间的距离（如余弦距离等）可用来衡量词与词在语义上的相似度。①

　　2003 年，本吉奥（Bengio）在文章 *A Neural Probabilistic Language Model* 中提出了 NNLM（Neutral Network Language Model，神经网络语言模型），其结构原理如图 13-2 所示。

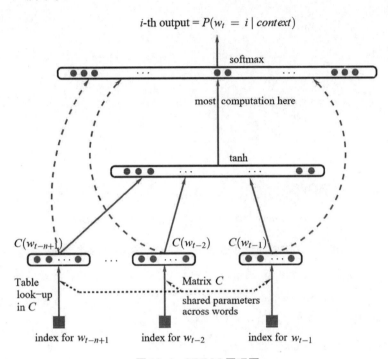

图 13-2　NNLM 原理图

　　NNLM 采用文本分布式表示，即 Distributed Representation，其目标是构建语言模型，如公式 13-6：

$$f(w_t, \cdots, w_{t-n+1}) = \hat{P}(w_t \mid w_1^{t-1}) \qquad\qquad （式 13-6）$$

　　该语言模型通过已知的前面 $t-1$ 个词 w_1^{t-1}，预测第 t 个词 w_t 出现的概率。其中，Distributed Representation 表示的词向量是训练语言模型的一个"附加产物"。

　　word2vec 是在 NNML 基础上的简化和改进，训练模型包括 CBOW（Continuous Bag-Of-Words，连续词袋模型）和 Skip-gram 两种，如图 13-3 所示。

①　Maddage N C, Li H, Kankanhalli M S. Music structure based vector space retrieval［C］// Proceedings of the 29th annual international ACM SIGIR conference on Research and development in information retrieval，2006：67-74.

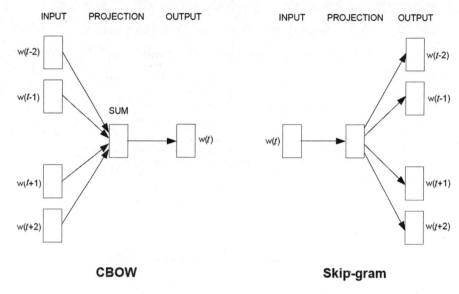

图 13-3　word2vec 中的 CBOW 和 Skip-gram 模型

如图 13-3 所示，在 NNLM 的基础上，CBOW 删掉了最耗时的非线性隐层，并且所有词共享隐层。CBOW 通过已知的上下文 $context(w_t)$ 来预测当前词为 w_t 的概率 $P[w_t \mid context(w_t)]$。而 Skip-gram 与 CBOW 正好相反，它通过已知的当前词 w_t 来预测上下文为 $context(w_t)$ 的概率 $P[context(w_t) \mid w_t]$。

CBOW 和 Skip-Gram 模型均有基于 HS 和基于负采样（Negative Sampling）两种子模型。其中，HS 模型通过在语言模型的输出层构造一棵 Huffman 树，语料库中的所有词为 Huffman 树的叶节点，每个词的词频为 Huffman 叶节点的权值。利用二分类方法计算 Huffman 树每个叶节点出现的概率，就可以计算出 $P[w \mid context(w)]$ 或 $P[context(w) \mid w]$。通过构造概率函数 P 的似然函数，由梯度上升法优化似然函数的同时，实现了词向量的训练。而与 HS 模型不同的是，负采样模型在输出层采用负采样算法来构造 P 函数，其核心思想是计算目标单词和窗口中的单词的真实单词对"得分"，再加一些"噪声"，即词表中的随机单词和目标单词的"得分"。将真实单词对"得分"和"噪声"作为代价函数，每次优化参数，只关注代价函数中涉及的词向量。

13.2.2　文本分类方法

文本数据的分类就是利用有监督的机器学习方法对文本分类，再过滤掉指定类别的文本数据，它是文本语义分析的一个较为广泛的应用。[①]

文本分类是在预先设定好的分类体系下，根据文本内容自动地对文本标注合适的类标签。文本分类是有监督学习在文本处理问题上的一种特定应用，属于机器学习中的分类问题。[②] 因此，可以通过机器学习的理论体系来实现文本的分类。文本分类通常被拆分为两个阶段：学习或训练阶段、分类阶段。[③]

文本分类技术在信息检索、文本挖掘、垃圾信息过滤等领域有广泛的应用。具体的文本分类方法有很多种，下文对朴素贝叶斯、决策树、支持向量机这三种主流的文本分类方法进行简要的介绍。[④]

13.2.2.1 朴素贝叶斯

贝叶斯决策理论会选择较高概率对应的类别，这便是贝叶斯决策理论的核心思想。而朴素贝叶斯中的"朴素"是指假定特征之间是相互独立的。这里的独立指的是统计意义上的独立，对应到 BOW 构建的文本特征向量中，即一个特征或者单词出现的可能性与其他单词无关。

假设 y 是类别变量，输入特征向量为 $X = (x_1, x_2, \cdots, x_n)$。由贝叶斯定理，可用条件概率来表示 X 属于类别 y 的概率。

$$P(y \mid X) = \frac{P(y) P(X \mid y)}{P(X)} \qquad (式13-7)$$

由于特征之间是统计独立，所以

$$P(x_i \mid y, x_1, \cdots, x_{i-1}, x_{i+1}, \cdots, x_n) = P(x_i \mid y) \qquad (式13-8)$$

对所有 n 个特征：

$$P(y \mid X) = P(y \mid x_1, \cdots, x_n) = \frac{P(y) \prod_{i=1}^{n} P(x_i \mid y)}{P(x_1, \cdots, x_n)} \qquad (式13-9)$$

由于 $P(x_1, \cdots, x_n)$ 为相同的常数因子，所以得到

$$P(y \mid x_1, \cdots, x_n) \propto P(y) \prod_{i=1}^{n} P(x_i \mid y) \qquad (式13-10)$$

[①] 周志华. 机器学习 [M]. 北京：清华大学出版社，2016.

[②] Larose D T, Larose C D. *Discovering knowledge in data: an introduction to data mining* [M]. New York: John Wiley & Sons, 2014.

[③] Conway D, White J. *Machine learning for hackers* [M]. O'Reilly Media, Inc., 2012: 123-124.

[④] Zhai C X, Lafferty J. A risk minimization framework for information retrieval [J]. *Information Processing & Management*, 2006, 42 (1): 31-55.

所以类别判别规则为

$$\hat{y} = \arg\max_{y} P(y) \prod_{i=1}^{n} P(x_i \mid y) \qquad (式 13-11)$$

其中 $\hat{y}$ 为朴素贝叶斯方法判定的样本类别。由以上公式可知，该方法的关键在于计算 $P(x_i \mid y)$。例如，在 BOW 模型中，用归一化后的词频来计算 $P(x_i \mid y)$ 即可，计算过程中可直接利用特征向量的值，非常方便；若是基于 word2vec 构造的文本特征向量，由于向量每一维的值不表征词频，且值连续，这种情况下，一般假设特征向量在特定维度和指定类别下的取值符合高斯分布，其计算方法如公式 13-12：

$$P(x_i \mid y) = \frac{1}{\sqrt{2\pi\sigma_y^2}} \exp\left(-\frac{(x_i - \mu_y)^2}{2\sigma_y^2}\right) \qquad (式 13-12)$$

其中，σ_y 和 μ_y 分别表示特征在第 i 个维度、类别 y 下的标准差和期望值，一般由最大似然估计的方法得到。

13.2.2.2　决策树

决策树（Decision Tree）是一种常见的可用于分类的算法模型。树中每个节点表示某个特征属性，每个分叉路径则代表特征属性可能取的值，叶节点则表示样本所属的类别标签。

假定当前样本集合 D 中第 k 类样本所占的比例为 $p_k (k = 1, 2, \ldots, \mid y \mid)$，则 D 的信息熵定义为

$$Ent(D) = -\sum_{k-1}^{\mid y \mid} P_k \log_2 P_k \qquad (式 13-13)$$

其中，$Ent(D)$ 的值越低，则 D 的纯度越高；反之，则 D 混合的数据类别越多。

用离散属性 a 对样本集 D 进行划分所获得的"信息增益"（V 为分支数）：

$$Gain(D, a) = Ent(D) - \sum_{v-1}^{v} \frac{\mid D^v \mid}{\mid D \mid} Ent(D^v) \qquad (式 13-14)$$

由公式 13-14 可知，信息增益表征了样本集划分前后信息熵的变化。信息增益越大，则意味着数据集被某个属性划分后，分支结点下的样本集被尽可能地划分为了同一类别，因此获得信息增益最高的属性特征符合最佳选择的特征。

除了信息增益，基于二叉树结构的 CART（Classification and Regression Tree，分类回归树）使用"基尼指数（Gini Index）"来选择划分属性，数据集 D 的纯度可用基尼值来度量，基尼指数的计算方式如公式 13-15：

$$Gini(D) = \sum_{k=1}^{|y|} \sum_{k' \neq k} P_k P_{k'} = 1 - \sum_{k=1}^{|y|} p_k^2 \qquad \text{(式 13-15)}$$

直观来说，$Gini(D)$ 反映了从数据集 D 中随机选取两个样本，不属于同一类别的概率。因此，$Gini(D)$ 越小，则两个样本属于同一类别的可能性越大，也就是说，数据集 D 的纯度越高。

综上可知，属性 a 的基尼指数定义为

$$Gini\_index(D,\ a) = \sum_{v=1}^{v} \frac{|D^v|}{|D|} Gini(D^v) \qquad \text{(式 13-16)}$$

可在候选属性集合 A 中选择那个使划分后基尼指数最小的属性作为最优划分属性。

13.2.2.3 支持向量机

支持向量机（Support Vector Machines，SVM）是一种二分类模型，它的目的在于找到一个能准确分类的分界面，使分界面与距其最近的异类样本点之间的间隔均达到最大。这里的分界面又叫最大边缘超平面。最大边缘超平面使 SVM 具有很强的鲁棒性，即使有噪声信息导致的轻微的数据扰动，SVM 也会尽可能地把样本分类正确。

对应到最优化的理论，最大化间隔等价于优化。

$$\begin{cases} \min\limits_{w,\ b} \dfrac{1}{2} ||w||^2 \\ y_i(w^T x_i + b) \geq 1,\ i = 1,\ 2,\ \cdots,\ m \end{cases} \qquad \text{(式 13-17)}$$

公式 13-17 是一个凸二次规划（convex quadratic programming）问题，其计算复杂度太高。对公式 13-17 使用拉格朗日乘子法可得到其"对偶问题"（dual problem）：

$$\begin{cases} \max\limits_{\alpha} \sum\limits_{i=1}^{m} \alpha_i - \dfrac{1}{2} \sum\limits_{i=1}^{m} \sum\limits_{j=1}^{m} \alpha_i \alpha_j y_i y_j x_i^T x_j \\ \sum\limits_{i=1}^{m} \alpha_i y_i = 0 \\ \alpha_i \geq 0,\ i = 1,\ 2,\ \cdots,\ m \end{cases} \qquad \text{(式 13-18)}$$

解出 α 后，求出 w 与 b 即可得到模型：

$$f(x) = w^T x + b = \sum_{i=1}^{m} \alpha_i y_i x_i^T x + b \qquad \text{(式 13-19)}$$

上述过程需满足 KKT（Karush-Kuhn-Tucker）条件，如公式 13-20：

$$\begin{cases} \alpha_i \geq 0 \\ y_i f(x_i) - 1 \geq 0 \\ \alpha_i[y_i f(x_i) - 1] = 0 \end{cases} \qquad (\text{式 13-20})$$

于是，对任意训练样本 (x_i, y_i)，总有 $\alpha_i = 0$ 或 $y_i f(x_i) = 1$。当 $\alpha_i = 0$ 时，该样本不会对 $f(x)$ 有任何影响；若 $\alpha_i > 0$，则必有 $y_i f(x_i) = 1$，所对应的样本点是一个支持向量。这显示出支持向量机的一个重要性质，即训练完成后，大部分的训练样本都不需要保留，最终模型仅与支持向量有关。

13.3　社交网络内容推荐

推荐系统的出现早于社交网络，从亚马逊将其用于推荐商品开始，推荐系统一直在蓬勃发展。社交网络的推荐，常见的就是推荐好友，这是一种显性推荐。根据社交关系和社交行为进行的推荐属于隐性推荐，如根据微博的内容或者好友的行为来推荐广告和商品。[①]

社交网络推荐也可以被看成是社交网络检索的一个重要组成部分，因为反馈的检索结果是按照一定标准排序展示的，而人的浏览模式决定了其只会关注排名较高的有限数量的反馈结果，所以检索的结果从另一种角度而言也是一种信息推荐。基于社交网络的推荐系统旨在通过应用个性化技术，向用户展示最相关和最具吸引力的信息，解决"信息过载"现象。推荐系统和社交网络的"联姻"提升了用户在社交网络中的使用效率与参与度，同时社交网络中的新兴数据（如标签、评论、点赞、在线社交关系等）有助于推荐系统效力的提升。[②]

自从推荐系统在 20 世纪 90 年代中期成为一个独立的研究领域以来，已经有很多推荐系统被提出，大致可以分为基于内容的推荐系统、基于协同过滤的推荐系统和混合推荐系统。

---

① 唐瑞. 基于内容的推荐与协同过滤融合的新闻推荐研究 [D]. 重庆：重庆理工大学，2016.

② 张应辉，司彩霞. 基于用户偏好和项目特征的协同过滤推荐算法 [J]. 计算机技术与发展，2017，27（01）：16-19.

13.3.1 基于内容的推荐系统[①]

基于内容的推荐系统起源于信息检索和信息过滤研究，其推荐的项目基于用户过去喜欢的项目。现有的基于内容的推荐系统大多侧重于推荐带有文本信息的项目，如新闻、书籍和文档。这些系统中的内容通常用关键词来描述，关键词对文档的信息性通常用 TF-IDF 权重来衡量。关键字对文档的 TF 权重表示文档中关键字的出现频率，而 IDF 对关键字的权重定义为关键字在文档中出现频率的倒数。特别是，各种候选项目会与先前由用户评定的项目进行比较。利用一个相似性度量，如一个余弦距离的度量被用来给这些候选项打分。除了传统的基于启发式的推荐方法，还有基于内容的推荐系统使用其他技术，如各种分类和聚类算法。[②]

值得注意的是，基于内容的推荐系统有几个限制：首先是有限的内容分析，这些系统很难被应用于具有自动特征提取固有问题的领域，如多媒体数据；其次是过于专业化，推荐给用户的项目仅限于那些与用户已经评级的项目相似的项目；最后是新的用户问题，让基于内容的推荐系统了解用户的偏好，用户必须评级足够多的项目。因此，基于内容的推荐系统不能向评级很少或没有的用户推荐项目。[③]

13.3.2 基于协同过滤的推荐系统[④]

协同过滤是建立推荐系统最流行的技术之一。它可以直接预测用户的兴趣，从用户过去的行为中发现复杂的和意想不到的模式，如产品评级、复合领域的知识。基于协同过滤的推荐系统的基本假设是，如果用户在过去已经彼此相似，更有可能在未来彼此相似，而不是随机向不同方向变化。现有的协同过滤方法

① 杨博，赵鹏飞. 推荐算法综述［J］. 山西大学学报（自然科学版），2011，34（03）：337-350.

② Kacprzyk J，Nowacka K，Zadrozny S. A. A possibilistic-logic-based information retrieval model with various term-weighting approaches［C］//International Conference on Artificial Intelligence and Soft Computing. Springer，Berlin，Heidelberg，2006：1120-1129.

③ Burke R. Hybrid recommender systems：Survey and experiments［J］. *User modeling and user-adapted interaction*，2002，12（4）：331-370.

④ Yoshioka M，Haraguchi M. On a combination of probabilistic and Boolean IR models for WWW document retrieval［J］. *ACM Transactions on Asian Language Information Processing* (*TALIP*)，2005，4（3）：340-356.

可分为基于内存的方法和基于模型的方法。协同过滤基本原理如图 13-4 所示。

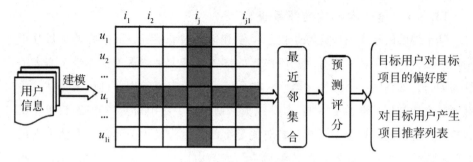

图 13-4　协同过滤基本原理

13.3.2.1　基于内存的协同过滤

基于内存的方法是使用整个用户物品矩阵或一个样本来产生一个预测，这可以进一步分为面向用户的方法和面向物品的方法。其中面向用户的方法预测用户对某个物品的未知评分，将其作为相似用户对该物品的所有评分的加权平均数；而面向物品的方法则根据相同用户对相似物品的平均评分来预测用户对该物品的评分。基于内存的协同过滤方法需要解决的关键问题是计算相似度和聚合评分。面向用户的方法和面向物品的方法可以利用类似的技术来解决这两个问题。因此，这里使用面向用户的方法作为例子来说明计算相似度和聚合评分的代表性方法。[①]

面向用户方法的相似度计算关键步骤是计算用户相似度，为了解决这个问题，学界已提出了许多技术，如皮尔逊相关系数、余弦相似度以及基于概率的相似度，其中皮尔逊相关系数和余弦距离是应用最广泛的方法。[②]

皮尔逊相关系数，即每个用户作为评分向量，用户与用户之间的相关系数可以计算，如公式 13-21：

---

① Tao T, Wang X, Mei Q, et al. Language model information retrieval with document expansion ［C］//Proceedings of the Human Language Technology Conference of the NAACL, Main Conference, 2006：407-414.

② Cao G, Nie J Y, Bai J. Integrating word relationships into language models ［C］// Proceedings of the 28th annual international ACM SIGIR conference on Research and development in information retrieval, 2005：298-305.

$$S_{ij} = \frac{\sum_{k \in I}(R_{ik} - R_i) \cdot (R_{jk} - R_j)}{\sqrt{(\sum_{k \in I} R_{ik} - R_i)^2}\sqrt{\sum_{k \in I}(R_{jk} - R_j)^2}}$$ （式13-21）

余弦距离，即余弦相似度计算，用户之间的余弦距离可以计算，如公式 13-22：

$$S_{ij} = \frac{\sum_{k \in I} R_{ik} \cdot R_{jk}}{\sqrt{\sum_{k \in I} R_{ik}^2}\sqrt{\sum_{k \in I} R_{jk_2}^2}}$$ （式13-22）

面向用户的聚合评分是在获得用户相似度矩阵之后，面向用户通过汇总用户相似度与用户评分来预测给定用户的缺失评分。学界有许多聚合策略，目前使用最广泛的策略是加权平均评级，如公式 13-23：

$$R_{ij} = R_i + \frac{\sum_{u_k \in N_i} S_{ik}(R_{kj} - R_k)}{\sum_{u_k \in N_i} S_{ik}}$$ （13-23）

各式中，R_i 与 R_j 表示 u_i 与 u_j 的用户评分向量集合，S_{ij} 表示 u_i 与 u_j 的用户相似度，N_i 是一组用户已评分物品集合[1]。

13.3.2.2　基于模型的协同过滤[2]

基于模型的方法是通过一个模型来生成评分，并应用数据划分和机器学习技术来从训练数据中找到模型，这些模型可以用来预测未知的评分。与基于内存的协同过滤方案相比，基于模型的协同过滤有一个更全面的目标，即解释观察评分的潜在因素。著名的基于模型的方法如贝叶斯信念网络协同过滤模型、聚类协同过滤模型、基于随机游走的模型和基于因子分解的协同过滤模型。综合而言，基于因子分解的协同过滤比较具有优势，被广泛采用来构建推荐系统。

基于因子分解的协同过滤模型是假设一些潜在的模式影响用户评分行为，并在用户物品评分矩阵上执行一个低阶矩阵分解。设 $u_i \in R_k$ 和 $v_i \in R_k$ 分别为 u_i 和 v_i 的用户评分向量和物品特征向量，其中 k 为潜在因子个数，则有因子分解的协同过滤模型数学表达，如公式 13-24：

$$min \sum_{i=1}^{n} \sum_{j=1}^{m} w_{ij}(R_{ij} - U_i V_j^T)^2 + \alpha(|u|_F^2 + |v|_F^2)$$ （式13-24）

① Harris Z S. Distributional structure [J]. *Word*, 1954, 10 (2-3): 146-162.

② Hinton G E. Learning distributed representations of concepts [C] //Proceedings of the eighth annual conference of the cognitive science society, 1986, 1: 12.

其通过参数控制避免过拟合，其中 w_{ij} 是用来衡量指标的权重。设置 w 的一个方案是 $w_{ij}=1$。权重矩阵 w 也可以用来处理隐式反馈，如用户点击行为、用户和物品之间的相似度、评论质量和用户声誉。[1]

基于协同过滤的推荐系统可以克服基于内容的推荐系统的一些缺点。例如，基于协同过滤的系统使用的是独立于领域的评分信息，因此可以对任何社交网络项目进行修改。然而，基于协同过滤的系统有其自身的局限性，如冷启动问题和数据稀疏问题。[2]

13.3.2.3　混合推荐系统

为了避免推荐系统的某些局限性，混合推荐系统将基于内容和基于协同过滤的推荐方案结合起来，可以大致分为三类。[3]

（1）结合不同的推荐系统：基于这种策略，将基于内容和基于协同过滤的方案分别实现，然后将二者的预测结合起来得到最终的推荐。例如，投票方案和评分线性组合，将二者结合起来。

（2）向协同过滤模型添加基于内容的特征：使用这种策略的系统使用基于内容的底层方案并利用分级项来计算用户或物品间的相似性，这些策略可以克服协同过滤方法的一些稀疏性相关问。

（3）将基于协同过滤的特性添加到基于内容模型中：这种策略下的方案一般是在物品矩阵上使用降维技术。如利用潜在语义索引用于创建一组用户相似度矩阵，与纯基于内容的方法相比，其提高了推荐性能。

---

①　Ramos J. Using tf-idf to determine word relevance in document queries ［C］//Proceedings of the first instructional conference on machine learning，2003，242：133-142.

②　Kandola E J，Hofmann T，Poggio T，et al. A Neural Probabilistic Language Model ［J］. *Studies in Fuzziness & Soft Computing*，2006，194：137-186.

③　Le Q，Mikolov T. Distributed representations of sentences and documents ［C］//International conference on machine learning，2014：1188-1196.

第十四章　社交网络信息传播规律

企业传统的产品开发、广告宣传和营销方式成本高、周期长、效果不明显等特征，阻碍了企业的快速发展。正是由于社交网络的不断发展，企业经营模式从线下逐渐转到了线上，特别是在线社交网络的出现，展现出许多特性。比如，信息传播速度快、信息涉及范围广、社交网络结构复杂多变及信息在网络中呈动态变化等特征。在线社交网络中信息的传播受到越来越多的研究人员的关注，因为研究社交网络中信息的传播规律可以帮助企业营销部门和产品研发部门更确切地了解信息传播机制、预测信息发展态势、预测谣言的传播机理及传播过程的动态变化规律，从而使政府可以据此制定合理的干预政策，推动或者限制信息的传播、控制信息传播速度、传播范围及信息发展走向。对于企业来说，了解信息的传播规律可以帮助其对新产品需求调查、宣传策划方案的制订及广告投放获得更好的效果，因此研究社交网络中信息的传播规律具有重要的商业价值。信息传播仍是目前社交网络分析的一大热点与重点。

14.1　社交网络群体行为

一般而言，社交网络中的群体是指共同目标或兴趣下，通过社交网络自发地或有组织地联系在一起，进行信息共享并能够相互影响的一群人。在线社交网络作为聚集个体和形成群体观点的平台，其强互动性、强聚合性和强不确定性成为催生群体智慧和诱发群体极化的强催化剂。一般认为社交网络群体智慧和群体极化现象本质是信息在社交网络中传播的结果表现，因此在重点探究社交网络信息传播过程中对群体智慧和群体极化不进行区分（但更侧重于群体极化），都认为是群体行为。

14.1.1 社交网络群体行为研究意义

就信息技术视角而言，对于群体行为的研究似乎没有意义，但实际上，研究在线社交网络用户行为动机，能准确把握社交网络用户行为规律，有助于对网络事件的分析、引导和监控，对规范社交网络的管理，保障国家政治、经济和社会安全具有重要的现实意义，对进一步研究社交网络上的信息传播规律具有重要的理论意义。社交网络用户行为是用户在对自身需求、社会影响和社交网络技术进行综合评估的基础上做出的使用社交网络服务的意愿，以及由此引起的各种使用活动的总和，是在线社交网络研究的重要内容。

群体行为是建立在群体聚集的基础之上的，通过群体内部个体之间的相互关系和互动形成某种群体意志结果。这种群体意志的结果在社交网络乃至整个社交网络都具有很大的能量，会对人们行动和社会秩序产生深远影响。因此，研究社交网络群体行为具有重大的理论意义和实际意义。社交网络群体行为的研究是一项多交叉综合课题，需要运用心理学、社会学等诸多学科知识。群体行为是群体意志的表现，群体意志的产生是在群体内部和群体间信息联系、共享和互动的基础活动之上来形成的，探究群体行为就必须从群体视角深入探究社交网络信息传播过程，以期能够把握群体行为的内在特征和行为规律，为社交网络群体行为应用提供有益参考，如群体社区结构、群体意见领袖、群体事件的控制和追踪以及影响力等方面做出贡献。

14.1.2 社交网络群体行为机理

身处于群体中的个体决策必然要受到外部环境特别是群体环境的影响，进而拥有一种集体心理，在思维、行为、情感和意识形态方面与自我独处状态下相比产生较大差异。很早已经有研究群体中个体决策或行为的理论出现，如"羊群效应"、[1] 信息级联、沉默的螺旋、[2] 拟态环境、[3] 知沟假设等[4]，这些理

---

[1] 韩少春，刘云，张彦超，等. 基于动态演化博弈论的舆论传播羊群效应 [J]. 系统工程学报，2011（02）：275-281.

[2] 姚珺. 互联网中的反沉默螺旋现象 [J]. 武汉理工大学学报（社会科学版），2004，17（003）：286-288.

[3] 陈航. 新媒体与"拟态环境"[J]. 南京政治学院学报，2010，26（006）：111-114.

[4] 徐雪高，李靖. "知沟"假设理论研究综述 [J]. 江汉论坛，2010（05）：143-146.

论都在从不同侧面表现个体在群体的影响下的行为特征，这些理论虽然是针对大众传播宏观事件为对象的理论，但在社交网络信息传播与大众媒体传播深入融合的今天仍然与这些理论高度契合，具有重要的借鉴意义，网络信息传播的研究，大多也都是基于此类研究开展的。

14.2 基于网络结构的传播模型

14.2.1 线性阈值模型（LT，Linear Threshold Model）

线性阈值模型主要关注影响力传播过程中的阈值行为，即影响力在传播过程中所具有的累积效应。当一个激活状态的节点尝试激活其非激活状态的邻居节点时，尝试失败节点在该次激活过程中的影响力会被累积，并对后面其他节点对该非激活节点的激活行为产生贡献。也就是说，节点是否被成功激活由多个已激活的前驱节点的影响权重共同决定，因此激活行为并不独立。①

在线性阈值模型中，每条有向边 $(u, v) \in E$ 上都有一个权重 $w(u, v) \in [0, 1]$。直观上说，$w(u, v)$ 反映了节点 u 在节点 v 的所有入邻居中影响力的重要性占比，要求 $\sum_{u \in N-(v)} w(u, v) \leqslant 1$。每个节点 v 还有一个被影响阈值 $\theta_v \in [0, 1]$，这个阈值在 0 到 1 的范围内均匀、随机地选取，一旦确定在传播中就不再改变。与独立级联模型一样，在 $t = 0$ 时刻有且仅有种子集合 S_0 中的节点被激活。在之后每个时刻 $t \geqslant 1$，每个不活跃节点 $v \in \dfrac{V}{S_{t-1}}$ 都需要依据它所有已激活的入邻居到它的线性加权和是否已达到它的被影响值来判断是否被激活，即在时刻 $t-1$，是否满足 $\sum_{u \in N-(v) \cap S_{t-1}} w(u, v) \leqslant \theta_v$。若满足，则节点 v 在时刻 t 被激活（$v \in St$）；否则，节点 v 仍然保持不活跃状态。当某一时刻不再有新的节点被激活时，传播过程结束。

线性阈值模型中节点 v 的阈值 θ_v 表达了节点对一个新实体的接受倾向：阈值

---

① Granovetter, Mark. Threshold Models of Collective Behavior [J]. *American Journal of Sociology*, 1978, 83 (6): 1420-1443.

越高，节点 v 越不容易被影响；反之，阈值越低越容易被影响。节点 v 的入邻居对节点 v 的影响是联合发生的，可能任何一个入邻居都不能单独激活节点 v，但几个入邻居联合起来就可能使对节点 v 的影响力权重超过节点 v 的阈值，从而激活节点 v。这对应了人类行为中在面对一个相对复杂选择时（如购买新型手机、选择移民、参与暴乱等）经常出现的从众行为，也是与独立级联模型相比最主要的不同点。①

线性阈值模型的随机性完全由节点被影响阈值的随机性所决定，一旦随机阈值被确定，后面的传播过程完全是确定性的。在线性阈值模型中阈值在 0 和 1 之间随机选取，这反映了对节点阈值的不了解。然而，在实际中人的被影响阈值虽然有随机性，但应该在更窄的范围内波动。另外，如果用更窄范围的随机阈值（如固定阈值）会使模型的分析和计算难度显著加大。所以，线性阈值模型在阈值选取上面临两难选择，这也是这一模型不如独立级联模型应用广泛的一个原因。②③

14.2.2 独立级联模型（IC，Independent Cascade Model）

如图 14-1 所示，在独立级联模型中，每一条图中的有向边 $(u, v) \in E$ 都有一个对应的概率值 $p(u, v) \in [0, 1]$。直观上说，$p(u, v)$ 表示当节点 u 被激活后，节点 u 通过边 (u, v) 独立激活节点 v 的概率。独立级联模型下的动态传播过程在离散时间点以如下形式完成：在 $t = 0$ 时刻，一个预先选好的初始集合 S_0 首先被激活，而其他节点都处于不活跃状态。这个初始节点集合被称作种子节点集合（seed set）。对任何时刻 $t \geq 1$，用 S_t 表示到这个时刻为止所有活跃点的集合。在任何时刻点 $t \geq 1$，对任何一个在上一时刻刚被激活的节点 $u \in \dfrac{S_{t-1}}{S_{t-2}}$（设 $S_{-1} = \varphi$），节点 u 会对它的每个尚未被激活的出邻居节点 $v \in \dfrac{N^+(v)}{S_{t-1}}$ 尝试激活一

---

① Kempe D, Kleinberg J M, Tardos É. *Maximizing the spread of influencethrough a social network* [M]. Washington DC: Proceedings of the 9th ACM SIGKDD International Conference on Knowledge Discovery and Data Mining (KDD), 2003.

② Chen W, Lakshmanan L V S, Castillo C. Information and Influence Propagation in Social Networks [C] // Information and Influence Propagation in Social Networks, 2010: 11-23.

③ Chen W, Lu W, Zhang N. Time-Critical Influence Maximization in Social Networks with Time-Delayed Diffusion Process [J]. *Journal of computational science*, 2012 (28): 3-10.

次，而这次尝试成功的概率为 $p(u,v)$，且这次激活尝试与所有其他的激活尝试事件相互独立。如果尝试成功，则节点 v 在时刻 t 被激活，即 $v \in \dfrac{S_t}{S_{t-1}}$；如果尝试不成功，且节点 v 的其他邻居也未在时刻 t 成功激活节点 v，则节点 v 在时刻 t 仍为不活跃状态，即 $v \in \dfrac{V}{S_t}$。当在某一时刻不再有新的节点被激活时，传播过程结束。

正如图 14-1 给出了独立级联模型一次传播结果的示意。实心方框表示种子节点，空心方框表示传播结束时被激活的节点；圆圈表示未被激活的节点；实线边表示影响力在该边上成功传播，虚线边表示影响力未在其上传播；边上的数字是该边上影响力传播的概率。在 $t=0$ 时刻，种子节点 1 和 2 被激活；在 $t=1$ 时刻，节点 1、2 分别激活节点 5、4，并且同时激活了节点 3；在 $t=2$ 时刻，节点 5 成功激活节点 6 但没有成功激活节点 9；在 $t=3$ 时刻，节点 6 没有成功激活节点 7；传播至此结束，节点 7、8 和 9 没有在这次传播中被激活。

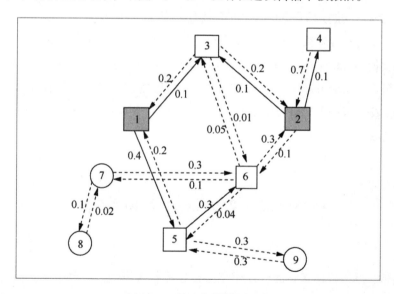

图 14-1　独立级联模型示意

用 S_∞ 表示在传播过程结束时所有活跃节点的集合。如果总节点数为 n，而每一步至少激活一个新节点，则在这个模型下传播最多在 $n-1$ 步后结束，即 $S_{n-1}=S_\infty$。由于传播过程是随机过程，因此 S_∞ 是随机集合。在影响力传播中经常关心的是传播结束后被激活节点个数的期望值，即 $E[|S_\infty|]$，用 $\sigma(S_0)$ 表

示，并称之为（最终）影响力延展度（influence spread）。

在独立级联模型中，任何一个节点 u 对它的任何一个出邻居 v 只有一次尝试激活机会，且发生在节点 u 刚被激活的下一时刻。这看起来似乎是模型的一个局限。但如果只关心最终的影响力延展度，一个节点 u 在何时尝试激活另一节点 v 或者是否多次尝试激活节点 v 并不重要，只要用 $p(u, v)$ 表示节点 u 多次尝试激活节点 v 的总成功概率，影响力延展度和引入多次激活尝试的扩展模型下的延展度是一样的。如果要考虑中间某时刻的影响力延展度，也可将独立级联模型进行适当扩展，以使其更适合实际情况。

独立级联模型抽象概括了社交网络中人与人之间独立交互影响的行为。它通过边上的概率来描述人与人之间发生影响的可能性和强度。很多简单实体（如新消息在在线网络的传播或新病毒在人际间的传播）很符合独立传播的特性。独立级联模型也在基于实际数据的影响力学习中被初步验证是有效的。所以独立级联模型是目前研究最广泛、最深入的模型。

14.2.3　独立级联和线性阈值模型的推广

Kempe 等在独立级联和线性阈值模型的基础上又对其进行了推广，引入了诸如触发模型（triggering model）、通用级联模型（general cascade model）、通用阈值模型（general threshold model）等。总体来讲，这些模型是让独立级联模型中的独立概率或线性阈值模型中的线性权重变得更灵活、覆盖更广的传播形式。由于篇幅关系，在这里不再展开介绍。

14.3　基于群体状态的传播模型

通常，基于群体状态的传播模型主要指流行病模型，顾名思义，传染病模型（epidemic model）集中研究传染病或病毒在人群中的传播，现在也被延伸用来研究信息和影响力传播。最初为研究传染病的传播规律，研究人员科马克（Kermack）和麦肯德里克（McKendrick）使用微分动力学的方法首次创建了经典的传染病模型。① 由于传染病模型的网络结构与社交网络的网络结构极为相似，为研究信息在社交网络的传播，研究人员基于传染病模型又创建了许多信息传播模型②。

在传染病模型的建模中，经典传染病模型将人的状态分为几类，如易感 S（susceptible）、感染 I（infected）、治愈 R（recovered）。

（1）易感染群体，记为 S，表示未接收信息，容易受到感染的群体。

（2）已感染群体，记为 I，表示已经受到感染的群体，并且具有传播信息的能力。

（3）移出群体，记为 R，表示已经接收信息但是不具有传播能力的群体。

在实际的信息传播过程中，三种群体的数量会随着时间的推移而发生不同的变化，其不仅与本身节点有关，而且受周围节点的影响。

基于上述三种状态群体，然后根据可行的状态转换定义出不同的模型，如 SI（susceptible infective）模型描述人从易感变为感染，SIS（susceptible infective susceptible）模型允许人从感染回到易感状态然后再被感染，SIR（susceptible infective removal）模型刻画人从易感变为感染然后再痊愈并永久免疫的情况，相关扩展型的 SEIR（susceptible exposed infectives recovered）模型及 SIRS（susceptible infective removal susceptible）模型。传染病模型有考虑人群整体行为的，也有基于人之间接触网络的。前面介绍的独立级联模型与 SIR 模型在网络中的传播基本具有相同的性质③。

14.3.1　SI 和 SIS 模型

SI 模型相对于其他的几种模型较为简单，它将网络中的个体分为两类：易感者（S）和感染者（I），其中感染者即已经感染疾病的个体且具有传染能力，

① Centola D，Macy M. Complex contagion and the weakness of long ties ［J］. *American Journal of Sociology*，2007，113（3）：702-734.

② Domingos P，Richardson M. *Mining the network value of customers* ［M］. San Francisco：Proceedings of the 7th ACM SIGKDD International Conference on Knowledge Discovery and Data Mining（KDD），2001.

③ Zhien Ma，Yicang Zhou，Jianhong Wu. *Modeling and dynamics of infectious diseases* ［M］. Beijing：Higher Education Press，2009.

而易感者是指以一定的概率感染疾病的个体。① 在社交网络应用中，感染者是指已经接收信息并以一定的概率去传播消息的个体。易感者是指对于未知的消息，以一定的概率接受消息并且变成感染者的个体。设时间为 t ，则用 $S(t)$ ，$I(t)$ 表示在 t 时刻易感者和感染者的人数，网络中已感染的个体会以等概率 γ 接触周围的易感群体，由于整个模型中就包含两种类型的群体，则可以用如图 14-2 描述 SI 模型状态转变②。

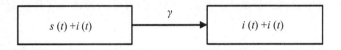

图 14-2　SI 模型状态转换图

设 $S(t)$ ，$I(t)$ 分别为 t 时刻易感者和感染者的所占比例，用公式 14-1 描述 SI 信息传播模型的动力学方程。

$$\begin{cases} \dfrac{ds(t)}{dt} = \gamma s(t) i(t) \\ \dfrac{di(t)}{dt} = -\gamma s(t) i(t) \end{cases} \qquad (式 14-1)$$

可以通过 Matlab 仿真来描述感染者 i 随时间 t 的变化，如图 14-3 所示，图（a）表示 SI 模型中密度 i 随着时间的变化。可以发现，i 会以很快的速度增长，并最终趋于稳定为 1，这表示在人口数量一定时不考虑人口出生和死亡，易感者会逐步转换成感染者。图（b）展示了感染者的密度变化情况。③

SI 模型描述了病毒信息在网络中的传播过程，其建模简单易于实现，比较适用于信息在短时间内的传播研究，但是由于其简单的构建方式，使其在很多方面都有很大的限制。

---

① Ball, Frank, Sirl. AN SIR EPIDEMIC MODEL ON A POPULATION WITH RANDOM NET-WORK AND HOUSEHOLD STRUCTURE, AND SEVERAL TYPES OF INDIVIDUALS. [J]. *Advances in Applied Probability*, 2012. 44（1）：63-86.

② Wei Z, Yanqing Y, Hanlin T, et al. Information Diffusion Model Based on Social Network [J]. 2013：3-22.

③ Hethcote H W. The Mathematics of Infectious Diseases [J]. *Siam Review*, 2000, 42（4）：599-653.

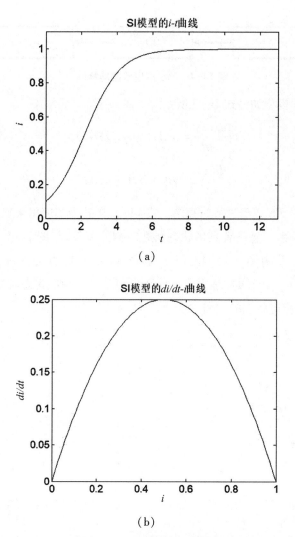

图14-3　SI模型密度变化图

　　而 SIS 模型与 SI 模型的相似之处在于其个体同样有两种状态：感染者和易感者。而与 SI 模型的不同之处在于其感染疾病后可以治愈而重新变成易感者，其在感染者以概率 γ 接触周围易感群体的时候，新感染的群体会以概率 α 转换为易感染状态。SIS 模型转换图如图 14-4 所示。[①]

　　① A D X, B S R. Global analysis of an epidemic model with nonmonotone incidence rate [J]. *Mathematical Bioences*, 2007, 208（2）：419-429.

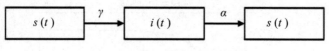

图14-4 SIS模型状态转换图

其微分方程模型如公式14-2所示。

$$\begin{cases} \dfrac{ds(t)}{dt} = \alpha_c i(t) - \gamma s(t) i(t) \\[3mm] \dfrac{di(t)}{dt} = \gamma s(t) i(t) - \alpha_c i(t) \end{cases} \qquad (式14\text{-}2)$$

如下图是对 SIS 模型进行仿真图，式 14-2 中 α_c 为阈值用来观察 α 与感染者定态解之间的关系（感染者具体状态所在时刻的关系）。图 14-5 是对 SIS 模型进行仿真的图，其中图（a）和（b）是当 $\alpha > \alpha_c$ 时的状态图，此时定态解 $i(t) > 0$，图（c）和（d）是当 $\alpha < \alpha_c$ 时的状态图，此时定态解 $i(t) = 0$，这里 t 为网络中达到稳定状态的时间。[1]

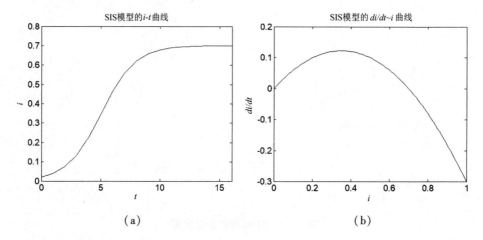

(a)   (b)

---

① Shi H, Duan Z, Chen G. An SIS model with infective medium on complex networks ［J］. *Physica A Statal Mechanics & Its Applications*，2008，387（8-9）：2133-2144.

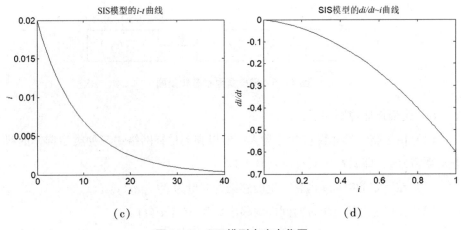

图 14-5　SIS 模型密度变化图

从图 14-5（a）中观察到感染者密度随着时间的增大而增大，随后逐渐稳定，而（c）中，感染者密度随时间的增大而减小，最后归于 0。在（b）中感染者密度变化率随着时间的增大先上升后下降，而在（d）图中感染者密度变化率是一直下降的，呈现负增长。说明选择不同的 α_c，会影响感染者的增减数量和方向的变化。

14.3.2　SIR 模型[①]

SIR 模型是研究人员应用最为广泛的一种，其将某一时刻的网络总人口记为 $N(t)$，将整个群体分成三类，分别为易感者 $s(t)$、感染者 $i(t)$ 和移出者 $r(t)$。其中易感者和感染者与 SIS 模型中的两种类型一致，而移出者则被称为免疫人群，此类群体代表了不再传播消息并且也不接收消息的人群，即对网络中的消息传播不再产生影响。SIR 模型的信息传播机制基于三点：①在社交网络中的总人数是一定的，即模型中不考虑人口的出生、死亡和迁出问题，总人口恒等于一个常数，即 $N(t) \equiv K$；②在单位时间内易感者以一定的概率转换成感染者，且系统内感染者预传染的人数与易感者的人数成正比，设 λ 为比例系数；③单位时间内移出者与感染者总数成正比，设其比例系数为 μ。基于上述条件，对 SIR 模型中三种状态的群体可以用图 14-6 描述其状态发生变化情况。

① 张本红 . SIR 传染病模型参数估计及其应用［D］. 济南：山东大学，2018.

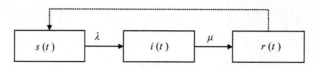

图 14-6 SIR 模型状态转换图

SIR 模型传播规则如下：

（1）由于整个群体仅包含三类人，所以在 t 时刻网络中三种类型群体的状态密度和为 1，即 $s(t) + i(t) + r(t) = 1$。

（2）在一定的时间 t 内新产生的感染者数量为 $N(t)\lambda s(t)i(t)$。

（3）在以 t 为起点单位时间内的移出数为 $N(t)\mu i(t)$。

（4）i_0，s_0 分别表示初始状态下感染者、易感者在总人群中的比例。SIR 模型微分动力学方程如下。

$$\begin{cases} \begin{cases} \dfrac{di(t)}{dt} = \lambda s(t)i(t) - \mu i(t) \\ \dfrac{ds(t)}{dt} = -\lambda s(t)i(t) \\ \dfrac{dr(t)}{dt} = \mu i(t) \end{cases} \\ s(t) + i(t) + r(t) = 1 \\ i(0) = i_0, \ s(0) = s_0 \end{cases} \qquad （式 14\text{-}3）$$

对 SIR 模型进行仿真实验得到三种状态群体随着时间的变化情况，如图 14-7 所示。

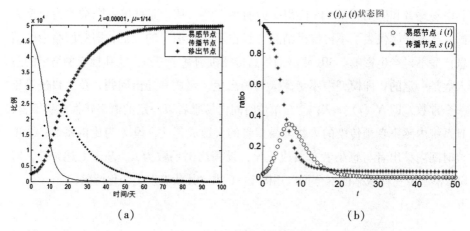

（a）	（b）

图 14-7 SIR 节点状态转换图

就结果而言显然可见，在前一段时间内信息在网络中的传播速度是缓慢的，但是随后传播速度会加快，最后变缓达到一个平稳的状态。

14.3.3　改进 SIR 模型

随着国家对科学技术越来越重视，互联网行业在 21 世纪蓬勃发展，人们在社交网络中的角色和行为越来越复杂，热传播效应也逐渐明显。例如，在社交网络平台中的名人对消息的传播和阻止传播起着重要的作用，这些名人也被称作网络推手，其借助网络媒介进行策划、推广服务对象，包括企业、个人、品牌以及重大活动等。网络推手也可以被称作超级传播者，其有强大的号召力和影响力，且数量较少比较稳定。

基于上述描述的超级传播者特征，对信息在含有超级传播者的社交网络中的传播规则进行构建。

（1）设超级传播者和普通传播者在社交网络中对易感者分别以 α_1 和 α_2 的概率进行接触。

（2）易感者接收传播者传递的信息后转化为传播者。

（3）超级传播者后期以免疫概率 μ 转化为移出者，以 $1-\mu$ 的传播概率转化为普通传播者。

（4）随着时间的增长，最终超级传播节点，普通传播节点及免疫节点所占比例将趋于稳定。

由一般的 SIR 传播模型和社交网络信息传播的基本特征可以得到含有超级传播者的信息传播模型结构图，如图 14-8 所示。

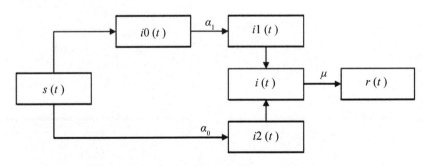

图 14-8　改进的 SIR 模型状态转化图

其中 $s(t)$ 为易感者和 $r(t)$ 移出者，i_0 表示社交网络中超级传播者所占的比例。$i(t)$ 表示 t 时刻普通传播者所占比例，$i_1(t)$、$i_2(t)$ 分别表示超级传播者和普通传播者产生的新的普通者，α_1 和 α_2 分别表示超级传播者和普通传播者在社交网络中接触率。基于上述可以得到改进的 SIR 信息传播模型如公式 14-4 所示。

$$
\left\{
\begin{array}{l}
\left\{
\begin{array}{l}
\dfrac{ds(t)}{dt} = -\,\alpha_1\, i_0 s(t)\, i(t) - \alpha_2 s(t)\, i(t) \\[3mm]
\dfrac{d\beta(t)}{dt} = \mu\,[\,\alpha_1\, i_0(t)\, s(t)\, i(t) + \alpha_2 s(t)\, i(t)\,] \\[3mm]
\dfrac{dr(t)}{dt} = (1-\mu)\,[\,\alpha_1\, i_0(t)\, s(t)\, i(t) + \alpha_2 s(t)\, i(t)\,]
\end{array}
\right. \\[6mm]
\left\{
\begin{array}{l}
s(t) + i(t) + r(t) + i_0(t) = 1 \\[2mm]
i(0) = i_0,\ s(0) = s_0,\ r(0) = 0
\end{array}
\right.
\end{array}
\right.
\qquad (\text{式 14-4})
$$

为了对改进的模型进行仿真实验，通过观察信息的传播规律，我们可以假设模型参数和初始值如下：$\alpha_1 = 600$，$\alpha_2 = 30$，$\mu = 99.35\%$，$i(0) = 0$，$s(0) = 1$，$r(0) = 0$，然后进行实验仿真，得到信息在含有超级传播者的社交网络中变化趋势如图 14-9 所示。

图 14-9（a）展示了信息在初始条件下，当时间达到一个月后，网络中大部分用户熟知此信息，此后三类节点会处于一个稳定的状态，信息在网络中的传播结束。另外，由图可知信息上升的情况为开始上升速度缓慢，接着上升速度加快，最后达到峰值，再逐渐下降，速度逐渐先慢后快，在 40 天后信息传播速度减缓，最终网络中几乎全部为移出节点。

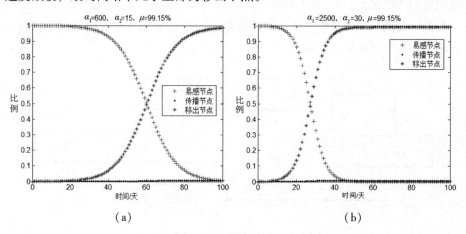

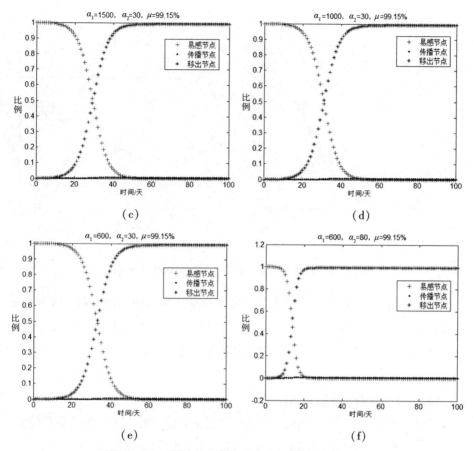

图14-9 不同接触率节点所占比例变化趋势及对比

当改变超级传播者的日接触量时，会得到不同的结果，图14-9（b），（c），（d）为当超级传播者的日接触量为1000，1500，2500时的节点状态图，其传播周期分别为55，50，45。由此可知，当增加超级传播者的日接触率时，会加快消息传播，缩短消息传播周期。

同时，当不改变超级传播者的日接触率而改变普通传播者的日接触率时，得到图14-9（e）、（f）为普通传播者日接触率为15，80节点状态，传播周期分别为150，20。由此可知，当减少普通传播者的日接触率时，会减缓信息传播速度，增大传播周期，相反则会增大消息传播速度，减小传播周期。

消息在社交网络中传播时，同样受免疫率的影响，我们可以分析消息在不同免疫率时的传播状态。如图14-10（a）和（b）为消息在免疫率为97.15%和99.65%时的节点比例状态图，其传播周期约为18天和200天。可见，当降低免疫率时，消息传播速度加快，传播周期变短；增大免疫率时，消息传播速度趋缓，传播周期变长。

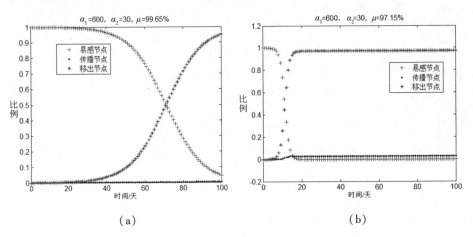

（a）　　　　　　　　　　　　　（b）

图 14-10　不同免疫率节点所占比例变化趋势及对比

综上可见，当网络中存在超级传播者时会缩短信息的传播周期，减少到达峰值的时间，同时会提高大众对信息的兴趣和关注，降低免疫率可以宏观调控网络中信息传播模型中的参数，以此达到最终传播目的。

14.3.4　SEIR 模型和 SIRS 模型

SEIR 模型和 SIRS 模型是相对上文模型复杂且使用有一定限制的复合模型，同时二者具有一定相似性，故在本处一同介绍，同上，一般假设网络中存在三类个体——易感个体（S）、感染个体（I）和免疫个体（R）。用 $s(t)$, $i(t)$, $r(t)$ 分别标记群体中 S, I, R 三类个体所占的比例，有 $s(t) + i(t) + r(t) = 1$。

SEIR 模型适用于描述具有潜伏状态的疾病，如季节性感冒。易感个体与感染个体接触后先以一定概率 α 变为潜伏态（E），然后再以一定概率 β 变为感染态，感染态再以一定概率 γ 变为免疫个体。其感染机制可以简单描述为公式 14-5。

$$\begin{cases} S(i) + I(j) \xrightarrow{\alpha} E(i) + I(j) \\ E(i) \xrightarrow{\beta} I(i) \\ I(i) \xrightarrow{\gamma} R(i) \end{cases} \quad (\text{式 14-5})$$

假设 t 时刻系统中处于易感状态、潜伏状态、感染状态和移除状态的个体密度分别为 $s(t)$、$e(t)$、$i(t)$ 和 $r(t)$，有以下系统的动力学行为公式。

$$\begin{cases} \dfrac{ds(t)}{dt} = -\alpha e(t)s(t) \\[2mm] \dfrac{de(t)}{dt} = \alpha e(t)\,s(t) - \beta e(t) \\[2mm] \dfrac{di(t)}{dt} = \beta e(t) - \gamma i(t) \\[2mm] \dfrac{dr(t)}{dt} = \gamma i(t) \end{cases} \qquad (\text{式 14-6})$$

SIRS 模型考虑到免疫期有限，其合适描述免疫期有限或者免疫能力有限的疾病。其初始时刻有少量个体被感染，以后每一时间内，感染个体以概率 α 将疾病传播给与其相邻的邻居个体，同时能以概率 β 被治愈而转变为免疫个体。另外，通过人工免疫还可以使易感个体以概率 δ 直接转变成免疫个体；免疫个体能够以概率 γ 恢复为易感个体，进一步考虑到群体自身的反馈机制，可以假设网络中的个体每一时刻都能知道网络中的疾病发展情况，也就是知道上一时间段的疾病感染情况，并能主动以概率与感染个体断开连接，则每个个体与其邻居个体断开的概率为 $\mu i(t-1)$。参数 μ 在 $0 \sim 1$ 之间取值，它与疾病的严重程度有关，如果疾病比较严重，那么 μ 的取值就大，反之，μ 的取值就小。当 $t \rightarrow \infty$ 时，$i(t)$ 是一个稳态值，所以有 $i(t) \approx i(t-1)$。其感染机制可以描述为公式 14-7。

$$\begin{cases} S(i) + I(j) \xrightarrow{\alpha} I(i) + I(j) \\[2mm] I(i) \xrightarrow{\beta} R(i) \\[2mm] S(i) \xrightarrow{\delta} R(i) \\[2mm] R(i) \xrightarrow{\gamma} S(i) \end{cases} \qquad (\text{式 14-7})$$

这里假设为均匀网络，其度分布高度峰化，可近似认为 $k \approx <k>$，根据平均场理论，系统的动力学行为公式如下。

$$\begin{cases} \dfrac{ds(t)}{dt} = \gamma s(t) - \alpha i(t)s(t) \\[2mm] \dfrac{di(t)}{dt} = \alpha i(t)s(t) - \beta i(t) \\[2mm] \dfrac{dr(t)}{dt} = \beta i(t) - \gamma s(t) \end{cases} \qquad (\text{式 14-8})$$

综上，系统达到稳定状态时有 $\dfrac{ds(t)}{dt}=0$，$\dfrac{di(t)}{dt}=0$，$\dfrac{dr(t)}{dt}=0$，这时方程组

稳态解为 $(S,\,I)=\left(\dfrac{\gamma}{\gamma+\delta},\,0\right)$，由于感染比例 I 不能取负值，所以除无病的特殊平衡点外，一般平衡点由公式 14-9 展示。

$$(S,\,I)=\left[\frac{\beta^2+\beta\gamma+\mu\alpha<k>\gamma}{\alpha<k>(\beta+\gamma+\gamma\mu+\delta\mu)},\,\frac{\alpha<k>\gamma-\beta(\gamma+\delta)}{\alpha<k>(\beta+\gamma+\gamma\mu+\delta\mu)}\right]$$

（式 14-9）

也称为地方病平衡点。

14.4 基于信息特性的传播模型

基于信息的传播模型是从信息本身的角度出发，研究信息的时效、多样、多源性、融合与竞争等对于信息传播过程的影响。如多渠道信息传播模型的构建是从信息获取途径方面深入研究，引入信息间交互作用在原有传播模型的基础上探究信息的竞争和加强现象等，信息传播的及时性等和效果等研究也从信息特性方面针对传播过程进行研究。[①]

基于信息特性的这些传播模型从不同的角度研究信息传播过程，结合社会学、传播学、物理学等学科，针对现实网络中真实存在的现象做出理论解释并构建信息传播模型，并为后来的研究提供了思路。众多的学者以上述研究模型为基础，通过自己的认识结合相应的理论，在信息传播细分领域内对传播模型进一步研究，但其本身并非研究热点，有兴趣的读者可以自行了解相关文献。[②]

---

① 肖强，朱庆华. Web 2.0 环境下的"网络推手"现象案例研究［J］. 情报杂志，2012（09）：162-166.

② Beutel, Alex. Interacting viruses in networks：can both survive［J］. *ACM*, 2012：10-37.

14.5 模型特征分析

信息传播模型建模与仿真是研究人员探讨社交网络中信息传播的有效方式，直观地展示了在不同条件下信息的传播特点，对分析不同参数对信息传播的影响起着重要的作用。

社交网络中信息的传播会涉及多个实体从而产生复杂的网络关系，但是对其进行分解可以发现其本质就是多个端到端的传播路径。在信息的传播过程中主要会涉及三个方面：信息传播者 S（sender）、信息接收者 R（receiver）和信息本身 M（message）。如图 14-11 所示，这是信息在网络中传播的各实体之间的关系图。而对于信息传播影响可以归因于网络结构中的特征，如节点特征、信息本身特点和边（节点之间的关系）的特征等①。

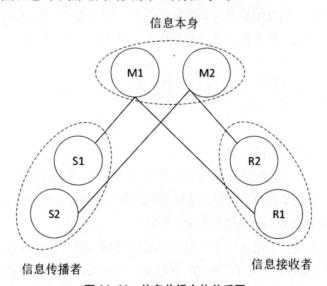

图 14-11　信息传播个体关系图

① Liben-Nowell D, Kleinberg J. *The link-prediction problem for social networks* [M]. New York：John Wiley & Sons, 2007.

14.5.1　网络节点特征

网络节点特征是对信息传播者、信息接收者和信息本身的特征统称。而对于信息传播的特征其又包括以下三点。

（1）节点影响力（Node Influence，NInf），表示该节点发布所有消息在一段时间内的影响力之和，与该节点与其他节点的接触率有关。设一个节点发布消息后被转发的总次数为 MT，则节点影响力可以表示如公式 14-10。

$$NInf = lg(MT + 1) \qquad （式 14-10）$$

（2）节点权威度（Node Authority，NAuth），表示节点的受关注程度，在研究中用该节点的入度和出度的比值表示，其中直观地解释为一个用户的粉丝（follower）和他关注的人（friend）的比值。则节点权威度表示如公式 14-11。

$$NAuth = lg(\frac{follower}{friend} + 1) \qquad （式 14-11）$$

（3）节点活跃度（Node Activity，NAct），表示节点的活跃程度，即一段时间内平均每天发布消息的数量。如果在网络中一个节点的活跃度高，则表示其发布的消息频率高，被其他用户看到并传播的概率高。节点活跃度可以表示如公式 14-12。

$$NAct = lg(\frac{MNum}{day} + 1) \qquad （式 14-12）$$

14.5.2　节点连接特征

社交网络中的节点连接特征又可以称为边的特征，其包括信息传播者和信息接收者之间的关系特征，又包含信息接收者和信息内容之间的关系特征。

（1）信息传播者和信息接收者的关系特征

①爱好相似度，指网络中用户发布的消息表现了用户的爱好倾向，可以用 TF-IDF 算法进行统计。其中 TF-IDF 算法是一种对文件中的词频进行统计的算法，前文已有，这里不再做过多介绍。

②结构相似度，指在同一个网络中，传播者和接收者的结构相似度影响着他们之间的消息传播。大卫（David）等学者将未来其成员之间可能发生哪些新的交互形式化为链路预测问题，并且基于对网络中节点的"接近度"进行分析度量，开发了链路预测方法。结构相似度表示如公式 14-13，式中 $N(v_i)$ 表示 v_i 的相邻节点，如在某社区中，一个用户所关注的用户或收藏的话题集合。

$$Sim_s(u, v) = \frac{|N(u_i) \cap N(v_i)|}{|N(u_i) \cup N(v_i)|} \qquad (式14\text{-}13)$$

③节点亲近特征，指在信息发布过程中如果两个用户都有提及对方，即在两方发布信息内容中是否有另一方用户名称。比如，在知乎社区中，一位用户提问问题，在问题中邀请另一用户回答，并且二者都有交流，则说明二者关系亲近度高，如公式14-14。

$$M(u, v) = \begin{cases} 1, （表示 u, v 发布信息有相互提及） \\ 0, （表示 u, v 发布信息未有相互提及） \end{cases} \qquad (式14\text{-}14)$$

④相互关注，指社交网络中用户之间的关注也是信息传播过程中的重要因素，其有两种状态——单向关注和双向关注，通常双向关注对信息的传播影响力更大，如公式14-15。

$$Follow(u, v) = \begin{cases} 1, （u, v 有相互关注） \\ 0, （u, v 没有相互关注） \end{cases} \qquad (式14\text{-}15)$$

（2）信息接收者与信息本身的关系特征

网络中信息的传播关键还是信息本身，当接收者接收到信息后对信息是否感兴趣以及是否有传播意愿都是影响信息传播的因素。与传播者和接收者的关系特征相似，可以用接收者的文档向量与信息本身的余弦相似度进行表示，如公式14-16，式中 V 表示接收者的文档向量，M 表示信息内容。

$$Sim(v, m) = \cos(\theta) = \frac{V * M}{|V| * |M|} \qquad (式14\text{-}16)$$

第十五章　话题发现与演化

在话题发现和演化的大部分研究中，话题是指一个引起关注的事件或活动，以及其所有相关事件和活动。其中，事件或者活动是指在一个特定的时间和地点发生的一些事情。社交网络中的数据和传统话题的数据区别较大，所以我们必须使用新的方法或对传统方法进行改进来适应社交网络数据特点。

15.1　话题研究

话题贯穿于社交网络的网络信息、关系结构与网络群体三元素。网络群体通常具有话题的同质性，话题促进网络社区的形成。而社交网络关系结构往往随着话题、事件、时间等因素动态变化，话题及其事件是关系结构形成的起因，因此话题及其相关事件是网络信息的主要研究对象之一。

15.1.1　话题的定义

话题是从大量信息中总结提炼的概括性表达，在不同应用场景下，它的内涵也存在一定差异。在《辞海》中，话题的定义是谈话的中心。由美国国防高级研究计划局（Defense Advanced Research Projects Agency）、Dragon Systems 公司、马萨诸塞大学（University of Massachusetts）和卡耐基·梅隆大学（Carnegie Mellon University）联合制定的 TDT（Topic Detection and Tracking）任务以及评测体系中，话题被定义为，一个话题由一个种子事件或活动以及与其直接相关的事件或活动组成[①]。

15.1.2　社交网络的话题

社交网络的话题通常是指某个现实社会中的事件引发的社交平台上的相关报道或讨论，本质是网络信息集合的概括性描述，表明多条网络信息具有共同的内容主题，一般也是社交网络用户关注的重要信息点。话题的研究工作源于TDT 任务，TDT 任务主要是面向新闻信息流，TDT 的任务细分为报道切分（Story Segmentation）、话题跟踪（Topic Tracking）、话题检测（Topic Detection）、首次报道检测（First-Story Detection）和关联检测（Link Detection）。对于社交网络的话题研究而言，通常是从文本角度分析信息内容，了解信息语义以及探寻潜在变化规律。一般而言，可以分为话题发现工作与话题演化研究。

（1）社交网络话题特点

与传统话题问题相比，社交网络的话题具有以下几个特点。

第一是信息内容简短。当前比较流行社交平台的信息长度普遍偏短，用户在发布话题内容时几乎不受约束，不需要通过审核，语言表达多样化、随意，呈现口语化的状态，更为亲民。例如，新浪微博规定信息长度不可以超过 140个字符，微信聊天的每条信息较短，内容通常以多次短消息的形式传递。

第二是信息渠道多样。社交网络中的个体都具有提供、发布信息的手段和渠道，用户可以通过手机、电脑、平板等多种移动设备，在微博、论坛、微信等多种在线社交平台上随时随地发布、接收和传播信息。

第三是信息组成多元。社交网络为用户提供发布信息、展示个性的平台。除话题信息外，通常伴随着话题发布的时间、地理和终端信息、用户情感倾向以及兴趣爱好等内容，大大丰富了数据的"含金量"。同时，用户可以根据实际情况产生关注、加好友、转发等行为，从而形成复杂的关系结构。

第四是参与人员广泛。传统媒体通常是权威人士、机构发表言论和观点，引领思想潮流，成为意见先驱。在社交网络服务中，广大网民都可以通过社交网络发表观点、引发讨论，进而有机会成为热点话题的创造者，并在话题的产生、升温、演化、炒作等阶段中发挥重要作用。

---

① Allan J，Carbonell J G，Doddington G，et al. Topic detection and tracking pilot study final report ［J］. *Information Studies：Theory & Application*，1998：194-218.

（2）面临的问题与挑战

在线社交网络有着用户众多、信息实时、互动频繁、传播迅速等特点，以短文本为代表的信息流时时刻刻充斥着各种社交网络，信息流呈爆炸式指数级增长，因此话题研究仍面临数个问题。

第一是话题间区分度问题。话题发现的本意是在发现一类话题的情况下，表示代表话题的前提下，尽可能地区分不同话题。话题间可能存在相似或相近的情况，识别相同话题并区分不同话题是话题发现的应用之一。而现有的大多数话题发现模型通常主要关注话题的代表性，而忽略了话题的区分性。

第二是话题影响因素问题。社交网络中的话题演化受多方面因素影响，如用户交互关系、用户兴趣、网络结构等。对于感兴趣的内容，用户会通过转发、评论等交互行为表达自己的意愿，而这些交互行为及其涉及的内容在很大程度上影响了话题的演化趋势。但现有的影响因素分析结果并不准确，及时地获取用户交互关系，准确地分析用户兴趣等对于提升话题演化研究的性能有着至关重要的作用。

第三是快速响应要求问题。社交网络中涉及的数据规模通常较为巨大，同一时刻会新增数以万计的话题。在网络上竞争公众的注意力一般情况下，网络用户的注意力相对有限，只会关注少量话题，尤其是那些热门话题，可见在短时间内区分热点话题是话题演化技术的要求之一。

第四是话题内容追踪问题。传统话题内容演化的研究相对简单，大多是由官方发布的信息引领大众，官方信息的关注点即为大众话题的关注点，易于引导与追踪话题内容的变化。在社交网络背景下，任意用户都可以通过平台随时发布观点、评论信息，从而促进了话题内容的演化，脱离官方观点的约束，网络中任意用户群体都可能对话题内容的演化起到关键性作用①。

上述挑战问题对话题研究结果的准确性、及时性和可理解性等多方面产生影响，需要利用多个学科领域的多项技术共同推进话题研究在社交网络分析中的应用。

---

① 林萍，黄卫东. 基于 LDA 模型的网络舆情事件话题演化分析［J］. 情报杂志，2013，32（12）：26-30.

15.2　话题发现

话题发现是话题研究的基础，要处理话题演化问题的前提工作，首先应当考虑的是如何发现与表示话题和信息。

15.2.1　基于向量空间模型

向量空间模型可以作为话题发现模型使用，其应用重点落于话题表示。在早期的向量空间模型的发展中，文档所有词汇的重要程度没有加以区分，并映射到相同的向量空间中。布尔模型是这类方法的典型代表，其优点在于其简洁、方便的呈现方式，而其最大问题是没有区分不同词汇对于话题或文档的重要程度，将所有出现的词汇看作同等重要，这在很大程度上促进了向量（Vector）模型的产生。向量空间模型出现比较早，其基本思想是将话题与文档均视为空间中的向量，经典的话题表示方法是由舒尔茨（Schultz）等人提出的。[1] 向量空间模型讨论已经很多，不再赘述，总体来说，传统的向量空间模型无法解决一词多义等语义问题，这在一定程度上影响了话题表示的性能。

15.2.2　基于词图模型

为了基于话题要素和其他相关特征的挖掘实现话题发现，研究人员开始将图模型引入工作中，Mei 等人提出了基于网络结构的话题模型（TMN）[2]，该模型在经典的统计类型话题模型中加入了网络图结构，部分基于社交网络结构的分析方法便是基于此提出的。

典型的词图模型的代表是 TextRank 方法，它是基于 PageRank 方法的改进，目标是实现关键字和摘要的抽取。PageRank 算法的主要应用是衡量网页的重要程度。所有的网页组成了一个有向图，网页是顶点，如果有一个从网页 A 到网

① Schultz J M, Liberman M Y. *Towards a "Universal Dictionary" for multi-language information retrieval applications* [M]. Boston：Topic detection and tracking. Springer, 2002：225-241.
② Mei Q, Cai D, Zhang D, et al. Topic modeling with network regularization [C] //Proceedings of the 17th international conference on World Wide Web, 2008：101-110.

页 B 的链接，那么有向图中就会存在一条由点 A 指向点 B 的边，根据公式 15-1 用来计算网页的重要程度。

$$S(V_i) = (1 - d) + d * \sum_{V_j \in In(V_i)} \frac{1}{|Out(V_j)|} S(V_j) \qquad (\text{式 15-1})$$

其中 $S(V_i)$ 表示网页 i 的重要程度，d 表示阻尼因子，通常设定为 0.85，$In(V_i)$ 表示指向网页 i 的链接网页集合，Out（Vj）表示被网页 i 链接的网页集合。$|Out(V_j)|$ 表示集合的数量。

TextRank 算法由于方便和高效得以广泛使用，因为它不需要从很多文档中训练求解。主要思想是在文档切分后建立图模型，通过投票方式来对它们进行排序。因此，关键字抽取可以只通过文档本身获得。TextRank 算法是 PageRank 算法的改进优化，公式也与 PageRank 算法相似，如公式 15-2 所示。

$$WS(V_i) = (1 - d) + d * \sum_{V_j \in In(V_i)} \frac{w_{ji}}{\sum_{V_k \in Out(V_j)} w_{jk}} WS(V_j) \qquad (\text{式 15-2})$$

与 PageRank 算法公式相比，TextRank 算法中加入了权重项 w_{ji}，它表示连接两个节点边的重要程度。TextRank 算法用于关键词提取的算法分为以下几个步骤：

（1）将给定的文本 T 按照完整的句子进行分割，表示为 $T = [S_1, S_2, \cdots, S_m]$。

（2）对于文本 T 中的每个句子 S_i，进行分词和词性标注处理，过滤掉停用词，仅保留特定词性的词汇，如名词、形容词、动词等，表示为 $S_i = [t_{i1}, t_{i2}, \cdots, t_{in}]$，其中每个词汇 t_{ij} 表示保留后的候选关键词。

（3）构建候选关键词图 $G = (V, E)$，其中 V 为节点集合，每个句子的每个候选关键词对应节点集合中的一个节点，根据词汇间的共现情况构建节点之间的边，两个节点间存在连接边。当且仅两个节点对应的词汇在长度为 K 的窗口中同时出现，K 是预先设定的窗口大小值，即最多有 K 个单词出现在同一窗口中被判定为共现。

（4）根据公式 15-2，迭代各节点的权重，直到收敛。

（5）根据节点权重的倒序结果，选取权重最高的 L 个词汇作为文本 T 的关键词集合。

（6）根据（5）的结果在原文本 T 中进行标注，如果两个关键词是相邻关系，则合并成多词关键词，从而得到文本 T 的最终关键词集合。

TextRank 算法的迭代支持加权操作，但是传统的 TextRank 算法抽取英文关键字时只考虑了文本中词的数量，建立没有边权重的有向图，即所有顶点得到的影响程度是均等的。如词汇 A 连接词汇 B，词汇 A 连接词汇 C，那么词汇 B 和 C 的重要程度都是 50%。但是，事实上需要根据 B 和 C 的自身属性判断它们能对词汇 A 的影响情况。

15.2.3　基于主题模型

布莱（Blei）等提出的 LDA（Latent Dirichlet Allocation）模型是目前研究最为广泛的模型之一，[①] 它是在 pLSI 模型（probabilistic Latent Semantic Indexing，基于概率的潜在语义分析模型）上的优化和改进。[②] pLSI 模型是双模式和共现数据分析方法的延伸，是由代表不同话题的多项式分布组合成的混合模型，将文档中的每个词汇看作对该混合模型的一次采样，解决了同义词和多义词方面的问题，采用期望最大化算法（EM）训练隐含的话题类别。

LDA 模型包含文档、话题和词汇三层结构。文档中每个词汇的产生过程都包括以下两个步骤：第一，从话题分布中选择特定话题；第二，从该话题的词汇分布中选择特定词汇。而且它还是一个典型的词包模型，词之间不受前后关系的影响。一个文档可以包含多个话题，文档中的每个词汇属于其中一个话题，图 15-1 为该模型产生式过程的示意图。

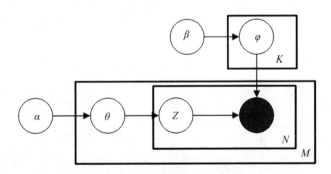

图 15-1　LDA 模型原理图

① Blei D M, Ng A Y, Jordan M I. Latent dirichlet allocation [J]. *Journal of machine Learning research*, 2003, 3 (Jan)：993-1022.

② Hofmann T. Probabilistic latent semantic indexing [C] //Proceedings of the 22nd annual international ACM SIGIR conference on Research and development in information retrieval, 999：50-57.

在语料库 $D = \{d_1, d_2, \cdots\}$ 表中，$d_i = \{w_{i1}, w_{i2}, \cdots, w_{in}\}$ 表示一个文档，θ_i 是文档 d_i 的话题分布，其中每个词汇 w_{ij} 属于某一话题。n 是文档词汇的数量，K 是话题的个数，则语料库 D 的产生过程如下。

对于每个文档 d_i：

①第一，选择文档 d_i 的话题分布 θ_i：$\theta_i \sim Dir(\alpha)$。

②第二，对于每一个词汇 w_{ij}，先选择每一个词汇 w_{ij} 的话题 z_{ij}：$z_{ij} \sim Mult(\theta_i)$、再选择一个词语 w_{ij}：$w_{ij} \sim Mult(z_i, \beta)$。

其中 $Dir()$ 表示 Dirichlet 分布，$Mult()$ 表示多项式分布。文档 d 的后验概率则如公式 15-3 所示。

$$P(d \mid \alpha, \beta) = p(\theta \mid \alpha) \prod_{i=1}^{N} p(z_i \mid \theta) p(w_i \mid z_i, \beta) \qquad (\text{式 15-3})$$

15.2.4 基于信息熵

百度百科中"信息"的定义是泛指人类社会传播的一切内容，是音讯、消息、通信系统传输和处理的对象。而关于信息的量化问题直到 1948 年才得以解决，是基于香农提出的"信息熵"概念。[1] 这个概念的原型是热力学中的热熵，即度量分子状态混乱程度，借用后成为度量信源不确定程度的概念。在取值范围为 $V = \{v_1, v_2, \cdots, v_n\}$ 且对应概率为 $P = \{p_1, p_2, \cdots, p_n\}$ 的条件下，信息熵的基本表示如公式 15-4 所示。

$$H(U) = E[-log_{P_i}] = -\sum_{i=1}^{n} P_i log_{P_i} \qquad (\text{式 15-4})$$

基于信息熵的两个不同权重：内部权重（Inside Weight）和外部权重（Outside Weight）。如图 15-2 所示。

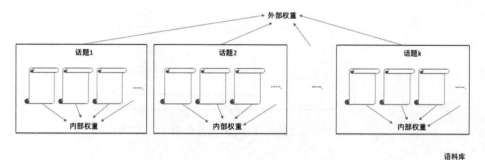

图 15-2 信息熵权重分析

---

① Shannon C E. A mathematical theory of communication [J]. *The Bell system technical journal*, 1948, 27 (3): 379-423.

内部权重是描述一个词语在指定话题内部分布的均匀情况。词汇分布越均匀，则越适合描述对应话题，因为其具有很好的代表性。词汇 w 的内部权重计算方法如公式 15-5 所示。

$$H(w, \theta)_{inside} = - \sum_{i=1}^{m} \frac{TF_{wi}}{TF_w} log \frac{TF_{wi}}{TF_w} \qquad （式 15-5）$$

其中，$H(w, \theta)_{inside}$ 表示词汇 w 在话题 θ 中的内部权重，m 是话题 θ 的文档集合中包含文档的数量，TF_{wi} 是词汇 w 在第 i 个文档中的出现频率，TF_w 是词汇 w 在话题 θ 的各个文档中出现频率之和。如前文所述，内部权重越大，词汇 w 的在话题 θ 中的分布越均匀。最好的情况是词汇 w 在话题 θ 的所有文档中的频率是相同的。

外部权重是描述词汇在所有话题中的分布均匀情况。词汇分布越均匀，则越不适合描述任何话题，因为其不具有很好的区分性。词汇 w 的外部权重计算方法如公式 15-6 所示。

$$H(w)_{outside} = - \sum_{j=1}^{K} \frac{DF_{wj}}{DF_w} log \frac{DF_{wj}}{DF_w} \qquad （式 15-6）$$

其中，$H(w)_{outside}$ 表示词汇 w 在所有话题中的外部权重，K 是话题个数，DF_{wj} 表示话题 j 的文档集合中包含词汇 w 的文档数量，DF_w 是整个用户文档集合中所有包含词汇 w 的文档数量。外部权重越大，词汇 w 在所有话题中分布越均匀。最坏的情况是每个话题下包含词汇 w 的文档数量是相同的。

这两种权重对于衡量词汇的典型性起到很大作用，词汇对于特定话题的最终权重由其内部权重和外部权重共同衡量，如公式 15-7 所示。

$$\omega(w, \theta) = e^{H(w, \theta)_{inside} - H(w)_{outside}} \qquad （式 15-7）$$

每个词汇的外部权重只需要计算一次，即词汇在不同话题下的外部权重相同且外部权重越大越不适合代表，而内部权重需要计算 K 次，即词汇在不同话题下的内部权重不同且内部权重越大越适合表示对应话题。按不同词汇对话题 θ 的权重比例将词汇权重归一化后得到话题 θ 基于信息熵的表示，如公式 15-8 所示。

$$\rho(\theta)_{entropy} = [\omega(w_1, \theta), \omega(w_2, \theta), \cdots, \omega(w_n, \theta)] \qquad （式 15-8）$$

15.3　话题演化

话题演化是社交网络研究内容的重要组成部分之一，其目的是为了分析不同话题随时间演化的变化程度，评估不同话题在不同时间下受关注程度的差异性。

从社会发展的角度来说，话题演化技术有助于揭示社交网络上热点话题的形成过程、演化趋势，影响人们的思想和动作，进而影响人们的世界观、认识观、价值观和人生观，有助于处理现实世界中社会与国家等多方面存在的现实需求。

从情报分析的角度来说，话题演化技术有助于军事情报、社会经济情报、金融商业情报等各类公开情报的分析与研究。通过利用全面、及时、多样的社交网络数据，可以大幅提升决策依据的准确性。

从舆情分析的角度来说，通过话题演化技术可以掌握具体舆情事件的发展概况与脉络，包括民众的主要观点与情绪，民众处于认知、表达还是处于行动阶段；舆情事件的缘起、发展与衰落的转折时间点；事件的发起对象明确与否，其具体目标是针对哪些部门等，对于制定应对政策具有重要作用。

话题演化分析有助于发现问题的本质、寻找潜在的规律、追踪热点话题的趋势变化、挖掘网络中的舆论倾向，具有发现世界中特定事件发展变化的能力。

15.3.1　基于概率模型

概率模型通常将话题或文档看作在固定集合上的概率分布，如图 15-3 所示。与传统的向量空间模型相比，概率模型具有更好的数学理论基础，容易衍生出融入信息特征的扩展模型。

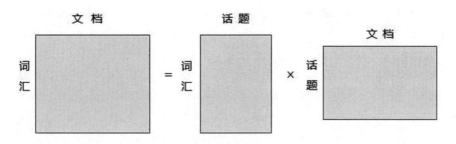

图 15-3 概率模型示意图

大多数研究是在概率模型上的扩展，是将时间信息看作可得到参数，直接运用到概率模型中，引导文档集合或者语料库的生成，或者是预先将文档集合或者语料库按照时间信息情况映射到对应的时间区间，然后逐个分析不同时间区间内的文档内容，最终根据时间区间的结果形成话题在时间序列上的关注点分析。LDA 模型即是最经典的概率模型。

LDA 模型的本质是一种非监督训练模型，通常用来应对大规模文档集合中隐藏话题的检测场景。[①] 该模型同样属于词袋模型的范畴，即没有区分词与词的顺序差异，这样可以在很大程度上降低问题的复杂程度。LDA 模型中的每一篇文档是由一些话题构成的概率分布，而每一个主题又是由很多词汇构成的概率分布。LDA 模型是一个 Bayes Hierarchy Model，把模型的参数看作随机变量，这样可以引入控制参数的参数。不同于常规的文档文本，社交网络的字数一般比较短小，这在很大程度上影响了 LDA 模型的性能。为了应对这种情况，通常多文本集合组合作为一个完整的文档，然后通过 Gibbs Sampling 方法训练 LDA 模型求得结果。

定义文档集合的话题情况如公式 15-9 所示。

$$P(D \mid \alpha, \beta) = \prod_{i=1}^{M} p(\theta_i \mid \alpha) \prod_{j=1}^{N} p(z_{ij} \mid \theta_i) p(\Phi_{z_{ij}} \mid \beta)(w_{ij} \mid \Phi_{z_{ij}})$$

（式 15-9）

其中，α 和 β 是两个给定的超参数，θ_i 是文档 d_i 对应的话题分布，w_{ij} 表示文档 d_i 中的第 j 个词汇，z_{ij} 表示第 j 个词汇对应的话题。一般采用 Gibbs Sampling 方法求得隐藏变量以及估算 LDA 模型的参数，Gibbs Sampling 的公式推导比较

① Hoffman M，Bach F R，Blei D M. Online learning for latent dirichlet allocation ［C］//advances in neural information processing systems，2010：856-864.

复杂，同样，Dirichlet 参数估计公式也不过多赘述，有兴趣的读者可以自行查阅。①

经过推导，参数结果如公式 15-10 所示。

$$\widehat{\theta}_{m,k} = \frac{n_{m,\neg l}^k + \alpha_k}{\sum_{k=1}^{K}(n_{m,\neg l}^k + \alpha_k)}$$

$$\widehat{\varphi}_{k,t} = \frac{n_{k,\neg l}^t + \beta_t}{\sum_{t=1}^{V}(n_{k,\neg l}^t + \beta_t)}$$

（式 15-10）

通过 LDA 模型，可以获取到文档的话题分布以及话题的词汇分布，如公式15-11 所示。

$$d_j = (w_{j1}^t,\ w_{j2}^t,\ \cdots,\ w_{jm}^t)$$

$$t_i = (w_{i1}^w,\ w_{i2}^w,\ \cdots,\ w_{in}^w)$$

（式 15-11）

其中，w_{jp}^t 表示文档 d_j 在话题 p 下的分布概率，w_{iq}^w 表示话题 t_i 在词汇 q 下的分布概率。

LDA 模型不仅是其他话题演化分析的基础工作，其也可以从划分的时间片中发现话题的讨论演化过程，将多个时间片的关注点分析结果映射到时间轴上，从而刻画话题内容演化过程。但其没有对于时间因素的考虑，无法解决特定时间点话题关注点分析问题。理论上，通过人工地划分时间区间 ρ，利用时间点 $t - \rho$ 到特定时间点 t 的话题相关文档训练模型，能够将结果作为特定时间点 t 的话题讨论。

其他典型的概率模型多是在 LDA 的基础上进行的优化。布莱提出了 DTM（dynamic topic model）模型，② 该模型引入时间区间，每个文档的话题都是基于上个时间区间的话题情况获取，并利用含有高斯噪音的状态空间模型和平均逻辑正态分布代替经典 LDA 模型里的 Dirichlet 分布。随后该模型发展为离散时间动态话题模型（dDTM），③ 该模型可以将时间转化成区间，结合 LDA 模型分别

① Porteous I, Newman D, Ihler A, et al. Fast collapsed gibbs sampling for latent dirichlet allocation [C] //Proceedings of the 14th ACM SIGKDD international conference on Knowledge discovery and data mining, 2008: 569-577.

② Blei D M, Lafferty J D. Dynamic topic models [C] //Proceedings of the 23rd international conference on Machine learning, 2006: 113-120.

③ Wang C, Blei D, Heckerman D. Continuous time dynamic topic models [J]. *arXiv preprint arXiv*, 2012, 1206 (3298): 579-586.

为每个区间的文档建模。

连续时间模型有 Wang 提出的 TOT（topics over time）模型，其将时间信息作为一个可获取内容，以此影响文档集合上的话题分布，由于考虑文档的时间信息，所以可以完成对话题在不同时刻分布强度的表示，从而实现对话题分布随时间演化的预测，即它通过将每个话题与 β 分布相结合的方式，实现对话题演化情况的追踪①。

基于概率模型的话题演化模型原理过程如图 15-4 所示。

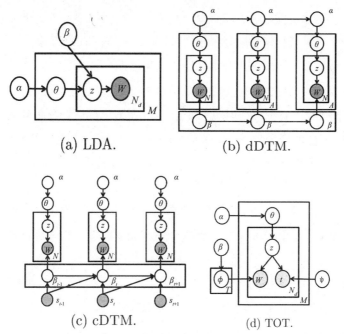

(a) LDA.　　　　(b) dDTM.

(c) cDTM.　　　　(d) TOT.

图 15-4　基于概率模型的话题演化模型

15.3.2　基于相似关系

根据学者结论，相似话题一般可以吸引相似的用户群体，所以它们具有相似的发展趋势，演化程度也更为相近，即两个话题具有相似的语义，其词汇分布均匀情况相似，它们的变化情况也相近，话题演化的预测可以考虑其相似话

① Wang X, McCallum A. Topics over time：a non－Markov continuous－time model of topical trends［C］//Proceedings of the 12th ACM SIGKDD international conference on Knowledge discovery and data mining，2006：424-433.

题的演化轨迹[①]。

面向相似关系的话题分析的重点是如何判定两个话题是否存在相似关系，一般采用 KL 散度的方法进行衡量。KL 散度（Kullback - Leibler divergence）又称相对熵（relative entropy），[②③④] 是衡量两个概率分布 P 和 Q 间差异的一种常用方法，如公式 15-12 所示。

$$D(P \mid \mid Q) = \sum P(i) log\left[\frac{P(i)}{Q(i)}\right] \qquad （式 15-12）$$

它具有非对称属性，这意味着 $D(P \mid\mid Q) \neq D(Q \mid\mid P)$。KL-divergence 始终是大于等于 0 的，当且仅当两分布相同时，KL-divergence 等于 0。

面向相似关系的话题演化分析可以总结为以下步骤：[⑤]

首先计算两个话题的相似程度，在经过 LDA 模型处理文档之后，获取每个话题的词汇分布 t。对于两个话题 l 和话题 j，其对应的话题分布分别为 t_l 和 t_j。然后，采用 KL 散度衡量两个话题的词汇分布的相似程度，如公式 15-13 所示。

$$D(t_l \mid\mid t_j) = \sum_{i=1}^{n} t_l(i) log(\frac{t_l(i)}{t_j(i)}) \qquad （式 15-13）$$

若两个话题语义越接近，则它们的词汇分布越相似，对应的 KL-divergence 值就越接近于 0。也就是说，在分析两个话题相似性时，KL-divergence 值越小越好。

其次，计算各个话题的相似矩阵。对于任意话题 l，其与话题 j 的相似比重可以通过 $D(t_l \mid\mid t_j)$ 衡量，利用公式 15-14 表示话题 l 的相似向量。

$$Similarity(t_l) = \{(t_1, w_{s-l_1}), (t_2, w_{s-l_2}), \cdots, (t_m, w_{s-l_n})\}$$

$$（式 15-14）$$

① 聂恩伦，陈黎，王亚强，等. 基于 K 近邻的新话题热度预测算法 [J]. 计算机科学，2012, 39（B06）：257-260.
② Kullback S, Leibler R A. On information and sufficiency [J]. *The annals of mathematical statistics*, 1951, 22（1）：79-86.
③ Peters J, Mülling K, Altun Y. Relative entropy policy search [C] //AAAI, 2010, 10：1607-1612.
④ Hershey J R, Olsen P A. Approximating the Kullback Leibler divergence between Gaussian mixture models [C] //2007 IEEE International Conference on Acoustics, Speech and Signal Processing-ICASSP'07. IEEE, 2007, 4：IV-317-IV-320.
⑤ Yu S, Kak S. A survey of prediction using social media [J]. *arXiv preprint arXiv*, 2012, 1203（1647）：346-354.

其中，t_i 表示第 i 个话题，w_{s-l_i} 表示第 i 个话题对应的相似权重。由于散度值越小，两个话题越相似，所以采用取倒数方式表示相似权重的大小。为了防止分母为零，一般情况下使用 $1 + D(T_l \| T_i)$ 进行计算，如公式 15-15 所示。

$$w_{s-l_i} = \frac{\dfrac{1}{1 + D(T_l \| T_i)}}{\displaystyle\sum_{p=1}^{m} \dfrac{1}{1 + D(T_l \| T_p)}} \qquad (式15-15)$$

通过两个话题间相似程度的计算，可以汇总得到一个 $m*m$ 维矩阵——TS 矩阵（Topic Similarity Matrix）。在话题相似矩阵 TS 中可以获取到任意两个话题间的相似程度，对于话题 t_l，选出与其相似程度最高的 k 个话题 $T_{sim(t_i)}$，通过这 k 个话题的演化趋势以及与话题 t_l 的相似程度，计算话题 t_l 在相似关系下的演化趋势概率，如公式 15-16 所示。

$$\rho_{sim(t_l,\ S)} = \sum_{j=1}^{m} w_{s-lj} * \delta(IS(t_l) = S) \qquad (式15-16)$$

其中，$\rho_{sim(t_l,\ S)}$ 表示话题 t_l 在相似关系下向 S 演化的概率，S 需要根据算法自身进行定义，$IS()$ 是基于 S 设定上判定话题真实演化方向的函数，$\delta()$ 是一个布尔函数，如公式 15-17 所示。

$$\delta(x) = \begin{cases} 1, & if\ x\ is\ true \\ 0, & if\ x\ is\ false \end{cases} \qquad (式15-17)$$

15.3.3 基于共现关系

如果同一文档同时表述着两个话题，则这两个话题一定存在逻辑关联，它们具有相近的流行度变化趋势。在 LDA 模型中，每个文档是话题集合上的一个概率分布，分布概率较高的话题组成了该文档的代表性话题集合。而存在共现关系的话题需要至少一次同时出现在某文档的代表性话题集合中，两个话题的逻辑关联与其共现次数呈正比例关系。

基于共现关系的话题演化分析可以总结为以下步骤：

首先，计算文档的代表性话题，经过 LDA 模型处理文档之后，可以得到每个文档所属的话题分布 d。一般依照分布概率最大三个话题的量级通常明显高于其他话题的结论,① 选取每篇文档中分布概率最高的三个话题组成该文档的代表性话题集合,如文档 d 的代表性话题集合表示为 $T(d)$,它包含分布概率最大的 3 个话题。

其次,计算两个话题的共现次数,定义布尔函数 φ 以判断两个话题是否同时属于某一文档 d 的代表性话题集合,如公式 15-18 所示。对于话题 t_l 和 t_j,其出现次数的计算方法如公式 15-19 所示,其中 D 为全部文档集合。

$$\varphi(t_l, \ t_j, \ d) = \begin{cases} 1\,if\,t_l\,in\,T(d)\ and\ t_j\,in\,T(d) \\ 0\,if\,t_l\,out\,of\,T(d)\ or\ t_j\,out\,of\,T(d) \end{cases} \quad (式15\text{-}18)$$

$$Cor(t_l, \ t_j) = \sum_d in D\varphi(t_l, \ t_j, \ d) \quad (式15\text{-}19)$$

最后,计算话题的共现向量,对于任意话题 t_l,它的共现向量可以表示为公式 15-20 的形式。

$$Context(t_l) = \{(t_1, \ w_{c-l_1}), \ (t_2, \ w_{c-l_2}), \ \cdots, \ (t_m, \ w_{c-l_m})\}$$
$$(式15\text{-}20)$$

其中,t_i 表示第 i 个话题,w_{c-l_i} 为第 i 个话题对应的共现权重。对于话题 l,通过上一步可以得到它与其他话题的共现次数,最终共现权重可以通过公式 15-21 进行计算。

$$w_{c-l_i} = Cor(t_l, \ t_i)/\sum_{p=1}^m Cor(t_l, \ t_p) \quad (式15\text{-}21)$$

通过计算两个话题间的共现程度,可以汇总得到一个 $m*m$ 维矩阵——TC 矩阵 (Topic Co-occurrence Matrix)。

在话题共现矩阵 TC 中可以获取到任意两个话题间的共现程度,对于与话题 t_l 共现程度最高的 k 个话题 $T_{cor(t_l)}$,通过这 k 个话题的流行度等级以及与话题 t_l 的共现情况,计算话题 t_l 在共现关系下属于定义的四种流行度等级的概率,如公式 15-22 所示。

$$P_{cor(t_l, S)} = \sum_{j=1}^m w_{c-lj} * \delta(IS(t_l) = S) \quad (式15\text{-}22)$$

其中,$P_{cor(t_l, S)}$ 表示话题 t_l 在共现关系下向 S 演化的概率,S 需要根据算法自身进行定义,$IS()$ 是基于 S 设定上判定话题真实演化方向的函数,$\delta()$ 是一个布尔函数,如上文公式 15-17 所示。

---

① 章建、李芳. 基于上下文的话题演化和话题关系抽取研究 [J]. 中文信息学报, 2015.7:179-189.

15.3.4 基于用户兴趣

对于感兴趣的内容，用户会采取转发、点赞、评论等行为参与到话题的讨论中，用户兴趣导致了用户间交互行为的产生，而正是由于交互行为才促使话题内容和话题强度随着时间发生变化，可见用户兴趣是话题演化的诱因之一。

兴趣是指用户感兴趣的话题内容，用户有较大概率保持关注和该类话题相关的信息，是随着社交网络中个性化服务需求的增多衍生出的个体话题分析趋势。既可以通过传统的挖掘方法获取用户兴趣，也可以利用社交网络中直接获取的信息表达兴趣，如引用标签等。该类问题是从个体角度出发，实现对用户兴趣的挖掘，且社交网络的新特征可以提供更加丰富的用户个人信息、互动情况以及内容上下文环境，为用户个体兴趣分析提供便利，话题演化可以利用用户兴趣提升话题演化技术的性能。

传统的用户兴趣挖掘研究都是基于关键字抽取或概率模型的方法，如 TF-IDF 方法、TextRank 方法、LDA 模型等，但此类方案不易与话题演化技术再加以结合，目前将两者设为相似问题的研究不多。其中比较优秀的研究项目有 Banerjee 提出的方法，① 其认为用户的想法和兴趣是随着时间发生变化的，以 Twitter 数据为研究对象，探讨用户是如何通过 Twitter 平台实时表达兴趣需求。该方法主要采用两种类型的关键词汇——内容指示词和动作指示词，其中内容指示词是一个广义的兴趣类型，如"歌曲""科技"等；动作指示词是作用于广义兴趣类型上的行为，如"唱（歌曲）"，用户的实时兴趣是基于内容指示词和动作提示词的组合。Jin 认为交互网络中的用户行为反映了用户的多兴趣状态，改进了基于 DEEPWALK 的多兴趣预测模型，② 通过在随机游走模型的过程中融入用户行为的权重信息以及采用 SkipGram 更准确表示用户顶点，实现对用户兴趣的识别。更多的是基于标签方案的用户兴趣发现，并基于此向话题演化

---

① Banerjee N, Chakraborty D, Dasgupta K, et al. User interests in social media sites: an exploration with micro-blogs [C] //Proceedings of the 18th ACM conference on Information and knowledge management, 2009: 1823-1826.

② Jin Z, Liu R, Li Q, et al. Predicting user's multi-interests with network embedding in health-related topics [C] //2016 International joint conference on neural networks (IJCNN). IEEE, 2016: 2568-2575.

问题靠拢。如 Song 提出了一个自动检测用户代表性标签的方法,[1] 该方法选取的标签可以使用户更好地被其他用户了解。Otsuka 设计了标签自动推荐系统,提出了反标签频率的标签排序策略,提升了其准确性。[2]

[1] Song S, Meng Y, Zheng Z. Recommending hashtags to forthcoming tweets in microblogging [C] //2015 IEEE International Conference on Systems, Man, and Cybernetics. IEEE, 2015: 1998-2003.

[2] Otsuka E, Wallace S A, Chiu D. A hashtag recommendation system for twitter data streams [J]. *Computational social networks*, 2016, 3 (1): 3.

第十六章　影响力最大化

影响力最大化是在社交网络中选定信息初始传播用户，使信息的传播范围能达到最大，即影响力最大。影响力最大化算法的目的就是找出一定数量的用户作为影响力传播的初始节点，而对影响力最大化问题的建模是基于社交网络信息传播模型的，接下来对影响力最大化做具体介绍。

16. 1　影响力度量

当今社会，决策者在利用社交网络进行信息传播、推销商品等应用时，首先要解决用户影响力的度量问题。该项研究工作不仅有助于理解社交网络用户的行为，从而对社交网络中的各类现象进行解释；还能使决策者了解信息在用户之间传播的特点，对用户的行为进行预测，获得信息传播的趋势，从而帮助决策者制订出更好的信息传播策略，以满足舆论监控和产品营销等应用的要求。因此，用户影响力的度量已成为社交网络影响力传播的分析与挖掘研究的热点内容之一。[①]

目前，度量用户影响力的研究主要分为两方面：①度量用户在整个社交网络中的影响力；②度量用户间的影响力。

16. 1. 1　度量用户在整个社交网络中的影响力

为了更好地利用影响力来进行信息传播，研究者从分析用户在整个社交网

---

① 吴信东，李毅，李磊. 在线社交网络影响力分析 ［J］. 计算机学报，2014（04）：735－752.

络中的影响力的角度出发开展了一系列研究工作。目前，已有大量关于度量用户在整个社交网络中的影响力的方法。下面将对这些方法进行介绍。

在社交网络拓扑结构中，节点的入度与出度反映了用户与其邻居用户的关联程度，并反映了影响力的传播方向，在一定程度上表现了用户影响力的大小。[①] 因此，一些研究者常用节点的入度来表示用户对其邻居的影响力，利用节点的出度来表示用户的邻居对该用户的影响力，采用度中心（Degree Centrality）衡量用户对邻居的平均影响力。[②] 即利用公式 16-1 计算用户 v_i 的入度 $Degree_{in}(v_i)$ ，利用公式 16-2 计算用户的出度 $Degree_{out}(v_i)$ ，利用公式 16-3 计算用户 v_i 的度中心度 $DC(v_i)$ 。[③]

$$Degree_{in}(v_i) = \sum a_{j,i} \qquad\qquad （式 16-1）$$

$$Degree_{out}(v_i) = \sum_k a_{j,k} \qquad\qquad （式 16-2）$$

$$DC(v_i) = \frac{Degree(v_i)}{n-1} \qquad\qquad （式 16-3）$$

其中，n 是社交网络中的用户数，$a_{j,i}$ 和 $a_{j,k}$ 是社交网络邻接矩阵中的取值，$Degree(v_i)$ 是用户 v_i 的度数。

除了利用拓扑结构的度信息来度量用户的影响力，还有一些研究者认为用户影响力的传播主要在最短路径上进行。[④] 为此，研究者根据最短路径上节点的特点来度量用户的影响力，这些评价的指标主要有紧密中心度（Closeness Centrality，简称 CC）、介数中心度（Between Centrality，简称 BC）等。下面将简要介绍这两种基于最短路径的度量方法。[⑤]

介数中心度指假设用户的影响力主要通过最短路径传播，则在多对节点间的最短路径上的节点将会对影响力的传播起到重要作用。也就是说，该节点拥

① Freeman L C. Centrality in social networks: Conceptual clarification [J]. *Social Network*, 1979, 1 (3): 215-239.
② Sabidussi G. The centrality index of a graph [J]. *Psychometrika*, 1966, 31 (4): 581-603.
③ Newman M E J. A measure of betweenness centrality based on random walks [J]. *Social Networks*, 2005, 27 (1): 39-54.
④ Freeman L C. A Set of Measures of Centrality Based on Betweenness [J]. *Sociometry*, 1977, 40 (1): 35-41.
⑤ Bonacich P F. Factoring and weighting approaches to status scores and clique identification [J]. *Journal of Mathematical Sociology*, 1972, 2 (1): 113-120.

有较高的介数中心度。[①] 因此，利用介数中心度来评价用户的影响力就是根据经过节点最短路径的数目来度量用户的影响力，即使用公式 16-4 计算用户的介数中心度（影响力）。[②]

$$
\begin{cases}
BV(v_i) = \sum_{v_i \neq v_j \neq v_k} \dfrac{g^{v_i}_{(v_j, v_k)}}{g_{(v_j, v_k)}} \\
BC(v_i) = \dfrac{1}{\dfrac{n(n-1)}{2}} * BV(v_i)
\end{cases}
\qquad \text{（式 16-4）}
$$

其中，n 是社交网络的节点数目，$g_{(v_j, v_k)}$ 是从节点 v_j 到节点 v_k 的最短路径的数目，$g^{v_i}_{(v_j, v_k)}$ 是节点 v_j 到节点 v_k 的最短路径中包含节点 v_i 的数目，$BV(v_i)$ 是节点 v_i 的介数，由于在节点数目为 n 的网络中，介数的最大取值为 $\dfrac{n(n-1)}{2}$，所以在归一化后节点的介数中心度为 $BC(v_i)$。

紧密中心度指如果社交网络用户的影响力主要通过最短路径来进行传播，则用户在网络中到其他用户的距离平均值越小就越容易影响该用户。因此，利用紧密中心度来评价用户的影响力就是以该节点到其他节点的距离平均值的倒数来进行度量的，即使用公式 16-5 计算紧密中心度。

$$
CC(v_i) = \dfrac{n}{\sum_j g_{v_i, v_j}}
\qquad \text{（式 16-5）}
$$

其中，$\sum_j g_{v_i, v_j}$ 是节点 v_i 与节点 v_j 之间最短路径的长度，n 是社交网络中的用户数目。

虽然上述方法能够根据社交网络的整个拓扑结构来度量用户的影响力，但是影响力主要通过最短路径传播是一种理想的情况，它与真实的影响力传播还有一定的差别。[③] 为此，研究者提出以随机游走的方式来度量用户的影响力。该类方法的基本思想就是根据用户及其在随机游走路径上的其他节点的信息来综

① Bonacich P. Some unique properties of eigenvector centrality ［J］. *Social Networks*，2007，29（4）：555-564.

② Katz L. A new status index derived from sociometric analysis ［J］. *Psychometrika*，1953，18（1）：39-43.

③ Weng J，Lim E P，Jiang J，et al. Twitter rank：Finding Topic-Sensitive Influential Twitterers ［C］// Proceedings of the Third International Conference on Web Search and Web Data Mining，WSDM 2010，New York，NY，USA，February 4-6，2010. ACM，2010：261-270.

合度量用户的影响力。① 其方法包括特征向量中心度（Eigenvector Centrality）、Katz 中心度和 PageRank 算法等。②

特征向量中心度指在社交网络中用户的影响力大小不仅由邻居用户的数量所决定，还取决于这些邻居用户的重要性。也就是说，该用户邻居的影响力越大，则用户的影响力就越大。为此，可利用公式 16-6 计算用户 v_i 的影响力 χ_i。

$$\chi_i = c \sum_{j=1}^{n} a_{i,j} * \chi_j \qquad （式 16-6）$$

其中，$a_{i,j}$ 是社交网络的邻接矩阵 A 的元素，c 是邻接矩阵 A 的最大特征值的倒数，用户的影响力是其邻居用户影响力的线性和，其取值通常采用迭代的方式来计算获得。

Katz 中心度是一种根据节点之间的游走路径来计算用户影响力的度量方法。该方法根据随机游走路径上其他节点的信息来综合度量用户的影响力。在计算时，惩罚因子使距离节点较远的用户对用户的 Katz 中心度的取值贡献较小。③

PageRank 算法是一种计算网页网络排名的算法，当把用户影响力的传播看作随机游走的过程时，公式 16-7 用来计算用户 v_i 影响力 $PR(v_i)$。其基本思想就是用户 v_i 链入影响力大的用户越多，则用户 v_i 的影响力大的可行性就越高。

$$PR(v_i) = \frac{\varepsilon}{n} + (1-\varepsilon) \sum_{v_j \in L^{in}(v_i)} \frac{PR(v_j)}{|L^{out}(v_j)|} \qquad （式 16-7）$$

其中，n 是社交网络的节点个数，ε 是用户影响力跳出网络连接随机传播的概率，$L^{in}(v_i)$ 表示链入的节点 v_i 集合，$|L^{out}(v_j)|$ 表示链出的节点 v_j 的邻居用户个数。

除了利用社交网络的拓扑结构来度量用户在整个社交网络中的影响力，一些研究者还提出利用用户的交互信息来度量其影响力。例如，Eytan Bakshy 根据信息的扩散范围来度量用户在社交网络中的影响力，作者利用消息扩散后的拓

① Page L. The PageRank Citation Ranking：Bringing Order to the Web ［J］. http：// google. stanford. edu/bacllrub/pageranksub. ps，1998，6：102-107.
② Haveliwala T H. Topic - sensitive pagerank：A context - sensitive ranking algorithm for web search ［J］. *IEEE transactions on knowledge and data engineering*，2003，15（4）：784-796.
③ Java A，Kolari P，Finin T，et al. Modeling the spread of influence on the blogosphere ［J］. *UMBC TR-CS-06-03*，2006：22-26.

扑结构来评估其影响力，并在 Twitter 上进行验证。① 此外，丹尼尔·罗梅罗（Daniel M. Romero）将信息在传播中的时长也纳入影响力的度量计算中。② 在一个由各种文字信息和用户关系构成的社交网络中，Lu Liu 首先使用一个生成模型来对不同话题下的影响力分析问题进行建模，然后根据文字信息来分析用户的间接影响力和用户的行为。③ Peng Cui 从更精细的角度入手，研究事件（Item）粒度级的影响力分析问题。④ 他以社交网络历史日志中的 Item、用户以及他们之间的关系为基础，设计了一个基于的影响力 PHF-MF（Probability Hybrid Factor Matrix Factorization）预测方法。⑤ 基于"互惠性源自同质性"这一原则，JianShu Weng 提出一个 TwitterRank 算法。该算法是 PageRank 的拓展版，可以利用话题相似度和网络链接信息计算用户的影响力。⑥

16.1.2 度量用户间的影响力

虽然上述度量用户影响力的方法能够在一定程度上满足应用对用户影响力量化的要求，但是在进行用户行为预测、社交网络影响力传播最大化等应用研究时，研究者需要获得用户间的影响力的信息才能更好地开展研究，仅仅利用上述方法难以满足此类应用研究的要求。为解决该问题，已有一些度量用户间影响力的方法被提出。它们主要由基于网络拓扑结构的度量方法和基于用户行

① Bakshy E, Hofman J M, Mason W A, et al. Everyone's an influencer: quantifying influence on twitter [C] //Proceedings of the fourth ACM international conference on Web search and data mining, 2011: 65-74.

② Romero D M, Meeder B, Kleinberg J. Differences in the mechanics of information diffusion across topics: idioms, political hashtags, and complex contagion on twitter [C] // Proceedings of the 20th international conference on World wide web, 2011: 695-704.

③ Liu L, Tang J, Han J, et al. Mining topic-level influence in heterogeneous networks [C] // Proceedings of the 19th ACM international conference on Information and knowledge management, 2010: 199-208.

④ Cui P, Wang F, Liu S, et al. Who should share what? item-level social influence prediction for users and posts ranking [C] //Proceedings of the 34th international ACM SIGIR conference on Research and development in Information Retrieval, 2011: 185-194.

⑤ Weng J. Twitter Rank: Finding Topic-sensitive Influential Twitterers [J]. *WSDM* 2010, 2010 (7): 216-225.

⑥ Wolfe A W. Social Network Analysis: Methods and Applications [J]. *Contemporary Sociology*, 1995, 91 (435): 219-220.

为的度量方法所组成。下面将分类对这些工作进行介绍。①

（1）基于网络拓扑结构的度量方法

社交网络是由大量用户以及他（她）们之间的相互关系所构成的复杂网络体系。社交网络的拓扑结构在一定程度上反映了用户的社交活动状况，体现了用户影响力的特征，同时社交网络的拓扑结构比较容易获取。因此，基于拓扑结构的用户间影响力的度量方法得到了众多研究人员的关注，该类方法具有发展成熟、实现简单的特点。在利用拓扑结构度量用户间的影响力时，拓扑中的节点表示用户，节点间的连边表示用户间建立的社会关系，它们对度量用户的影响力起到重要作用，很早就引起了相关领域专家的关注。

早期研究者在仅有社交网络拓扑信息的情况下，通常采用一些简单的计算策略来度量用户之间的影响力。这些策略大多使用经验赋值的方式来简化模型和减少计算。其中，常见的方法包括常数赋值法、度平均计算法、随机赋值法、分布服从法等。但是，由于这些方法仅仅根据经验或者主观给出，所以常常难以描述用户之间影响力的真实情况。②

为更好地度量用户间的影响力，马克·格兰诺维特（Mark Granovetter）根据用户的邻居信息来计算用户间影响力。该方法的基本思想就是节点间邻居的重叠程度越高，则影响力也就越大。③ 其中，Jaccard 相似度、Overlap 相似度、Cosine 相似度均可被用于度量用户间的影响力。虽然这些方法采用了一个简单的函数关系来描述社交网络用户间的影响力，它们具有简单、易实现的特点，但是在实际情况中，网络拓扑的结构是不断变化、处于时刻更新的状态。④ 由于上述方法缺乏对影响力的系统学习和分析，没有跟踪网络拓扑结构的变化情况，仅以一次性获得的拓扑数据作为最终处理结果，所以难以精确度量用户间的影

① Gomez-Rodriguez M, Leskovec J, Krause A. Inferring Networks of Diffusion and Influence [J]. *Acm Transactions on Knowledge Discovery from Data*, 2012, 5 (4): 1-37.

② Barabasi A. The origin of bursts and heavy tails in human dynamics [J]. *Nature*, 2005, 435 (7039): 207.

③ Leskovec J, McGlohon M, Faloutsos C, et al. Patterns of cascading behavior in large blog graphs [C] //Proceedings of the 2007 SIAM international conference on data mining. Society for Industrial and Applied Mathematics, 2007: 551-556.

④ Malmgren R D, Stouffer D B, Motter A E, Amaral L A. A Poissonian explanation for heavy tails in e-mail communication. [J]. *Proceedings of the National Academy of Sciences of the United States of America*, 2008, 105 (47): 18153-18158.

响力。①

此外，虽然网络拓扑结构在一定程度上反映了用户的社交活动状况和用户影响力的特征，但是拓扑数据却不能全面反映用户间的交互行为和活动。② 在社交网络中，用户的行为（比如，微博网络中的转发、评论等行为）能更好地体现出用户间的影响力作用。这些行为数据有助于分析用户间的影响力。为此，在度量用户间的影响力时，更多的研究者开始结合多种数据（包括拓扑数据和用户的行为数据），采用系统学习的方法来综合分析用户间的影响力。③

（2）基于用户行为的度量方法

由于社交网络服务为用户提供了丰富的功能，所以社交网络中的用户可以做出多种行为，如发布信息、购买商品、转发或评论话题、建立社会关系等。这些用户的行为数据能更好地体现出用户间的影响力作用，有助于更加客观准确地度量用户间影响力。④

随着社交网络的繁荣，用户在社交网络中的交互变得日趋频繁，产生了大量的行为信息。行为信息被保存或者爬取下来就得到了社交网络用户的历史行为日志，它们对分析用户间的影响力具有重要的参考价值。⑤ 目前，很多研究工作根据用户每天的行为日志来计算社交网络中用户间的影响力。⑥ 比如，雅各布·戈登堡（Jacob Goldenberg）以 Jaccard 系数和伯努利分布为基础，提出若干概率模型来对用户之间的影响力度量问题建模，⑦ 并在用户历史行为记录的基础

---

① GRANOVETTER MS. Strength of Weak Ties ［J］. 1973, 78（6）：1360-1380.

② Crandall D, Cosley D, Huttenlocher D, et al. Feedback effects between similarity and social influence in online communities ［C］//Proceedings of the 14th ACM SIGKDD international conference on Knowledge discovery and data mining, 2008：160-168.

③ Cha M. Measuring User Influence in Twitter：The Million FollowerFallacy ［C］// International Conference on Weblogs & Social Media. DBLP, 2010：10-17.

④ Singla P, Richardson M. Yes, there is a correlation：- from social networks to personal behavior on the web ［C］//Proceedings of the 17th international conference on World Wide Web, 2008：655-664.

⑤ Xiang R, Neville J, Rogati M. Modeling relationship strength in online social networks ［C］//Proceedings of the 19th international conference on World wide web, 2010：981-990.

⑥ Trusov M, Bodapati A V, Bucklin R E. Determining Influential Users in Internet Social Networks ［J］. *Journal of Marketing Research*, 2010, 47（4）：643-658.

⑦ Leenders R T A J. Modeling social influence through network autocorrelation：constructing the weight matrix ［J］. *Social Networks*, 2002, 24（1）：21-47.

上设计相应算法来计算用户之间的影响力。①

　　而 Ryohei Nakano 首先根据用户的历史行为日志,构建信息传播的历史轨迹。然后根据独立级联模型的特点,把用户之间的影响力度量问题建模成最大似然估计问题,并利用 EM 算法学习用户间的影响力。②

　　另外,在社交网络中,信息的传播往往与其包含的话题相关。影响力在传播过程中,传播的路径和范围会随着话题和人群的不同而变化。例如,在一个因为美食而结合在一起的社会关系中,关于"美食"话题信息的传播情况一般会不同于关于"体育"话题信息的传播情况。因此,基于话题的用户间影响力度量引起研究者的关注。例如,Tang Jie 首先使用一个统一模型(因子图模型)来综合话题分布、节点相似性和网络拓扑结构等信息;③ 其次使用 TAP(Topical Affinity Propagation)来对模型进行求解;最后给出了算法在 MapReduce 框架上的实现。尼古拉·巴比里(Nicola Barbieri)提出一种引入主题的传播模型(Topic-aware Independent Cascade,TICmodel / Topic-aware Linear Threshold,TLT model.)。④ 该模型综合考虑了传播消息的属性、用户的兴趣和影响力等因素,能够较为准确地描述用户之间在不同主题下的影响力。然而,上述方法在建模时,假设用户的激活行为是相互独立的。在现实中,用户的朋友可能共同影响其做出某一行为(即影响力传播过程具有累积效果),所以上述方法不能全面度量用户之间的影响力。

① Goldenberg J, Muller L E. Talk of the Network: A Complex Systems Look at the Underlying Process of Word-of-Mouth [J]. *Marketing Letters*, 2001, 12 (3): 211-223.

② Saito K, Nakano R, Kimura M. Prediction of information diffusion probabilities for independent cascade model [C] //International conference on knowledge-based and intelligent information and engineering systems. Springer, Berlin, Heidelberg, 2008: 67-75.

③ Tang J, Sun J, Wang C, et al. Social influence analysis in large-scale networks [C] //Proceedings of the 15th ACM SIGKDD international conference on Knowledge discovery and data mining, 2009: 807-816.

④ Barbieri N, Bonchi F, Manco G. Topic-aware social influence propagation models [J]. *Knowledge and information systems*, 2013, 37 (3): 555-584.

16.2　影响力最大化算法

除了度量用户的影响力，从社交网络中挖掘关键传播用户对信息进行有效传播，使其达到影响效果最大（即影响最大化问题）也是社交网络影响力传播的分析与挖掘研究的重要内容之一。[①] 该问题的研究具有很强的应用性，具有重要的应用价值。该问题的解决有利于产品推广、广告投放、舆情管理等应用的实施。[②] 最早关于影响最大化问题源自病毒式营销。[③] 所谓病毒式营销，是指公司使用非常低成本的推销方式（例如，通过提供免费样品或优惠券的方式）去向市场中某些用户营销公司的新产品；然后，这些用户再利用自身的影响力，将产品推荐给自己的朋友；接着，朋友再推荐给他们的朋友。通过这种口口相传（word-of-mouth）的方式，公司的产品就会像病毒一样迅速传播蔓延，从而达到有效推广的目的。病毒式营销的问题在于，如何使用有限的成本去找到市场中最有影响力的若干用户，使产品能够被最多的用户接受，从而达到最好营销效果。这就是最初的病毒式营销中的影响最大化问题。[④]

16.2.1　社交网络影响力传播最大化问题定义

在社交网络中，用户之间的个人行为常会相互影响。因此，信息在社交网络中的传播也具有口碑效应。[⑤] 比如，当一个用户接受一个新的消息时，该用户会向自己的朋友推荐，该消息会在朋友接受的同时完成向外扩散的传播过程。

① Kempe D, Kleinberg J, Tardos É. Maximizing the spread of influence through a social network [C] //Proceedings of the ninth ACM SIGKDD international conference on Knowledge discovery and data mining, 2003：137-146.

② Mahajan V, Muller E, Bass F M. New product diffusion models in marketing：A review and directions for research [J]. *Journal of marketing*, 1990, 54（1）：1-26.

③ Goldenberg J, Libai B, Muller E. Using complex systems analysis to advance marketing theory development：Modeling heterogeneity effects on new product growth through stochastic cellular automata [J]. *Academy of Marketing Science Review*, 2001, 9（3）：1-18.

④ Bass F M. A new product growth for model consumer durables [J]. *Management science*, 1969, 15（5）：215-227.

⑤ Nemhauser G L, Wolsey L A, Fisher M L. An analysis of approximations for maximizing submodular set functions [J]. *Mathematical programming*, 1978, 14（1）：265-294.

于是，社交网络中的影响最大化问题就是如何从社交网络中挖掘关键传播用户对信息进行有效传播，使其达到影响效果最大的问题。为更好地开展相关工作介绍，下面将给出影响最大化问题的形式化描述，并介绍该问题旳特点及属性。①

已知社交网络由图 $G=(V,E)$ 来表示，则 V 和 E 分别表示 G 中的节点集合和边集合。社交网络影响力传播最大化问题就是如何从 V 中选出一个用户集合 S，让 S 中的节点在初始时刻都处于激活状态，从而最大限度地去激活社交网络中的其他节点的问题。该问题的形式化描述如下：从 V 中选择 S，使 $\sigma(S)$ 最大化。其中，有 $|S|=k$，$S\subseteq V$，$\sigma(S)$ 是 G 中除 S 外其他节点最终被成功激活的节点个数。问题的目标函数如公式 16-8 所示。

$$S^* = \arg \max_{|S|=k,\ S\subseteq V} \sigma(s) \qquad\qquad (式16\text{-}8)$$

其中，S^* 是使 $\sigma(S)$ 值最大的初始节点集合，也就是 G 中最有影响力的节点集合。

当给定影响力传播模型后，就可以在其上设计影响力最大化算法来选取影响力最大的节点集合，一般只讨论独立级联模型和线性阈值模型下的情况。可以被证明在这两种模型下，影响力最大化问题都是 NP-hard 问题。② 所谓 NP-hard（Non-deterministic Polynomial）问题，就是多项式复杂程度的非确定性问题。目前，计算科学家还没找到解决问题的有效方法，一般只能采用近似算法来求解。由于基于独立级联模型和线性阈值模型的影响最大化问题属于 NP-hard 问题，所以只能通过近似算法来进行求解。目前，已经有很多求解影响最大化问题的方法被提出，下面将对现有的影响最大化算法进行总结。③

① Valiant L G. The complexity of computing the permanent ［J］. *Theoretical computer science*, 1979, 8（2）：189-201.

② Chen W, Wang Y, Yang S. Efficient influence maximization in social networks ［C］//Proceedings of the 15th ACM SIGKDD international conference onKnowledge discovery and data mining, 2009：199-208.

③ Leskovec J, Krause A, Guestrin C, et al. Cost-effective outbreak detection in networks ［C］//Proceedings of the 13th ACM SIGKDD international conference on Knowledge discovery and data mining, 2007：420-429.

16.2.2　贪心算法[①]

了解算法前，应先了解子模特性。

所谓子模特性（Sub-modularity），指的是已知一个有限节点集合 U，以及 U 的所有子集 2^U、定义一个集合函数 $r(*)$，将 2^U 映射到一个非负实数。如果一个节点加入子集 X 后所带来的边际收益不小于该节点加入的超集所带来的边际收益（即满足收益递减性，Diminishing Returns），则 $r(*)$ 具有子模特性。

子模函数具有下列属性：对一个非负、单调的子模函数 r 来说，如果 S 是一个由 k 个元素组成的集合，且 S 中的每个元素都是根据最大边际效益依次选择出来的，则满足 $r(S) \geq (1 - \frac{1}{e})r(S^*)$，其中 S^* 是所有 k 个元素集合中能够最大化 r 值的集合。该属性将在影响最大化问题的近似求解中发挥重要作用，因为 S 能够提供 $(1 - \frac{1}{e})$ 的计算精度保证。

（1）简单贪心算法[②]

简单贪心算法是由 Kempe 等人将影响力传播模型引入到影响力研究后提出的最初解决方案。贪心算法的流程伪码展示在图 16-1 中，其需要执行 k 轮，每轮都会选出一个使得影响力延展度 $\sigma(S)$ 增量最大的节点。

①　Goyal A, Lu W, Lakshmanan L V S. Celf++ optimizing the greedy algorithm for influence max-imization in social networks [C] //Proceedings of the 20th international conference companion on World wide web, 2011：47-48.

②　Wang C, Chen W, Wang Y. Scalable influence maximization for independent cascade model in large-scale social networks [J]. *Data Mining and Knowledge Discovery*, 2012, 25（3）：545-576.

```
input：图 G(V, E) 和整数 k
output：由 k 个节点组成的种子结合 S
    S ← φ ;
    While |S| < k do
    v ← arg max_{u∈(V-S)} σ(S ∪ {u}) − σ(S) ;
    S ← S ∪ {v} ;
    end
    returnS ;
```

图 16-1　贪心算法

　　可以证明，在独立级联模型和线性阈值模型下，影响力延展度 $\sigma(S)$ 是非递减的子模函数，这就保证了贪心算法最终返回的节点集合 S 和最优的节点集合 S^* 之间满足以下关系：$\sigma(S) > (1 - \frac{1}{e})\sigma(S^*)$。影响力延展度 $\sigma(S)$ 的计算与给定的影响力传播模型有关。[①] 准确计算给点节点集合的影响力延展度是 #P 难问题，因此基本贪心算法使用蒙特卡洛模拟的方法来对其进行计算。[②] 在给定种子集合和影响力传播模型后，根据影响力传播模型刻画的影响力传播过程，可以对从种子集合开始的影响力传播进行多次模拟，并对多次模拟中被影响的节点个数取平均作为最终的影响力延展度。贪心算法简单有效，但是时间开销过大，实验表明，在一个由 15000 个节点组成的小型网络中，使用 2000 次蒙特卡洛模拟来计算延展度，即使只需要选取 50 个种子节点，简单贪心算法也需要花费好几天的时间才能完成。[③]

---

① Goyal A, Lu W, Lakshmanan L V S. Simpath：An efficient algorithm for influence maximization under the linear threshold model［C］//2011 IEEE 11th international conference on data mining. IEEE, 2011：211-220.

② Borgs C, Brautbar M, Chayes J, et al. Maximizing social influence in nearly optimal time［C］//Proceedings of the twenty-fifth annual ACM-SIAM symposium on Discrete algorithms. Society for Industrial and Applied Mathematics, 2014：946-957.

③ Tang Y, Xiao X, Shi Y. Influence maximization：Near-optimal time complexity meets practical efficiency［C］//Proceedings of the 2014 ACM SIGMOD international conference on Management of data. 2014：75-86.

（2）CELF 和 CELF++算法①

CELF 算法会维护一张表 $< u, \Delta_u(S) >$，且表中元素按 $\Delta_u(S)$ 递减排序，其中 S 是当前种子集合，$\Delta_u(S)$ 是将节点 u 加入种子集合 S 后带来的边际收益。实现时，可以使用一个最大堆 Q 来维护排序信息，在每一轮迭代中，仅仅对堆顶部的节点进行评估，且只有在满足一定条件的情况下，才会对堆发起重排序操作。②

CELF 算法可以显著提高贪心算法的效率，图 16-2 描述了 CELF 算法的工作流程。其中，$\sigma(S)$ 表示种子集合 S 的影响力延展度，Q 中维护着与网络中的用户相同数量的信息。Q 中的元素 u 存储着二元组 $< u.mg, u.round >$，其中 $u.mg = \sigma(S \cup \{u\}) - \sigma(S)$，$u.round$ 表示 $u.mg$ 最近一次被更新时所处的迭代轮数。

---

input：图 $G(V, E)$ 和整数 k

    output：由 k 个节点组成的种子结合 S

    $S \leftarrow \varphi$，$Q \leftarrow \varphi$；

    for $u \in V$ do

    $u.mg \leftarrow \sigma(\{u\})$；

    $u.round \leftarrow 0$；

    将 u 加入最大堆 Q，Q 按 $u.mg$ 排序；

    end

    While $|S| < k$ do

    $u \leftarrow Q$ 的顶部元素；

    if $u.round = = |S|$ then

    $S \leftarrow S \cup \{u\}$；

    Q 弹出其顶部元素 u；

    end

    else

    $u.mg \leftarrow \sigma(S \cup \{u\}) - \sigma(S)$；

---

① Tang Y, Shi Y, Xiao X. Influence maximization in near-linear time：A martingale approach ［C］//Proceedings of the 2015 ACM SIGMOD International Conference on Management of Data, 2015：1539-1554.

② Chen W. An issue in the martingale analysis of the influence maximization algorithm imm ［C］//International Conference on Computational Social Networks. Springer, Cham, 2018：286-297.

```
    u.round ←| S | ;
    将 u 重新插入 Q，并且对 Q 重排序；
    end
    end
    returnS ;
```

图 16-2 CELF 算法

在第一轮迭代过程中，算法要对每个节点的边际收益进行计算，并将其逐个加入最大堆 Q 中。在其后的每一轮迭代中，算法会先检查堆顶的元素 u，并判断其边际增益是否在当前迭代中被更新过。如果是，根据子模性质，u 在当前轮的边际收益一定小于上一轮的边际收益，可以得出这必定是在当前迭代中边际收益最大的节点，此时 u 被选为种子节点加入种子集合中。否则，重新计算 u 的边际收益，更新 $u.round$ 为当前轮，然后将其插入 Q 并重新排序。该过程对应图 16-2 中的 while 循环。可以看出，除了第一轮迭代必须要对每个节点的边际收益进行计算，其余轮只有在个别情况下才会发生对节点边际收益的计算，因此大大提高了算法效率。实验结果显示，CELF 的运行速度可以比基本贪心算法快 700 倍左右。

CELF++在 CELF 的基础上进一步挖掘子模性质来提高算法效率。CELF++在数据组织上不同于 CELF 的地方是它的最大堆中维护的不是一个二元组，而是四元组 $< u.mg1, u.prev\_best, u.mg2, u.flag >$，其中 $u.mg1$ 表示将节点 u 加入当前种子集合后带来的边际增益；$u.prev\_best$ 代表在节点 u 之前已被检测到的能带来最大边际增益的节点；$u.mg2 = \Delta_u(S \cup \{prev\_best\})$；$u.flag$ 代表 $u.mg1$ 最近被更新时所处的迭代轮数。CELF++的关键思想是如果本轮位于堆顶的节点 u 对应的 $u.prev\_best$ 就是上一轮选出的种子节点，那么就可以直接用 $u.mg2$ 来更新 $u.mgl$，而不必重新计算 $u.mgl$。且对于一轮迭代而言，$u.mgl$ 和 $u.mg2$ 是可以同时计算出来的，这就从一定程度上减少了计算开销。根据实验结果可以看出，CELF++可以在 CELF 的基础上将计算速度提高 17%-61%。

16.2.3　启发式算法①

贪心算法可以保证算法最后返回的结果在准确性上有一定的理论保证，但是计算效率往往不高。一些启发式算法虽然缺乏理论保证，但其计算速度很快，而且从现有结果看，其准确性往往也跟贪心算法几乎相同。在诸多启发式算法中，PMIA 算法和 SIMPATH 算法分别是独立级联模型和线性阈值模型下比较经典的算法。

（1）PMIA 算法

在 PMIA 算法中，对于一个节点 u，它会找出 u 到图中各个节点最可能的影响传播路径，最终形成一个针对节点 u 的树形影响力传播结构。PMIA 算法做了两方面的近似：一是从节点 u 到节点 v，其忽略了树形结构以外的传播路径，这是因为影响力沿这些路径传播的可能性很小；二是节点 u 的影响范围被限制在一定的范围内，这是因为 u 对离其过远的节点影响力会很弱。构造节点 u 的树形影响力传播结构可以利用基于斐波那契堆的 Dijkstra 算法在 $O(m + nlogn)$ 的时间复杂度内完成，这大大减少了计算开销。实验表明，与做过优化的蒙特卡洛贪心算法相比，PMIA 速度提高了 1000 倍以上，而选出的种子节点其影响力和贪心算法几乎相同。

（2）SIMPATH 算法

针对线性阈值模型的启发式算法比较经典的是 SIMPATH 算法。它同 CELF 算法一样，只有在必要情况下才重新计算边际增益。CELF 算法中使用蒙特卡洛模拟来计算边际增益会带来很大的计算开销，因此 SIMPATH 采用在节点附近区域枚举简单路径的做法来估计节点的边际增益。SIMPATH 采用了两项优化技术来进一步加快对边际增益的计算。第一个是节点覆盖优化，这项技术使一个节点的影响范围可以通过其邻居的影响范围直接计算出来。在第一轮迭代过程中，会先找一个顶点覆盖，然后使用枚举简单路径的方法计算这些顶点的影响范围，因为这是一个顶点覆盖，所以其他节点的影响范围都可以根据这些已计算点的影响范围直接得到，因此节点覆盖技术大大加快了第一轮迭代的速度。第二是在迭代过程中，随着种子集合的增大，对影响范围的估计会变得越来越慢，因

---

① Nguyen H T, Thai M T, Dinh T N. Stop-and-stare: Optimal sampling algorithms for viral marketing in billion-scale networks [C] //Proceedings of the 2016 International Conference on Management of Data. 2016: 695-710.

此该算法利用了向前看的优化方法来缓解这种情况。

16.2.4　反向蒙特卡洛算法[①]

贪心算法虽然在正确性上有着理论保证，但整体的运行速度仍然过慢；而启发式算法虽然在运行时间上很快，但却缺乏理论保证。反向蒙特卡洛算法的提出改变了这种运行速度和理论保证不能兼顾的局面。

（1）RIS 算法

传统的蒙特卡洛贪心算法是从种子节点出发进行大量的模拟计算后得出种子节点的影响范围。而 RIS 算法采用反向蒙特卡洛算法，为了避免从种子节点出发进行的大量模拟计算，RIS 算法会从图上随机选取节点，然后从这些节点出发进行反向影响力传播的模拟，同时将碰到的节点加入反向可达集合中。经过大量的反向模拟操作后，如果一个节点经常出现在反向可达集合中，那么该节点就是一个影响力大的节点。RIS 的理论时间复杂度已接近线性时间，同时仍有着 $1 - \dfrac{1}{(e - \varepsilon)}$ 的近似比保证。RIS 算法如图 16-3 所示。

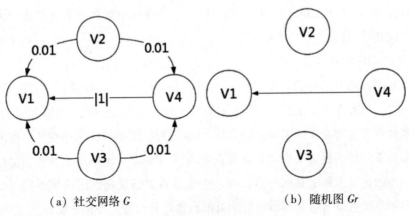

（a）社交网络 G　　　　　　（b）随机图 Gr

图 16-3　RIS 算法

如这里考虑独立级联模型，算法会试图从图 16-3（a）所示的社交网络 G 选取一个影响力最大的节点。RIS 首先会产生足够多的反向可达集合，其产生过程对应到图 16-3 中可以分为两步：首先在社交网络 G 中随机选取一个节点，假

① Nguyen H T, Nguyen T P, Phan N H, et al. Importance sketching of influence dynamics in billion - scale networks ［C］//2017 IEEE International Conference on Data Mining （ICDM）. IEEE, 2017: 337-346.

设随机选取的节点为 v_1；其次对于独立级联模型，网络中的每条边 e 都对应有一个激活概率 $p(e)$，对于社交网络 G 中的每一条边 e，会以 $1-p(e)$ 的概率将它删掉，最终得到随机图 Gr。因为 Gr 中只有 v_1 和 v_4 可以到达 v_1，因此节点 v_1 对应的反向可达集合为 $R_1=\{v_1,v_4\}$。假设 RIS 通过上述过程得到了另外三个反向可达集合 $R_2=\{v_2\}$，$R_3=\{v_3\}$，$R_4=\{v_4\}$，因为 v_4 在反向可达集合中的出现频率最高，所以 RTS 会认为 v_4 是影响力最大的节点。

（2）TIM 和 IMM 算法

在 RIS 算法的基础上，又有学者提出了 TIM 算法和 1MM 算法。T1M 和 IMM 算法的基本思想和 RIS 一致，都是借助反向可达集合来寻找影响力最大的节点集合。RIS 虽然从理论上给出了接近线性的时间复杂度，但因为其时间复杂度中隐含着很大的常数项，所以难以扩展到大规模的网络中去。TIM 和 IMM 算法就是为了减小 RIS 中常数项带来的开销而提出的。R1S 常数项过大的原因是对需要的反向可达集合数目估计不准。RIS 为了保证结果的准确性需要产生足够多的反向可达集合，且产生的反向可达集合之间存在关联性。为了减弱关联性带来的影响，RIS 简单地将产生的反向可达集合数目设置得特别大，因此导致算法开销过大。TIM 和 IMM 从理论上分析了反向可达集合数目的下界，并巧妙地设计反向可达集合的产生方案，最终大大提高了算法的运行效率。目前实验表明，IMM 算法已超越了启发式算法的运行速度，同时有着准确性上的理论保证。并且 IMM 也适用于独立级联、线性阈值和更广的触发模型。

（3）相关改进方案

2018 年，Chen 指出了 IMM 算法分析中的一个不足并给出了弥补方案，该方案保证了算法的理论正确性与运行高效性。之后 Nguyen 等提出了 SSA/D-SSA 算法来改进 IMM。其中，SSA 算法通过停止和注视策略来减少反向可达集的数量，D-SSA 算法基于 SSA 进行了动态参数调整，但是这两种算法尚没有严格的复杂度分析。随后，为避免生成只包含根节点本身的反向可达集，Nguyen 等进一步对 RIS 进行改进，并提出了将改进后的 RIS 与 D-SSA 相结合的 SKIS 算法，实现了比 D-SSA 更高的运行效率。

这些基于反向可达集的算法显著提升了运行效率。但是，由于需要将计算中用到的反向可达集存储起来用于之后的节点选择，当反向可达集数目较大时，算法仍会产生很大的内存消耗。

第五篇　应用实证篇

第十七章　社交网络分析软件

17.1　Gephi 软件

Gephi 是在 NetBeans 平台上用 Java 编写的开源网络分析和可视化软件包，是一种适合热衷于探索和理解图形的数据分析师和科学家的工具。目标是帮助数据分析师做出假设，直观地发现模式，在数据采集过程中隔离结构奇点或故障。它是传统统计学的补充工具，是一个用于探索性数据分析的软件，是一种出现在可视化分析研究领域的范式。

（1）最新版本下载途径

①官网 gephi. org。

②下载 Gephi 最新版本 0.9.2 地址 https：//gephi. org/users/download。

③测试数据集 https：//github. com/gephi/gephi/wiki/Datasets。

（2）发展历史

Gephi 最初由法国贡比涅理工大学（UTC）的学生开发，已于 2009 年、2010 年、2011 年、2012 年和 2013 年入选 Google Summer of Code。其最新版本 0.9.2 已于 2017 年 9 月推出。以前的版本是 0.6.0（2008）、0.7.0（2010）、0.8.0（2011）、0.8.1（2012）、0.8.2（2013）和 0.9.0（2015）。

（3）应用场景

探索性数据分析：通过实时网络操作进行面向直觉的分析。

链接分析：揭示对象之间关联的底层结构。

社交网络分析：轻松创建社交数据连接器来映射社区组织和小世界网络。

生物网络分析：表示生物数据的模式。

海报制作：使用高质量的可打印地图进行科学工作推广。

（4）部分功能特点展示

①可视化

实时可视化。

从最快的图形可视化引擎中获益，以加快对大型图形的理解和模式发现。Gephi 在其 adhoc OpenGL 引擎的支持下，正在推动网络探索的交互性和高效性。网络多达 100,000 个节点和 1,000,000 条边。

使用动态过滤迭代可视化。

用于有意义图形操作的丰富工具。

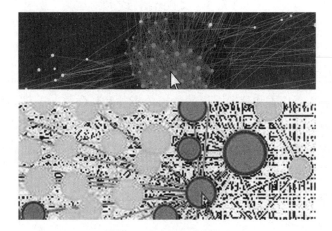

图 17-1 工具：节点+邻居选择

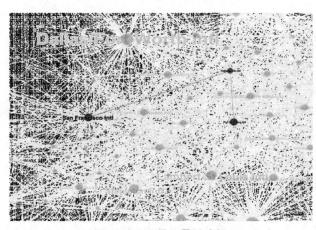

图 17-2 工具：最短路径

②布局

布局算法赋予图形形状。Gephi 从效率和质量两方面都提供了最先进的布局算法。布局面板允许用户在运行时更改布局设置，从而增加用户反馈和体验。

基于力的算法。

优化图形可读性。

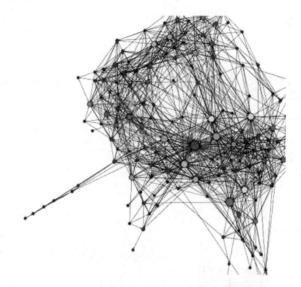

图 17-3　基于力的布局

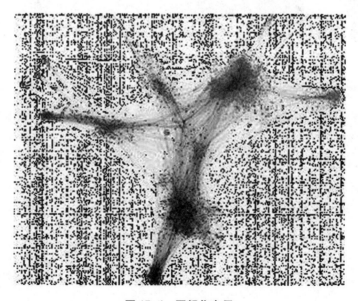

图 17-4　图粗化布局

③指标

统计和指标框架为社交网络分析（SNA）和无标度网络提供了最常见的指标。

中介中心性、接近度、直径、聚类系数、PageRank。

社区检测（模块化）。

随机生成器。

最短路径。

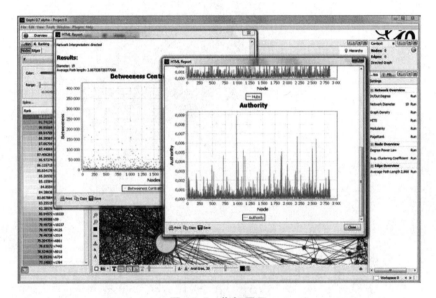

图 17-5　指标展示

④随着时间的推移网络

Gephi 是动态图分析创新的前沿。用户可以通过操纵嵌入的时间线来可视化网络如何随时间演变。

使用 GEXF 文件格式导入时态图。

随时间推移的运行指标（聚类系数）。

图形流准备就绪。

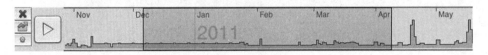

图 17-6　时间线

⑤创建制图

使用排名或分区数据使网络表示有意义。自定义颜色、大小或标签，为网络表示带来意义。矢量预览模块可以在生成 SVG 或 PDF 之前进行最后的润色。

可自定义导出 PDF、SVG 和 PNG。

保存预设。

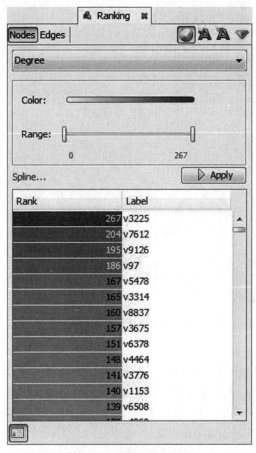

图 17-7　节点和边排名

图 17-8　矢量预览

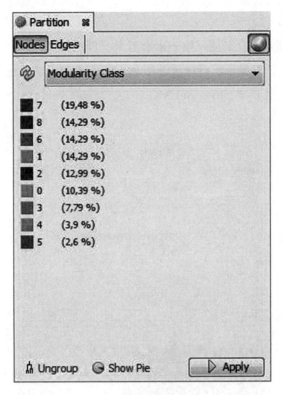

图 17-9　划分

⑥动态过滤

根据网络结构或数据选择节点或边来过滤网络。使用交互式用户界面实时
过滤网络。

无须脚本即可创建复杂的过滤器查询。

基于过滤结果构建新网络。

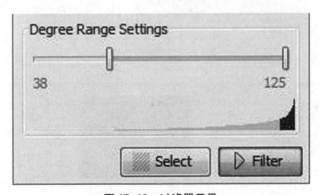

图 17-10　过滤器目录

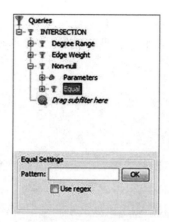

图 17-11 过滤器面板

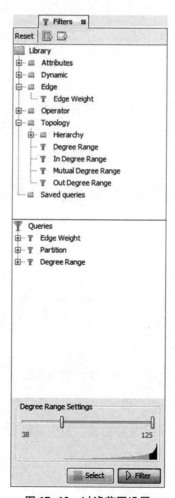

图 17-12 过滤范围设置

⑦数据表及版本

Gephi 拥有自己的数据实验室，具有类似 Excel 的界面来操作数据列、搜索和转换数据。

强大的搜索/替换。

操作列。

批量编辑、自定义列合并等。

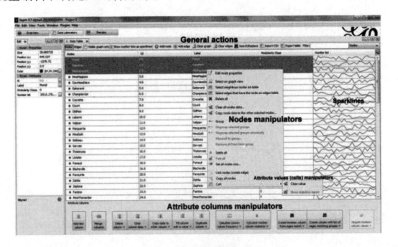

图 17-13　数据实验室

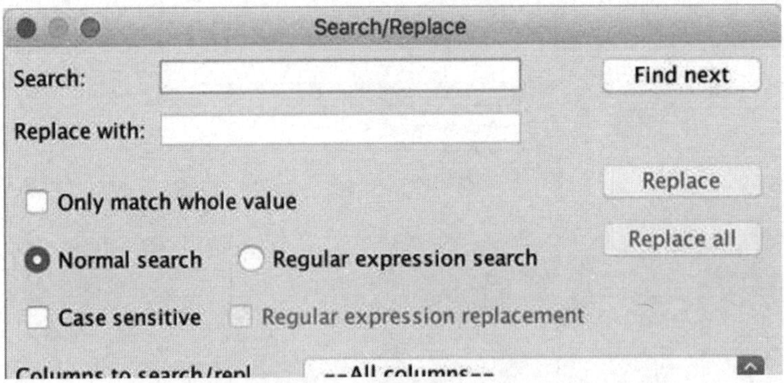

Search/Replace

Search:　　　　　　　　　　　　　　　　　　　Find next

Replace with:

☐ Only match whole value

◉ Normal search　　　○ Regular expression search　　　Replace

☐ Case sensitive　　☐ Regular expression replacement

Columns to search/repl　　--All columns--

图 17-14　搜索/替换界面

⑧输入输出

Gephi 可以读取大多数图形文件格式，但也支持 CSV 和关系数据库导入。

电子表格导入向导。

数据库导入。

保存/加载项目文件。

17. 2　Pajek 软件

Pajek 软件诞生于 1996 年，是由弗拉基米尔·巴塔盖尔吉（Vladimir Batagelj）和安德烈·姆瓦尔（Andrej Mrvar）共同编写的。Pajek 是自由扩散非商业用途的软件，可以自由下载，在本地选择目录简单安装后就能方便运行。Pajek 在斯洛文尼亚语中是蜘蛛的意思，该软件的 Logo 就是一只蜘蛛，暗示其具有网络绘制的功能。

（1）最新版本下载途径

最新版本是 5. 14。

软件网址：http：//mrvar2. fdv. uni-lj. si/pajek/。

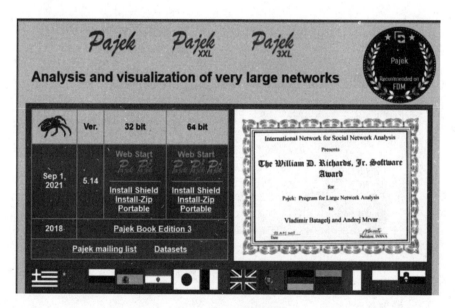

图 17-15　下载界面

（2）特点

提供了探索网络结构的途径，但统计分析功能很弱。

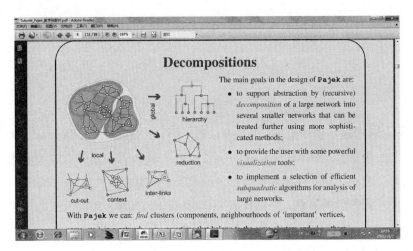

图 17-16　效果展示图

（3）支持的数据结构

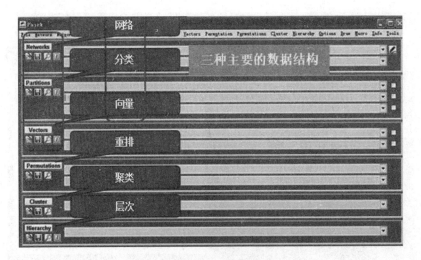

图 17-17　Pajek 界面

（4）数据格式

Network（网络）——. dat 格式。

Network（网络）——. net 格式。

Network（网络）——. mat 格式。

Partition（分类/分区）。

Vector（向量/矢量）。

（5）基本操作

步骤1：读取文件。

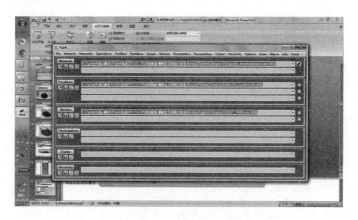

图 17-18　读取文件界面

步骤2：成图（Draw）。

Draw>Network 只画网络。

>Network+First Partition 给网络加上分类。

>Network+First Partition+ First Vector 给网络再加上向量。

Pajek 默认的成图方式是环形算法（circular）。

步骤3：选成图算法。

绘图窗口。

Layout/Energy/Kamada-Kawai/Free 得到 Kamada-Kawai 算法的成图。

Layout > Energy > Fruchterman-Reingold，得到 Fruchterman-Reingold 算法的成图。

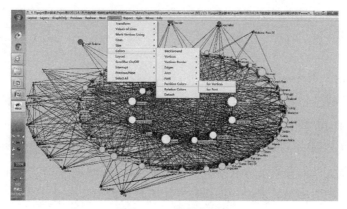

图 17-19　图优化界面

步骤4：图的优化——修改点或线的颜色和大小等。

绘图窗口>Options>Size。

>Colors>Partition Colors>for Vertices。

步骤5：输出保存。

绘图窗口>Export>2D>JPG>run。

此外，Pajek还能将网络图输出成为可放缩的矢量图形——SVG格式（Scalable Vector Graphics），EPS格式以及3D格式，如X3D，VRML，MDL MOLfile等。

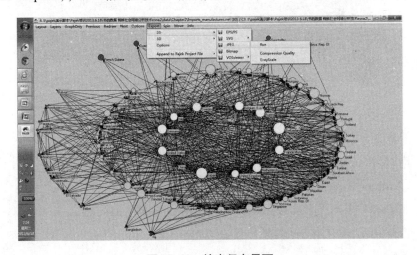

图17-20　输出保存界面

17.3　Ucinet 软件

17.3.1　Ucinet 软件介绍

Ucinet网络分析集成软件是用于分析社交网络数据以及其他单模式和双模式数据的综合软件包。Ucinet可以读取和编写KrackPlot、Pajek、Negopy、VNA等多种格式不同的文本文件，以及Excel文件。其使用的社交网络分析方法包括中心性分析、子群分析、角色分析和基于置换的统计分析等统计分析方法。另外，该软件包有很强的矩阵分析功能，如矩阵代数和多元统计分析。它是最流行的，也是最容易上手、最适合新手的社交网络分析软件。

17.3.2 Ucinet 数据导入

Ucinet 的数据输入方式有多种,如初始数据(Raw)、Excel 数据和数据语言数据(Data Language,DL)。Ucinet 处理的 Excel 数据最多只能有 255 列。就好像 excel 的最大存储数据为 104 万左右,超过就会提示显示不全。例如,导入 Excel 数据,步骤为输入路径为数据>输入>Excel 矩阵。

17.3.3 Ucinet 可视化数据分析

网络密度指的是网络中各个成员之间联系的紧密度,可以通过网络中实际存在的关系数与理论上可能存在的关系数相比得到,成员之间的联系越多,该网络的密度越大。整体网的密度越大,该网络对其中行动者的态度、行为等产生的影响可能越大。计算的时候最好将多值关系数据转换成二值关系数据。将多值关系数据转换成二值关系数据路径:变换→对分。

在对原始数据进行二值化处理以后,所有的权值变为了 0 和 1(即是否有关联),这样计算出来的结果是普通的中心度。想要得到加权网络的中心性,只需要在矩阵数据中保留权值,不进行二值化计算即可,和之前的唯一区别在于计算公式中的 0 与 1 变成了具体的权值。

17.3.4 Ucinet 网络分析技术

Ucinet 网络分析技术主要有中心性分析、凝聚子群分析、核心—边缘分析等。

中心性(centrality)是度量整个网络中心化程度的重要指标,在城市群网络中,处于中心位置的城市更易获得资源和信息,拥有更大的权力和对其他城市更强的影响力。网络中心性又可以分为度数中心度、接近中心度和中间中心度三个指标。

其中,Treat data as symmetric 一栏代表是否将其视为对称矩阵。选择 Yes,说明将该矩阵视为对称矩阵,得出的结果是各城市单一的 Degree;若选择 No,则说明将该矩阵视为非对称矩阵,得出的结果分为出度(out degree)和入度(in degree)。

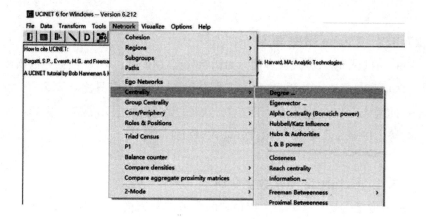

图 17-21 度数中心度

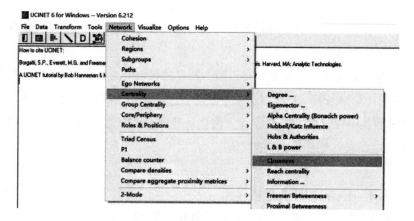

图 17-22 接近中心度

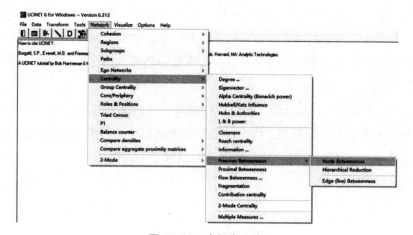

图 17-23 中间中心度

　　凝聚子群是满足如下条件的一个行动者子集合，即在此集合中的行动者之间具有相对较强、直接、紧密、经常的或者积极的关系。城市网络凝聚子群是用于揭示和刻画城市群体内部子结构状态。找到城市网络中凝聚子群的个数以及每个凝聚子群包含哪些城市成员，分析凝聚子群间关系及联接方式，这都可以从新的维度考察城市群网络的发展状况。

　　利用 Ucinet 软件中的 CONCOR 法进行凝聚子群分析。CONCOR 是一种迭代相关收敛法（convergent correlation 或者 convergence of iterated correlation）。它基于如下事实：如果对一个矩阵中的各个行（或者列）之间的相关系数进行重复计算（当该矩阵包含此前计算的相关系数的时候），最终产生的将是一个仅由 1 和-1 组成的相关系数矩阵。我们可以据此把将要计算的一些项目分为相关系数分别为 1 和-1 的两类。

　　核心—边缘结构分析根据网络中结点之间联系的紧密程度，将网络中的结点分为两个区域—核心区域和边缘区域。处于核心区域的结点在网络中占有比较重要的地位，核心—边缘结构分析的目的是研究社交网络中哪些结点处于核心地位，哪些结点处于边缘位置。社交网络分析方法中的核心—边缘结构分析可以对网络"位置"结构进行量化分析，区分出网络的核心与边缘。

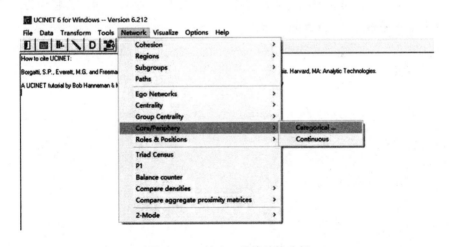

图 17-24　核心—边缘结构分析

17.4　R 语言-igraph 包

igraph 包是一个用于网络分析的库和 R 包，应用于社交网络分析中。igraph 包是一个非常强大的包，它可以快速轻松地创建、绘制和分析无向图及有向图（图的顶点和边允许百万以上），并解决了经典图论问题，如最小生成树、最大网络流量、最短路等问题。

（1）创建图

使用 graph 或 make_ graph 函数可以创建一个简单的有向图。

```
g <- graph(edges = c(1, 2, 2, 3, 3, 4, 5, 6))
# g <- make_graph(edges = c(1, 2, 2, 3, 3, 4, 5, 6))
```

我们为 edges 参数传递了一个边向量，其中第一、二两个元素构成一条边，第三、四两个元素构成一条边，以此类推。

如果传递的是数值向量，会将值作为节点的 *ID*，字符向量的值将作为节点的名称，函数返回一个 igraph 对象。

```
> class(g)
[1] "igraph"
```

直接将返回的 igraph 对象传递给 plot 函数，就可以显示图形。

```
plot(g)
```

绘制出来的有向图如 17-25 所示。

图 17-25　igraph 有向图

（2）顶点和边 IDs

顶点和边在 igraph 中都有数值的顶点 id。顶点 id 从 1 开始，总是连续的。即对于一个有 n 个顶点的图，顶点 id 在 1 到 n 之间。如果 某些操作改变了图中的顶点数，如通过 induced_ subgraph 创建了一个子图，那么顶点将重新编号以满足这个条件。

（3）可视化

igraph 还提供了许多 make_ * 形式的函数，用于创建不同结构的图，包括特定图形和随机图形等。特定图形包括环形图、星形图、栅格图、二叉树和全连接图等。

创建一个环形图：

```
g <- make_ring(10)
```

创建一个星形图：

```
make_star(10, mode = "out")
```

此外，igraph 中提供的 sample_ * 函数用于生成随机图形，如伯努利随机图，n、m 分别代表节点和边的个数。

```
g <- sample_gnm(n = 20, m = 20)
```

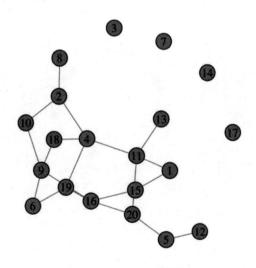

图 17-26　igraph 随机图

（4）文件格式

igraph 可以处理各种图形文件格式，通常用于读写。除非图形太大，我们建议对图形使用 GraphML 文件格式；而对于较大的图形，则建议采用更简单的格式。有关详细信息，请参阅相关文献。